AF546919

Drechsel-
techniken

Michael O'Donnell

Drechsel-techniken

GUILD OF MASTER CRAFTSMAN PUBLICATIONS LTD

Die Originalausgabe erschien erstmals 2008 bei Guild of Master Craftsman Publications Ltd,
166 High Street, Lewes, East Sussex BN7 1XU

Associate Publisher: Jonathan Bailey
Production Manager: Jim Bulley
Managing Editor: Gerrie Purcell
Project Editors: Rachel Netherwood, Mark Bentley
Managing Art Editor: Gilda Pacitti
Design: Fineline Studios
Photographs and drawings: Michael O'Donnell
Colour origination: GMC Reprographics

Deutsche Ausgabe:

2. Auflage, Nachdruck 2021
Übersetzung: Waltraud Kuhlmann, Bad Münstereifel
Fachliche Beratung: Georg Panz

Umschlaggestaltung: Kerker + Baum, Hannover

Printed in China

ISBN 978-3-86630-939-5

Best.-Nr. 9148

HolzWerken ist ein ein Imprint von Vincentz Network GmbH & Co. KG
Plathnerstr. 4c, 30175 Hannover

Fordern Sie ein kostenloses Gesamtverzeichnis an und besuchen Sie uns im Internet: www.HolzWerken.net

Das Arbeiten mit Holz und anderen Materialien sowie mit Maschinen bringt schon von der Sache her das Risiko von Verletzungen und Schäden mit sich. Autor und Verlag können nicht garantieren, dass die in diesem Buch beschriebenen Arbeitsvorhaben von jedermann sicher auszuführen sind. Autor und Verlag übernehmen keine Verantwortung für eventuell entstehende Verletzungen, Schäden oder Verlust, seien sie direkt oder indirekt durch den Inhalt des Buches oder den Einsatz der darin zur Realisierung der Projekte genannten Werkzeuge entstanden. Die Herausgeber weisen ausdrücklich darauf hin, dass vor Inangriffnahme der Projekte diese sorgfältig zu prüfen sind. Ebenso muss sichergestellt werden, dass der Ausführende die Handhabung der jeweiligen Werkzeuge beherrscht.

Inhalt

Weitere Materialien kostenlos online verfügbar!

http://www.holzwerken.net/bonus

Ihr exklusiver Bonus an Informationen!
Ergänzend zu diesem Buch bietet Ihnen *HolzWerken* Bonus-Materialien zum Download an. **Scannen Sie den QR-Code oder geben Sie den Buch Code unter www.holzwerken.net/bonus ein und erhalten Sie kostenfreien Zugang zu Ihren persönlichen Bonus-Materialien!**

Buch-Code: TE1050

Einleitung

Halten Sie ein scharfes Werkzeug so an ein rotierendes Holzstück, dass Holzspäne entstehen und – schon drechseln Sie. So einfach ist das. Natürlich wird die Sache komplizierter, wenn Sie anfangen zu lernen, wie man das Werkzeug beim Einstechen in das Holz führen muss, um die wunderschöne Maserung zum Vorschein zu bringen und die Form zu drechseln, die Ihnen vielleicht schon lange vorschwebte.

Das fertige Objekt bereits im Holz zu erkennen, bevor es mit dem Drechseln überhaupt losgeht, und dann, sobald man zu drechseln begonnen hat, in zwei Dimensionen arbeitend ein dreidimensionales Werkstück zu fertigen, ist wie Magie. Zudem handelt es sich um einen schnellen Arbeitsablauf: Das Holz dreht sich mit bis zu 2500 Umdrehungen pro Minute. Das Ergebnis stellt sich nahezu unverzüglich ein und es gibt kein Zurück – ist ein Schnitt erfolgt, kann man die Späne nicht wieder ankleben.

Kelch mit gefangenen Ringen

Schalensortiment

Und dann gibt es diesen Moment des Stolzes, wenn man das fertige Stück ausspannt und sagen kann „das hab' ich gemacht". Selbst die Ausrüstung ist interessant, man verwendet technische Innovationen, wie stufenlose elektronische Drehzahlregelungen, in Verbindung mit herkömmlichen Handwerkzeugen. Drechseln kann auch ein äußerst entspannender Prozess sein, bei dem man mit einem schönen, funktionalen und erneuerbaren Naturmaterial arbeitet. In der Werkstatt, Ihrem eigenen Bereich, können Sie den Stress des Tages vergessen. Vielleicht ist es ja ein Arbeitsbereich, jedoch ein inspirierender.

Wenn Sie zu drechseln anfangen möchten, übereilen Sie nichts. Die finanziellen Investitionen können erheblich sein, und es gibt nichts Schlimmeres, als mit der falschen Ausrüstung loszulegen. Setzen Sie sich mit anderen Drechslern in Verbindung. Drechsel-Clubs, Vorführungen, Holzhandwerkerschauen oder Seminare sind hierfür gute Gelegenheiten. Oder machen Sie einen Kurs, am besten in einer Gruppe mit drei oder vier Teilnehmern. Eine Abendveranstaltung an der Volkshochschule, bei der Sie andere Drechsler aus Ihrer Gegend kennen lernen können, ist ein guter Start. Treten Sie in einen Drechsel-Club ein, bekommt das Drechseln noch einen sozialen Aspekt, und bei den Wettbewerben stellen Sie sich Herausforderungen, die Ihre Fähigkeiten fördern werden.

Ist Ihre Werkstatt dann voller Späne und das Haus voller gedrechselter Stücke für jeden Zweck, ist es an der Zeit, sich zu überlegen, was man mit ihnen außerdem anfangen kann. Einige Teile gehen an Freunde und Verwandte, doch was den Rest angeht, ist Ihre Phantasie gefordert. Kommt es Ihnen nicht auf das Geld an, können Sie Ihre Stücke einer karitativen Einrichtung spenden. Die Arbeiten zu verkaufen, klingt immer gut. So tragen sich die Kosten Ihres Hobbys selbst, doch beim Verkaufen können Sie nicht drechseln. Andererseits kann es aber auch sein, dass Sie mit dem Drechseln eine neue berufliche Laufbahn einschlagen.

Meine Drechselgeschichte

Die beiden allerersten Stücke, die ich drechselte, besitze ich noch heute. Das eine ist eine 82 mm hohe Schale aus Iroko-Holz mit 190 mm Durchmesser und 25 mm starkem Boden, die ich auf einer 150-mm-Planscheibe mit 25 mm langen Schrauben drechselte. Damals fand ich sie wunderschön und meine Familie auch. Später wollte ich sie verbrennen, doch heute finde ich es ganz interessant, auf das Teil zurückzublicken, auch wenn es viele Jahre im Garten als Übertopf seinen Dienst leistete. Das andere Stück ist ein dreibeiniger Schemel, den ich sieben Jahre lang zweimal täglich als Melkstuhl benutzte. Nun hat er einen Ehrenplatz im Haus. Beide Stücke fertigte ich im Winter 1973/74 in Abendkursen an der hiesigen High School, bevor ich mir eine eigene Drehbank anschaffte.

Die eigene Drechselbank machte das Drechseln zu einem Teil meines Lebens. Überwiegend stellte ich Gebrauchsgegenstände her: Leuchten, Schalen, Kerzenleuchter, Tabletts und Becher und verkaufte sie gleich in meiner Werkstatt, die an der Straße nach Dunnet Head liegt, dem nördlichsten Punkt des schottischen Festlands. Ein Projekt, das ich unbedingt machen wollte, war das Spinnrad, damit wir unsere Wolle spinnen konnten. Das erste verkaufte ich bereits, bevor es fertig war an meine Nachbarin, Joan Glass, die damit bei der Royal Highland Show in den 1970er-Jahren den ersten Preis im Spinnen holte. So entstand ein Markt für meine Spinnräder, die sich zum Verkaufsschlager entwickelten.

Oben *Mein allererstes Drechselobjekt, eine Schale aus Iroko mit 190 mm Durchmesser, gedrechselt auf einer 150-mm-Planscheibe in einem Abendkurs an der hiesigen High School*

Mitte *Mein zweites Drechselobjekt, ein dreibeiniger Schemel aus Sapele. Sieben Jahre lang saß ich morgens und abends auf dem Schemel, um unsere Kuh zu melken.*

Rechts *Leuchtenfuß aus Bergahorn*

Ich hatte mich nie an Dosen versucht, damals war die Dose der Maßstab dafür, wie gut ein Drechsler war – ploppt der Deckel wirklich schön beim Abnehmen? Dann bekam ich in den 1980er-Jahren von der New York Times einen Auftrag über 500 apfelförmige Dosen aus Apfelbaumholz. Jetzt musste ich mich damit auseinandersetzen. Als 50 Dosen fertig gedrechselt waren, hatte ich den Dreh heraus. Ray Key übernahm schließlich die Hälfte des Auftrags und machte mir mein Leben wirklich leichter.

Nachdem ich 1981 Richard Raffan kennen lernte, begann ich, Grünholz (ungetrocknetes Holz) zu verarbeiten und bin dabei geblieben. Zunächst beschaffte ich mir interessante Hölzer aus dem 200 Kilometer weiter südlich gelegenen Inverness, doch irgendwann wollte ich nur noch heimisches Holz verwenden. Da dies meist der helle europäische Bergahorn (Acer pseudoplatanus) ist, dauerte es nicht lange, und meine Frau Liz kam auf die Idee, die Stücke zu verzieren. Noch heute gestalten wir gedrechselte Stücke aus heimischem Ahorn künstlerisch aus. Die auf diesen Seiten abgebildeten Objekte sind frühe Stücke von mir, entstanden vor meiner Arbeit mit Grünholz.

Oben *Orkney-Spinnrad (Bockrad) aus Afrormosia, mein Verkaufsschlager in den siebziger Jahren*

Links *Spinnstuhl aus Afrormosia. Stücke wie dieses wurden als Paten- und Hochzeitsgeschenke beliebt.*

Unten *Deckeldose aus Afrormosia*

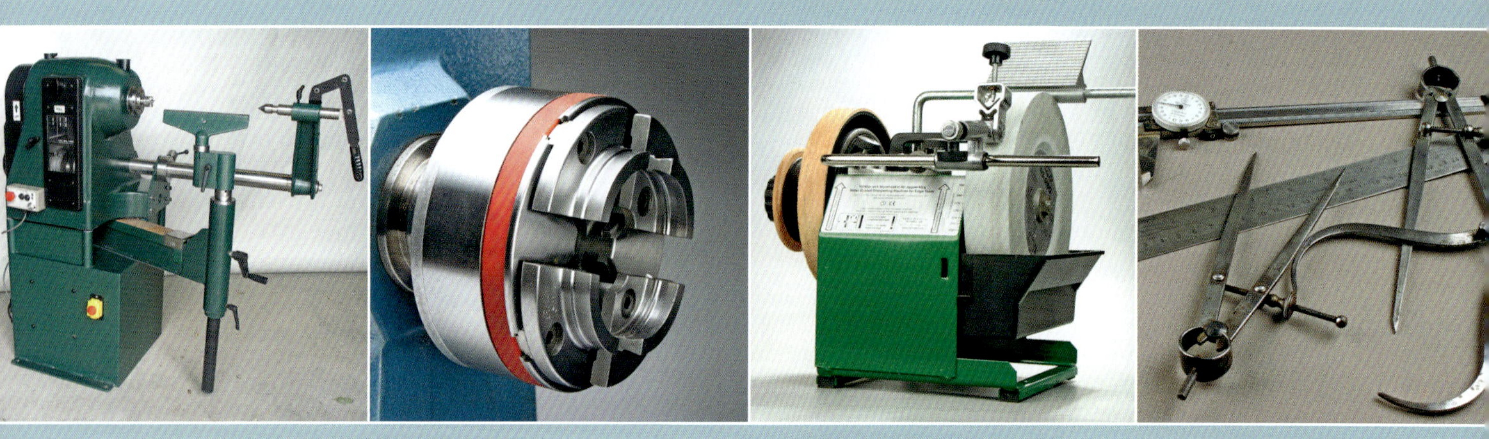

Teil eins Ausstattung

Die Ausrüstung, die Sie sich zulegen, muss für das, was Sie drechseln wollen, ob Miniaturprojekt oder Schale in Weltrekordgröße, geeignet sein. In der Regel wollen die meisten Drechsler für eine ganze Palette von Arbeiten gewappnet sein und von der Schale oder dem Gefäß mit 30-45 cm Durchmesser bis zum Kugelschreiber, Leuchtenfuß und Eierbecher alles abdecken können. All das können Sie mit einer sorgfältig ausgewählten Ausstattung, wie wir sie in diesem Kapitel erläutern, bewerkstelligen. Sind Drechselbank, Werkzeug und Zubehör dann angeschafft, sollte man sich die Zeit nehmen, die Geräte und den Arbeitsprozess zu verstehen. Dadurch sparen Sie nicht nur Geld, sondern, was viel wichtiger ist, steigern Sie die Freude und Ihr Können in der Drechselwerkstatt erheblich.

Die Drechselbank

Die Drechselbank ist das Herzstück der Werkstatt. Hier findet die meiste Arbeit statt und deshalb muss sie einfach, mit Vergnügen und sicher zu benutzen sein. Immer wenn Sie in Ihre Werkstatt kommen, sollten Sie eine Vorstellung davon haben, was Sie auf Ihrer Drechselbank machen wollen und sich darauf freuen.

Kapazität

Bei der Auswahl einer Drechselbank müssen Sie sich als erstes Kriterium über die gewünschte Kapazität klar werden. Sie setzt sich zusammen aus der maximalen Holzdimension, die sich auf der Drehbank bearbeiten lässt und der zum Antrieb erforderlichen elektrischen Leistung.

Eine Werkstücklänge von 760 mm und ein Durchmesser von 100 mm reichen im Allgemeinen für die meisten Langholzprojekte aus. Hierfür benötigen Sie eine Drechselbank mit 810 mm Spitzenweite, einer Spitzenhöhe über dem Werkzeugauflagenunterteil von 70 mm bzw. über dem Bett von 120 mm. Das Drechseln von Schalen mit einem Durchmesser von bis zu 400 mm über dem Bett erfordert wegen des nötigen Aufmaßes für das Schruppen eine Spitzenhöhe von 220 mm.

Außendreheinrichtungen sind überaus bequem, da man beim Drechseln von allen Seiten an die Schale herankommt und sie eine größere Kapazität, d.h. bis zu 508 mm, als die über dem Bett bieten. Falls Ihr Außengewinde das gleiche wie das Innengewinde ist, können Sie Ihre Spannfutter auf beiden Seiten nutzen. Zum Außendrehen benötigen

Oben *Vicmarc®-Drechselbank mit regelbarer Geschwindigkeit*

Rechts *Schwere Kopfdrechselbank VB36 (von Hegner, UK)*

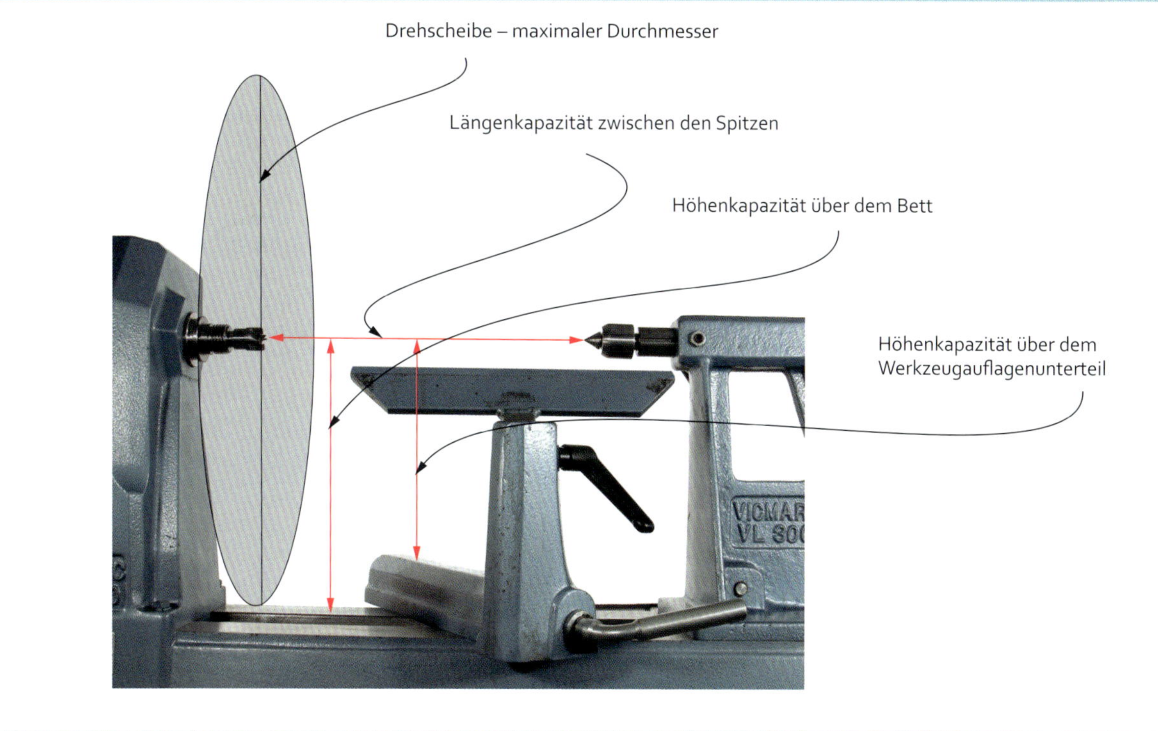

Oben *Kapazität der Vicmarc® VL300 mit kurzem Bett*

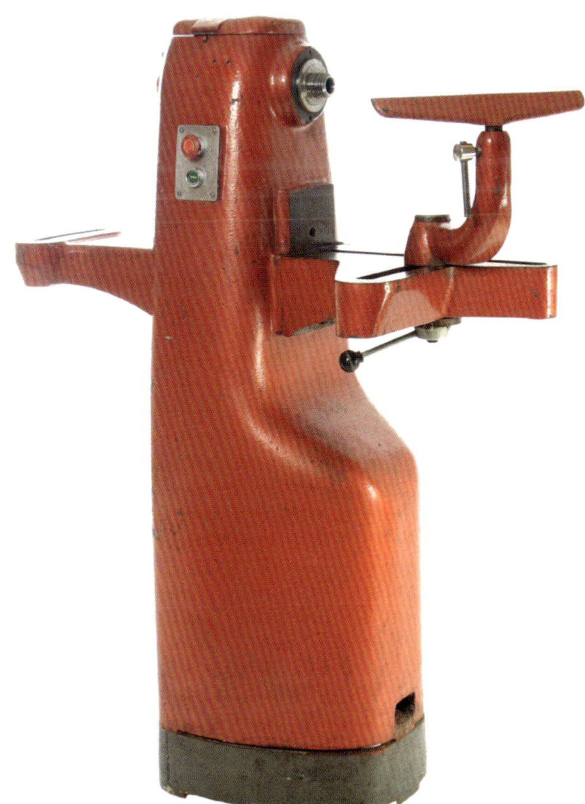

Oben *Drechselbank Harrison Graduate mit kurzem Bett und vier Geschwindigkeiten*

Sie an Ihrer Drechselbank einen Umschalter für die Drehrichtung. Für manche Drechselbänke mit großem Spindelgewinde, wie die Harrison Graduates (1 ½ in x 6 tpi), gibt es Spannfutter mit Doppelgewinde, die zwischen rechtsdrehenden Gewinden für Innen und linksdrehenden Gewinden für Außen austauschbar sind.

Meine erste Harrison Graduate-Drechselbank verfügte über ein langes Bett. Ich entschied mich, ihre Einrichtung zum Außendrehen nicht zu nutzen, da meine Spannfutter mit Rechtsgewinde nicht passten (und es Doppelgewinde in den frühen achtziger Jahren noch nicht gab). Auf längere Sicht entschied ich mich dann, eine Drechselbank mit kurzem Bett zum Drechseln großer Schalen zu kaufen und so meine Spannfutter im Austausch verwenden zu können. Zum Glück war das dann auch der Fall. Mein jüngster Kauf, eine Vicmarc®- Drechselbank, verfügt über eine gute Kapazität beim Langholzdrehen und eine größere Schalendrechselkapazität über dem Bett.

Verschiedene Drechselbänke haben einen schwenkbaren Spindelkasten. Dies ist eine sehr nützliche Einrichtung, da sie eine größere Schalendrechselkapazität bietet. Sie können den Spindelkasten um bis zu 90° schwenken und auf derselben Seite des Kastens arbeiten. Daneben bietet sie einen besseren Zugang zum Inneren von Schalen und Hohlkörpern, wenn die Drechselbank z.B. an einer Wand oder in einer engen Ecke steht. Man schwenkt einfach den Kopf um ein paar Grad zur Seite.

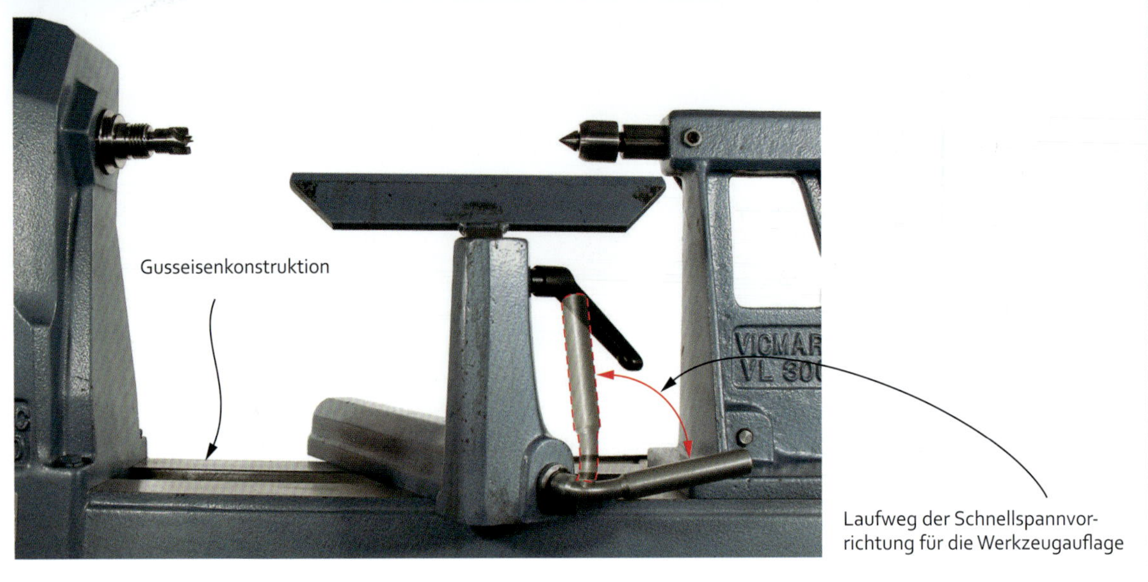

Oben *Die Schnellspannvorrichtung am Werkzeugauflagenunterteil ist für ein einfaches Verstellen der Werkzeugauflage unverzichtbar.*

Leistungs- und Drehzahlbereich

Die Motorleistung muss der Kapazität entsprechen. Die Drechselbank darf bei einem beherzten Schnitt nicht anhalten, bloß weil sie nicht genug Leistung zur Verfügung hat. Man kann es vergleichen mit einem 50-ccm-Motor in einem Mittelklassewagen, der für eine akzeptable Leistung eigentlich 1500 ccm braucht.

Der Motor muss mindesten 0,75 PS haben. Bei stufenlos elektronisch regelbarer Geschwindigkeit braucht man häufig etwas mehr Leistung, da die Drechselbank sonst im unteren Drehzahlbereich meist zu wenig Kraft hat (gleichmäßiges Drehmoment heißt nicht gleichmäßige Leistung). Man löst das Problem gelegentlich durch eine Kombination von wechselbarer Riemenscheibe und elektronischer Geschwindigkeitswahl. Meine Vicmarc® hat einen 1,5-PS-Motor und verfügt über eine regelbare Geschwindigkeit in drei Geschwindigkeitsbereichen.

300–2000 Umdrehungen pro Minute (U/min) sind im Allgemeinen ein guter Geschwindigkeitsbereich. Die hohe Geschwindigkeit nehmen Sie für kleine Langhölzer und die langsame für große, unregelmäßige Schalen. Bei Drechselbänken ohne regelbare Geschwindigkeit würde ich mindestens vier feste Geschwindigkeiten empfehlen, etwa 300, 800, 1300 und 2000 U/min. Mehr oder regelbare Geschwindigkeiten wären allerdings besser.

Meine Harrison Graduate-Drechselbänke mit vier festen Geschwindigkeiten haben 2-PS-Motoren.

Oben *Die Harrison Graduate mit vier Geschwindigkeiten*

Konstruktion

Gewicht und Steifigkeit einer Drehbank sind zwei wesentliche Qualitätsmerkmale. Zusammen ergeben sie eine zuverlässige Maschine, die nicht vibriert oder unter Druck nachgibt und die stabil bleibt, wenn ein unrundes Holzstück bei Drechselgeschwindigkeit auf ihr rotiert. Eine Gusseisenkonstruktion ist meist standfest, dies können aber auch montierte Konstruktionen sein. Vergessen Sie nicht, dass das Untergestell genauso solide sein muss wie die eigentliche Drehbank. Es sollte so konzipiert sein, dass Sie bequem dicht am Bett der Drechselbank stehen oder sich sogar bei der Arbeit darauf stützen können. Eine Drehspindel mit großem Durchmesser und großen Lagern, die weit auseinander liegen, sorgt für eine ruhig laufende Drechselbank.

Die Schalter müssen aus den meisten Drechselstellungen leicht erreichbar sein. Das gilt vor allem für den Aus-Schalter, z.B. bei Notfällen.

Falls Sie Grünholz drechseln möchten, was die Verwendung von Wasser am Holz erfordert, achten Sie darauf, dass alle elektrischen Teile gut gegen Feuchtigkeit geschützt sind.

Spindelkastengewinde

Dieses sollte bei einer kleinen Drechselbank nicht weniger als 15 mm Durchmesser haben sowie zur sauberen Aufnahme von Spannfuttern und Ähnlichem Anschläge an Bund und Stirnfläche aufweisen. Ein gutes Standardgewinde ist M33.

Morsekonusse

Sowohl Spindelkasten als auch Reitstock sollten einen Morsekonus (MK) haben, damit sie Standardzubehör aufnehmen können. Bei einer kleinen Drechselbank ist MK1 vollkommen ausreichend, bei größeren Drehbänken sollte es MK2 oder MK3 sein, immer jeweils an beiden Enden.

Spindelkasten und Reitstock mit Bohrung

Zum Auswerfen von Zubehör mit Morsekonus sollte der Spindelkasten eine Bohrung haben. Auch der Reitstock sollte zu diesem Zweck und zum Langlochbohren so konzipiert sein.

Oben *Gewinde M33 und großer Bund bei der Vicmarc®-Spindel*

Links *Arbeitsbereich zwischen den Spitzen, Werkzeugauflage und Bett der Drechselbank*

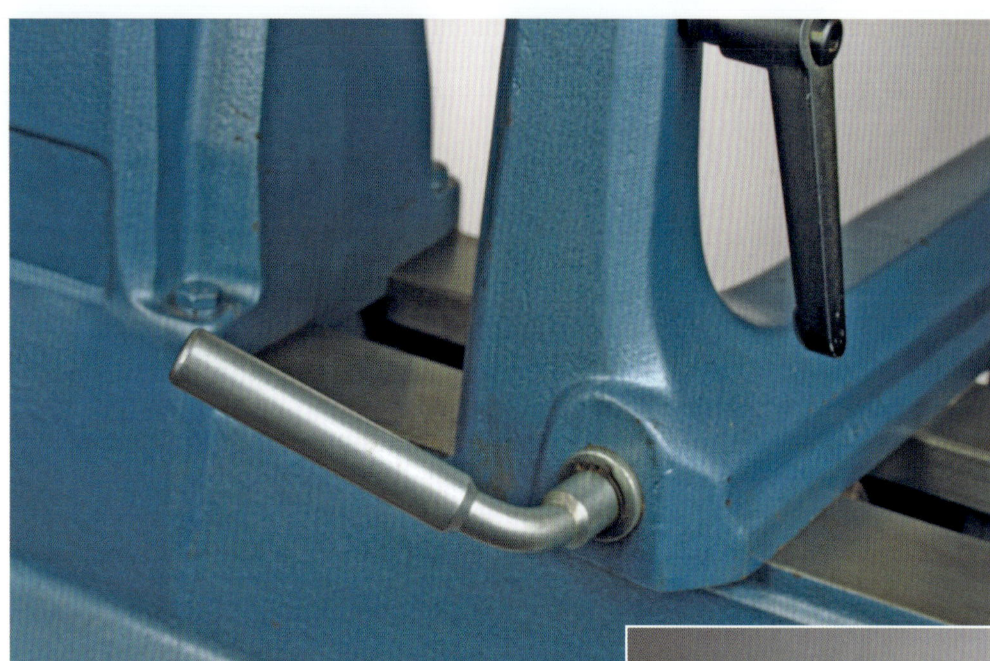

Oben *Schnellspannvorrichtung am Werkzeugauflagenunterteil der Vicmarc®*

Oben *Größe, Form und Stabilität der Werkzeugauflage sind sehr wichtig.*

Verriegeln

Schnellspannvorrichtungen machen das Verriegeln am Werkzeugauflagenunterteil und am Reitstock schnell, einfach und sicher. Kaufen Sie keine Drechselbank ohne Schnellspanner.

Werkzeugauflage

Die Werkzeugauflage muss eine lange, stabile und gerade Kante haben, mit vertikaler oder abgewinkelter Oberfläche, die dem Werkzeug auch bei niedrig eingestellter Auflage Stabilität gibt. Damit sie leicht in Becher und Schalen passt, sollte sie an den Enden konisch zulaufen und 25 mm oberhalb bzw. unterhalb der Mittenlinie ansteigen bzw. abfallen.

Zubehör

Zur Standardausstattung der Drechselbank sollten Antriebsspitze und Reitstockspitze sowie Planscheiben gehören. Manche Drechselbänke, wie die „Oneway", haben entlang ihrer hinteren Seite eine Profilstange zur Befestigung von Zubehör, wie Leuchte, Absaugtrichter der Staubabsaugung und sogar eine bewegliche Bedienungseinheit. So etwas kann sehr nützlich sein.

Tipp

Kaufen Sie zusätzliche Spannfutter und Werkzeuge nur, wenn Sie ganz sicher sind, dass es genau die sind, die Sie wollen.

Spannfutter und Spannvorrichtungen

Es gibt zwei grundlegende Methoden, Holz zum Drechseln auf der Drechselbank aufzuspannen. Die erste ist „zwischen den Spitzen". Hier wird das Holz mittels eines Antriebs durch Reibung und Druck zwischen Spindelkasten und Reitstock gehalten. Der Druck erfolgt seitens des Reitstocks. Die zweite Methode besteht in der Verwendung eines Spannfutters, das das Holz an einem Ende oder einer Stirnfläche hält, wobei der Reitstock nicht benötigt wird.

Zwischen den Spitzen

Spitzen werden normalerweise mittels Morsekonus in die Drechselbank montiert, was sich schnell und einfach bewerkstelligen lässt. Die Demontage erfolgt mittels einer Auswurfstange.

Die herkömmliche Antriebsspitze hat vier Zacken und eine Zentrierspitze. Letztere definiert die Mitte des Antriebs und muss etwa 3 mm über die Zacken hinausragen. Die Zentrierspitze muss leicht ins Holz eindringen und so ein zwangsgeführtes Drücken des Holzes auf die Zacken ermöglichen. Berufsdrechsler verwenden sogar eine noch längere Spitze, damit sie Teile auf- und ausspannen können, ohne die Drechselbank abzuschalten. Die Zacken müssen eine scharfe Kante haben, damit sie zur Kraftübertragung in das Holz eindringen können. Dies ist ideal, wenn die Stirnfläche des Holzes rechtwinklig zur Drehachse liegt, da dann alle vier Zacken den gleichen formschlüssigen Kontakt mit dem Holz haben.

Oben *Vierzack-Antriebsspitze, MK2*

Rechts *Zweizack-Antriebsspitze, MK1*

Oben *Stirnsenker, MK1 mit 2-auf-1-Reduzierhülse*

Rechts *Gefederte Mehrzack- (oder Kronen-) Antriebsspitze, MK2*

Unten rechts *Feststehende Spitze mit Druckring, verwendet als Reibungsmitnehmer, MK2*

Bei einem unebenen oder nicht rechtwinklig zur Drehbankachse verlaufenden Holzende verwendet man eine Zweizack-Antriebsspitze. Sie lässt sich so einstellen, dass beide Zacken den gleichen formschlüssigen Kontakt zum Holz haben. Eine Alternative zur Vierzack-Antriebsspitze ist bei kleineren Arbeiten die gefederte Mehrzack-Spitze, eine kronenförmige Spitze mit gezackter Kante. Ihr Vorteil liegt darin, dass sie auf dem Holz nur einen einfachen Ringabdruck hinterlässt, den man bei manchen Projekten auf dem Werkstück belassen kann. Es gibt sie passend zum jeweiligen Objekt in verschiedenen Größen.

Für besondere Anforderungen gibt es spezielle Spitzen. Drechselt man beispielsweise einen Leuchtenständer, der in der Mitte ein Loch aufweist, so verwendet man am besten einen „Stirnsenker". Meistens ist dies eine Vierzack-Spitze, die statt einer Spitze einen längeren Stab hat, der in das Loch eingeführt wird und einen stabilen Halt gibt.

Oben *Mitlaufende Körnerspitze für Hartholz, MK2*

Reitstockspitzen

Der Reitstock gibt dem Holz nicht nur Halt, er schiebt es auch vorwärts und drückt es fest gegen die Antriebsspitze. Besser als eine feststehende Spitze verhindert eine mitlaufende Spitze Reibung, Überhitzung und Versengen.

Bei Hartholz hält bereits eine einfache, in das Holz eindringende Körnerspitze. Allerdings ist die Form der Spitze wichtig. Ein 60°-Konus gibt Halt und erzeugt auch den erforderlichen Druck. Eine spitze Spitze (kleiner Konuswinkel) dringt leicht ins Holz ein, setzt diesen Prozess allerdings beim Drechseln fort, und das Holz wird locker. Eine stumpfe Spitze (großer Konuswinkel) dringt nicht tief genug ein, um das Holz beim Drechseln fest zu fixieren, und es wird wahrscheinlich aus der Drehbank fliegen.

Bei Weichholz benötigt man eine anders geformte Reitstockspitze. Eine Körnerspitze würde das Holz um den Konus herum stauchen. Es würde splittern oder sich lockern. Stattdessen verwendet man einen Mitnehmer mit Druckring. Er hat zur Zentrierung eine spitze Spitze, der Ring dringt ins Holz ein und gibt Halt, und der Innenkonus und flache Boden verhindern ein zu tiefes Eindringen. Die Spitze muss spitz sein und zum leichten Zentrieren etwa 3mm über den Ring hinausragen.

Zum Langlochbohren ist eine Reitstockspitze mit Druckring und herausnehmbarem Dorn ideal. Nach dem Schruppen kann er entfernt werden, damit der Stangenbohrer durch Reitstock und Spitze hindurchlaufen und das Holz bohren kann. Ein gerader Dorn kann danach für eine sichere Fixierung in der Spitzenmitte platziert werden.

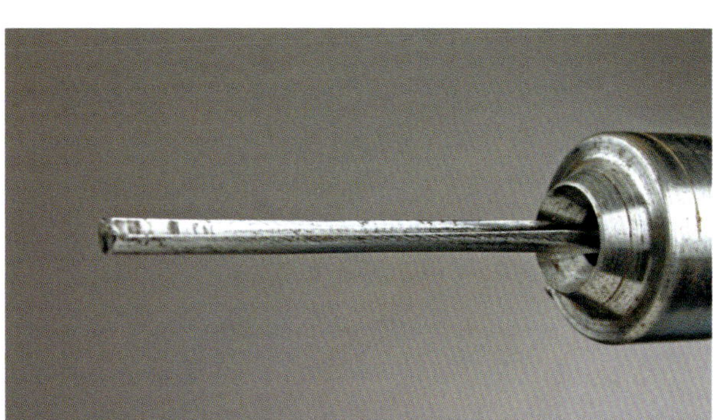

Oben links *Stangenbohrer, nach Entfernen des Dorns durch eine Reitstockspitze hindurchgeführt*

Mitte links *Mitlaufende, gefederte Mehrzack-Reitstockspitze, MK2*

Links *Mitlaufende Reitstockspitze mit austauschbaren Mitnehmern*

Oben *102-mm-Planscheibe (Mehrschraubenfutter) mit vier planen und vier angesenkten Bohrungen*

Oben *Forstner-Bohrer, für Stiftfutter (Pin-Futter)*

Spannfutter

Auszudrehende Teile erfordern Aufspannmethoden, die das Holz an einem Ende oder einer Stirnseite sicher fixieren, damit man von der anderen Seite aushöhlen kann.

Planscheibe

Die Planscheibe (oder das Mehrschraubenfutter) ist das traditionelle Zubehör, um Querholz aufzuspannen. Es handelt sich um eine flache Platte mit vier oder mehr Bohrlöchern für Schrauben, die entweder für Standardschrauben angesenkt oder für Schlossschrauben plan sind. Egal welche Art Bohrungen die Planscheibe aufweist, ich bohre meistens vier weitere vom anderen Typ hinein, um beim Fixieren flexibler zu sein.

Sowohl eine 76-mm- als auch eine 02-mm-Planscheibe decken nahezu alle Anforderungen ab. Man benötigt dann noch eine gute Auswahl an Schrauben und einen elektrischen Schraubendreher.

Planscheibenringe werden genau wie Planscheiben auf den Rohling geschraubt, dann jedoch durch die sich spreizenden Spannbacken (-zangen) eines Spannfutters gehalten. So lassen sie sich auf der Drechselbank schnell auf- und abspannen.

Schraubfutter

Das Schraubfutter ist einfach und schnell im Einsatz und häufig eine gute Alternative zur Planscheibe.

Der Teller sollte einen Durchmesser von etwa 89 mm aufweisen und seine Mitte etwa 3 mm hinterdreht sein, sodass ein etwa 13 mm breiter Rand bleibt. So wird der Rohling um den Rand des Tellers unterstützt und erhält maximale Stabilität, was vor allem wichtig ist, wenn die Stirnfläche des Holzes nicht völlig eben ist oder wenn es um die Schraube herum Faserausrisse gibt. Das Schraubfutter hat einen zylindrischen Schaft mit einem Durchmesser von etwa 6-8mm und einer tiefen und engen Gewindebahn. Er ragt etwa 19-31 mm heraus. Er dient dazu, den Rohling fest gegen den Tellerrand zu ziehen. Sollte das Werkstück einen geringeren Durchmesser als 76 mm aufweisen, bietet ein Sperrholzrest eine gute Unterlage.

Häufig ist das Schraubfutter bei der Schnittfolge einer Querholzschale die erste Spannvorrichtung. Auch spannt man damit das Hirnholz kleiner Teile, wie Türknäufe ein. Man bohrt ein einzelnes Führungsloch in die Mitte des Holzrohlings, schraubt die Schraube dort hinein, und er ist bereit zum Drechseln. Auch das außermittige Sorby-Futter hält das Werkstück mit nur einer Schraube.

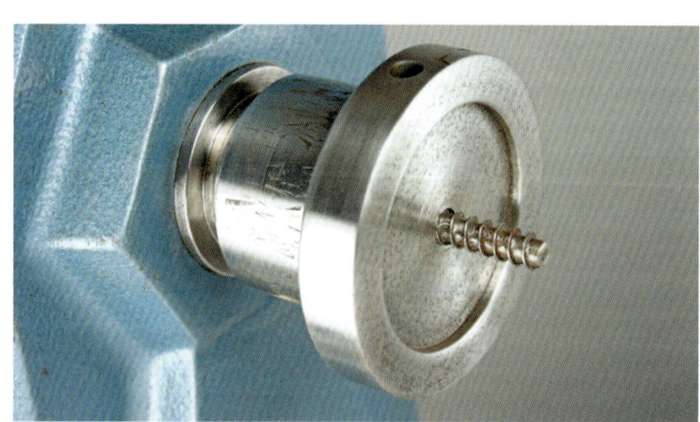

Oben *Vicmarc® VM100 Spann- und Spreizfutter mit 50mm Schwalbenschwanzbacken*

Oben *Vicmarc® VM120 Spann- und Spreizfutter mit verlängerten Spannbacken*

Spann- und Spreizfutter

Heutzutage kommt zum Aufspannen von Holz üblicherweise ein Spann- und Spreizfutter zum Einsatz. Die Backen werden über ein Schneckengetriebe hinein- und herausbewegt. Dies erfolgt entweder mittels eines Bedienschlüssels oder mittels Hebelstangen. Der Bedienschlüssel lässt sich mit einer Hand handhaben, während die andere Hand das Holz im Futter führt und festhält. Sobald es Halt hat, können beide Hände die Backen festziehen. Futter mit Hebelstangen erfordern beide Hände an den Hebelstangen, wobei Sie das Holz mit Ihrer dritten Hand halten (es sei denn, Sie sind so geschickt, eine Stange gegen das Bett der Drechselbank zu halten)!

Spann- und Spreizfutter bieten gute Spannwegsbereiche und somit besteht keine Notwendigkeit, genaue Zapfen oder Vertiefungen zu drechseln. Backentypen und -größen gibt es für nahezu jede Anwendung. Die meisten sind so gestaltet, dass sie das Holz entweder durch Spreizen oder Zusammenziehen halten. Die zusammenziehende Backe greift auf einen an den Rohling gedrechselten Zapfen, die gespreizte Backe greift in eine in den Rohling gedrechselte Vertiefung.

Oben *Vicmarc® VM120 Spann- und Spreizfutter mit verlängerten Spannbacken*

Mitte *Versa-Futter mit Nova-Spannzangen „Premier"*

Unten *Axminster-Futter mit 50-mm-O'Donnell-Spannbacken*

Links *Planscheibenringe zur Verwendung in Kombination mit einem Spreizfutter*

Stiftfutter (Pin-Futter)

Wie der Name schon sagt, besteht es aus einem großen Stift und hat einen zweiten Bolzen zur Verriegelung. Ein Schalenrohling mit exakt gedrechseltem Loch wird über die Bolzen gedrückt und gegen die Laufrichtung der Drechselbank gedreht, wodurch er durch den Verriegelungsbolzen in seiner Position verriegelt wird. Um ihn wieder abzunehmen, dreht man den fertigen Rohling in Laufrichtung der Drechselbank. Dies ist eine sichere Aufspannmethode und ideal für Naturrandschalen, die für andere Spannmethoden keine ebene Fläche bieten. Ein Bolzen mit 38 mm Durchmesser und 50 mm Länge ist ideal für Schalen bis zu einem Durchmesser von 508 mm (wie ich selbst ausprobiert habe). Selbst kleine Schalen bis 76 mm Durchmesser passen auf einen solchen Bolzen. Für noch kleinere Objekte aus getrocknetem Holz, wie Salz- oder Pfeffermühlen, eignet sich ein 25-mm-Bolzen. Letzterer funktioniert nicht bei Weichholz oder Grünholz, da sich der sehr dünne Verriegelungsbolzen ins Holz frisst und der Rohling auf dem Hauptbolzen zu drehen beginnt.

Bohrmaschinenfutter

Ein Bohrmaschinenfutter wird meist zur Aufnahme von Bohrern auf dem Reitstock verwendet, kann aber auch im Spindelkasten zum Halten kleiner, runder Teile wie Dübel eingesetzt werden.

Vakuumfutter

Vakuum- bzw. Unterdruckfutter sind schnell in der Anwendung und etwas für den Profi. Sie sind ideal zum Aufspannen von Schalen an deren Rand, um deren Boden fertig zu bearbeiten. Auch kann man sie bei flachen, beidseitig zu bearbeitenden Teilen, wie Brotschneidebrettern, einsetzen. Sie hinterlassen keine Aufspannabdrücke. Am äußeren Ende der Spindel ist eine Vakuumpumpe befestigt. Über ein Ventil wird der Unterdruck zum Auf- und Abspannen des Werkstücks wieder abgebaut. Das Werkstück wird gegen eine große Scheibe mit einer abdichtenden Oberfläche gedrückt und kann so gedrechselt werden.

Selbst gemachte Spannfutter

Eine der Freuden des Drechslers ist die Herausforderung, seine Spannfutter selbst herzustellen, kreativ zu sein und so auch Geld zu sparen. Wenn Ihnen etwas wirklich Gutes einfällt, bieten sich vielleicht auch Perspektiven, es zu vermarkten. Die meisten selbst gemachten Futter orientieren sich an bereits existierenden Aufspannsystemen.

Spundfutter

Das Spundfutter gehört zu meinen Favoriten. Ich verwende ein kleines, um Holzfrüchte aufzuspannen und deren Unterseite fertig zu bearbeiten. Das Futter besteht aus einem im 20°-Winkel konischen Becher, dessen Wandstärke etwa 6 mm beträgt, damit das Futter beim Einpressen des Werkstücks etwas nachgibt. Ein schöner Nebeneffekt ist, dass die fertigen Früchte unterschiedliche Aufstandswinkel haben, da sie niemals völlig gleich parallel zur Achse im Futter aufgespannt sind. So sehen sie eher natürlich als produziert aus. Denken Sie daran, in der Mitte des Futters ein Loch vorzusehen, damit Sie mit einem Dübel das Teil herausdrücken können. Man kann das Spundfutter auf einer Planscheibe befestigen oder an einem an sein Ende gedrechselten Zapfen.

Hölzerne Spannbacken

Hölzerne Spannbacken sind ein Zubehör für Spann- und Spreizfutter. Man kann sie sich für bestimmte Anwendungen

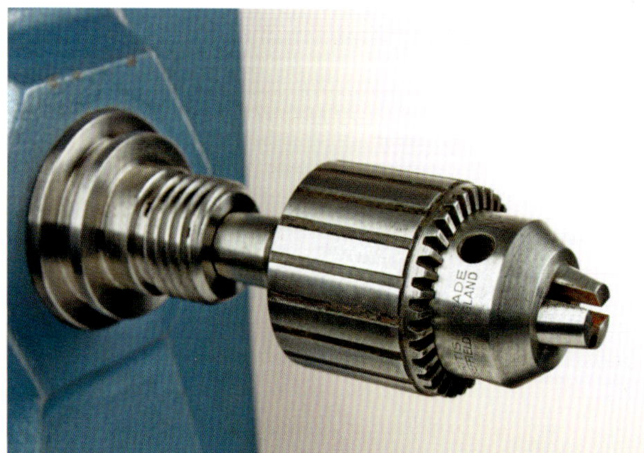

Oben *Bohrmaschinenfutter, MK1 mit 2-auf-1-Reduzierhülse*

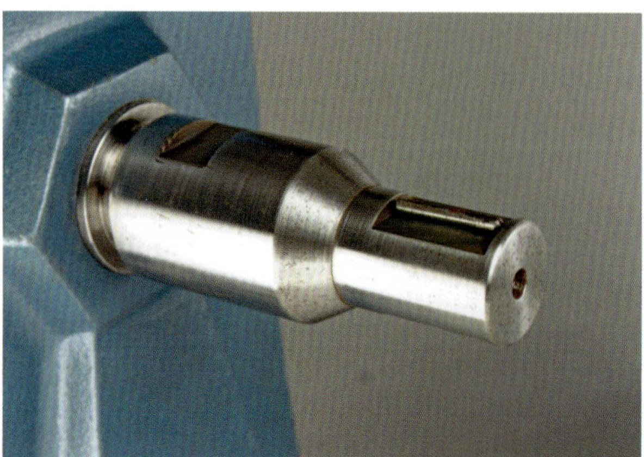

Links *3,8-mm-Stiftfutter (Pin-Futter) auf einer Vicmarc®-Drechselbank*

Oben *Rohlinge zum Herstellen von hölzernen Spannbacken und Axminster-Spannbacken aus Holz*

Oben *Hölzerne Spreizbacken auf einem Axminster-Futter*

individuell anfertigen. Ich mache z.B. Spannbacken mit Abstufungen, um die Schalen beim Drechseln des Bodens am Rand aufzuspannen. Man schraubt Viertelkreis-Stücke auf die Spannzangenteile, die dann auf einem Kreuz befestigt und so in ihrer mittigen Position gehalten werden. Nun drechselt man innen oder außen auf dem Rand gezinkte Abstufungen, mit denen eine Schale innen oder außen am Rand aufgespannt wird. Die Abstufung ist kleiner als der Spannweg der Spannbacke, sodass sich von der kleinsten zur größten Abstufung ein kontinuierlicher Spannbereich ergibt. Bei herausgenommenem Kreuz können sich die Spannbacken in den Schalenrand ausdehnen und sie sicher festhalten.

Klotz aus Abfallholz

Das einfachste selbst gemachte Spannfutter besteht aus einem an den Schalenrohling geleimten Abfallholz, an dem aufgespannt wird. So vermeidet man Schraublöcher oder Abdrücke des Spannfutters am Werkstück und muss zu diesem Zweck auch keinen größeren Rohling nehmen. Es genügt eine Planscheibe.

Stiftfutter

Selbst Stiftfutter lassen sich aus Hartholz drechseln, für den Verriegelungsbolzen sollten Sie allerdings ein Stück von einem Nagel nehmen. Nur Ihre Vorstellungskraft setzt den Möglichkeiten selbst hergestellter Spannfutter Grenzen.

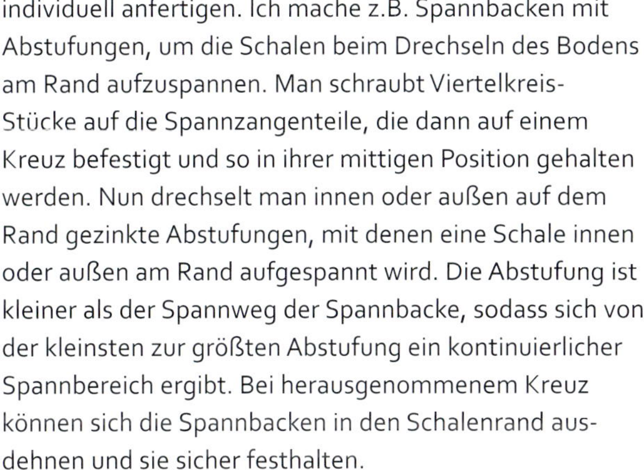

Oben *Sorby Patriot-Spannfutter mit 50-mm-Schwalbenschwanz-backen*

Oben *Spundfutter in einem Vicmarc®-Spannfutter*

Oben *Konisches Mandrel zum Aufspannen von Serviettenringen*

Werkzeuge

Die Wahl des Werkzeugsortiments ist für den Drechsler nicht nur deshalb eine wichtige Entscheidung, weil seine Kosten höher liegen können als die der Drehbank selbst, sondern auch, weil es beim Drechseln einen erheblichen Einfluss auf Leichtigkeit, Leistungsfähigkeit und Freude hat. Ein gutes Werkzeugset benutzt man gern. Mit ihm verbessern Sie Ihr Können und haben die Möglichkeit, eine breitere Produktpalette zu fertigen.

Beobachtet man die Profi-Drechsler, stellt man rasch fest, dass sie meistens mit sehr wenigen Werkzeugen arbeiten. Überwiegend benutzen sie nur ein Werkzeug und nehmen lediglich für eine spezielle Stilgebung Spezialwerkzeuge hinzu. Werfen Sie aber einmal einen Blick in die Profi-Werkstatt, tut sich ein ganzes Werkzeug-Arsenal auf, das über die Jahre gesammelt wurde, darunter viele verstaubte Stücke und einige, die wahrscheinlich noch nie benutzt wurden. Dabei werden auch einige speziell angefertigte Exemplare für ganz spezifische Zwecke sein. Auch wenn man diese vielleicht nur wenige Male im Jahr benutzt, um ein winziges bisschen Holz abzutragen, sind sie für diese Anwendung von unschätzbarem Wert.

Tipp
Haben Sie vor, sich einen kompletten Werkzeug-Satz zu kaufen, prüfen Sie, ob er Ihren Anforderungen entspricht. Vielleicht können Sie nur eines oder zwei der Werkzeuge wirklich verwenden. Hier gilt: Der Preis muss stimmen!

Links *Ringeschneider zum Schneiden gefangener Ringe*

In meiner Werkstatt sieht es nicht anders aus; ich habe eine Menge Werkzeuge, erledige jedoch über 90 % meiner Arbeiten mit der Schalendrehröhre. Daneben habe ich eine Menge „Spezialwerkzeuge" für bestimmte Zwecke. Ein guter Grund, weniger Werkzeuge zu benutzen, ist der, dass man leichter lernt, wie man drechselt. Ich lernte drechseln, als ich eine Menge Schalen drehte, die meisten mit der Schalendrehröhre. Ich begriff das Werkzeug rasch und konnte dann auch andere Werkzeuge besser verstehen und einsetzen.

Mit einem guten Werkzeugsatz können Sie eine große Bandbreite von Drechselarbeiten ausführen: Langholzdrehen von 6-127 mm Durchmesser und bis 914 mm Länge sowie Schalen von 38 – 508 mm Durchmesser. Ich empfehle Ihnen, sich die folgenden Werkzeuge anzuschaffen. Siehe unten.

Rechts *Von links nach rechts: Langholzschrupprӧhre, Schaber, Schalendrehröhre, Bedan, Flachröhre, Abstechstahl, Ovalmeißel*

Größe	Bezeichnung	Grifflänge	Hersteller bezeichnung
32 mm	**Langholzschrupprӧhre**	**45,7 mm**	**Schrupprӧhre**
13 mm	Flachröhre	30,5 mm	Langholz- oder Formröhre
13 mm	Schalendrehröhre	45,7 mm	Schalenröhre
25 mm	Flachmeißel	30,5 mm	Flachmeißel
13-38 mm	Schaber (versch. Formen)	45,7 mm	Schaber
3 mm	Abstechstahl	22,9 mm	Abstechstahl
10 mm	Plattenstahl/Rundstabeisen	38,1 mm	Bedan
7,5 mm	Bohrer	15,2 mm	Bohrer

Einige der von mir verwendeten Werkzeugbezeichnungen stimmen nicht mit denen in den Anbieterkatalogen überein, denn m.E. sollten sich die Bezeichnungen nicht unbedingt nur auf den Verwendungszweck beschränken, sondern gegebenenfalls auch die Sicherheit berücksichtigen. Ich finde meine „Schalendrehröhre" absolut toll zum Langholzdrehen. Meine „Langholzschrupprӧhre" heißt allgemein „Schrupprӧhre", gehört aber zu den Werkzeugen, die ich nie in der Nähe von Querholz einsetzen würde. Zum Schruppen von Querholz ist sie nicht nur unbrauchbar, ich halte das sogar für gefährlich und habe in solchen Fällen schon gesehen, dass es zu einem Unfall kam. Bei einigen Werkzeugen, wie dem Abstechstahl, ist es sinnvoll, sie nach ihrer „Funktion" zu benennen, da ihre Einsatzmöglichkeiten sehr begrenzt sind.

Materialformen und Bemessung

Rundmaterial – Röhren

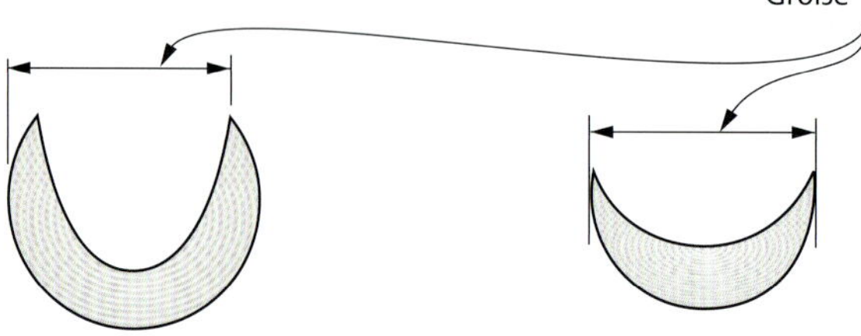

Geschmiedetes Material mit Flute – Langholzröhren

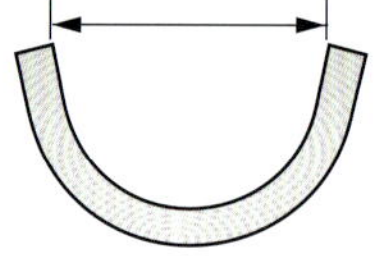

Langholzschrupprröhre

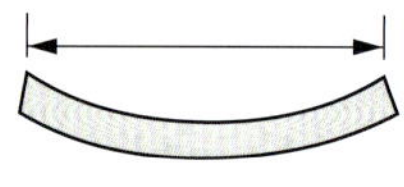

Langholzschrupprröhre
(kontinentale Form)

Rechtwinkliges Material – Schaber, Meißel, Abstechstahl, Plattenstahl und Rundstabeisen

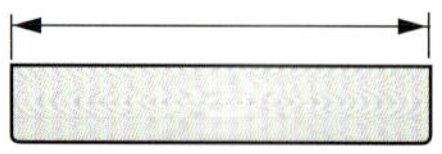

Schaber, Meißel

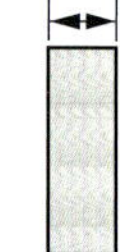

Abstechstahl, Plattenstahl
und Rundstabeisen

Ovales Material

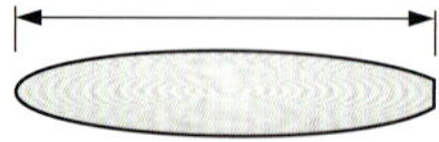

Meißel

Materialformen

Rechtwinklig oder quadratisch

Material für Schaber, Abstechstähle, Plattenstähle und Meißel ist rechtwinklig oder quadratisch. Die Art und Weise, wie das Werkzeug geschärft ist, definiert den Werkzeugtyp. In fast allen Fällen sollten die unteren Ecken gerundet sein, damit sie leicht über die Werkzeugauflage gleiten können, ohne sie zu beschädigen. Beim „Ovalmeißel" sind die Ecken noch stärker abgerundet; er liegt gut in der Hand.

Rund

Ist das Ausgangsmaterial rund und hat es eine Flute, dann handelt es sich um eine Röhre. Die Form der Flute definiert den Röhrentyp. In der Regel ist eine Flachröhre eine Röhre, deren flaches Profil kleiner als ein Halbkreis ist. Sie ist für nicht sehr tiefe und feine Schnitte geeignet. Die Schalendrehröhre weist eine V-förmige Flute mit einem kleinen unteren Radius auf, hat ein tieferes Profil als ein Halbkreis und ist für starke Spanabnahme geeignet.

Ich hatte eine 6-mm-Röhre aus Rundmaterial, deren Flute genau halbkreisförmig war und deren Profil deshalb weder flach noch tief war. Das Werkzeug war sehr vielseitig für feine Arbeiten, da man gleichzeitig gut Details schneiden und effektiv Holz abtragen konnte.

Geschmiedet

Eine Langholzschrupppröhre ist meist aus geschmiedetem Material und wird mit einer Angel in den Griff eingesetzt. Egal ob das Profil mehr oder weniger ausgeprägt ist als ein Halbkreis, kann man Langholz gut grob vorschruppen, sei es Rundholz, Kantholz oder Astholz. Mit ihr trägt man rasch eine große Menge Holz mit relativ flachen Schnitten ab und erzielt auf großen glatten Flächen eine sehr feine Oberfläche.

Die flache Langholzschrupppröhre ist in Europa ein Traditionswerkzeug. Mit einem Fingernagelanschliff versehen, kann sie auch zum Feindrehen benutzt werden.

Größe

Meißel und Schaber werden anhand der Materialbreite klassifiziert. Bei Überlängen oder Überbreiten jenseits der Standardgrößen spricht man von lang oder stabil. Traditionell klassifizierte man Röhren anhand der Flutenbreite, was gut funktionierte, als die Fluten geschmiedet waren. Da man moderne Röhren üblicherweise aus einer massiven Stange fertigt, ist die Definition der Größe bei der Schalendrehröhre ein Zwischending zwischen Durchmesser und Flutenbreite.

Folgendes möchte ich noch zur Größe sagen: Benutzen Sie das größte für die jeweilige Arbeit geeignete Werkzeug, natürlich mit Augenmaß. Der Grund dafür ist, dass ein stabiles Werkzeug nicht rattert und man damit einen großen Schnitt ausführen kann; es kann auch viel leichter sein, eine gedrechselte Form dann zu glätten. Es ist unwahrscheinlich, dass eine 13-mm-Schalendrehröhre rattert, selbst wenn sie 15 cm übersteht. Und wenn ein 38-mm-Schaber in einen Eierbecher passt, lässt sich damit die Form wesentlich leichter überarbeiten als mit einem 6-mm-Schaber. Schon bei 5 cm Überhang kann der 6-mm-Schaber rattern und macht so einen feinen Schnitt unmöglich.

Material

Herkömmliche Werkzeuge werden aus unlegiertem Werkzeugstahl geschmiedet und dann gehärtet und angelassen, damit die Schneide sehr scharf werden kann. Sie hat jedoch eine kurze Standzeit. Beim Schärfen von unlegiertem Stahl ist große Vorsicht geboten, dass das Werkzeug nicht überhitzt. Schon bei 150°C verliert es an Härte und bei 300°C wird das Gefüge zerstört. Bei den modernen rubinroten und blauen Nassschliff-Keramikschleifscheiben, Nassschleifern und den Bandschleifmaschinen ist dieses Problem geringer.

Die meisten Drechselwerkzeuge werden heute aus HSS-Stahl (Schnellarbeitsstahl) hergestellt. Zwar gibt es auch geschmiedete, die meisten werden aber aus rechteckigem oder rundem Material gefertigt. M2 ist ein HSS-Standardmaterial; es wird schön scharf und behält die Schärfe länger als eine Schneide aus unlegiertem Stahl. Das Risiko, dass beim Schärfen die Härte durch Überhitzen verloren geht, ist gering, denn dazu müsste der Stahl auf 580°C erhitzt werden, was beim Schärfen auf dem richtigen Stein sehr unwahrscheinlich ist. Wenn Sie HSS schleifen, dürfen Sie den Stahl niemals in Wasser oder Öl abschrecken. Der plötzliche Temperaturwechsel verursacht einen Wärmeschock, der wiederum Haarrisse in der Schneide zur Folge hat. Ist Ihr Werkzeug heiß geworden, legen Sie es hin und vertreten sich ein wenig die Beine. Bei HSS in Form von Sinterstahl ist der Kohlenstoff im Stahl gleichmäßiger verteilt. Das kann Werkzeuge mit größerem Querschnitt geringfügig härter machen, ist bei kleineren Querschnitten wegen des nicht vorhandenen Kleingefüges und damit auch der fehlenden Zugfestigkeit aber weniger üblich. Bedenken Sie, dass Werkzeuge aus Sinterstahl nicht automatisch gut sind. Vielmehr ist es die Wärmebehandlung, die Härte und Zähigkeit gleichermaßen gewährleistet. Es gibt Hersteller, die Drechselwerkzeuge nur einmal anlassen, andere lassen dreimal an. Einmal angelassener Sinterstahl ist nicht besser als dreimal angelassener M2-HSS-Stahl. Sinterstahl ist im Grunde M2. Es gibt verschiedene Werkzeuge mit Wolframschneide. Sie haben eine lange Standzeit, jedoch nicht dieselben scharfen Schneiden wie Werkzeuge aus HSS oder unlegiertem Werkzeugstahl und müssen auf speziellen Schleifscheiben geschärft werden. Machen Sie sich niemals Drechselwerkzeuge aus alten (oder neuen) Feilen selbst, denn sie sind sehr spröde (hart aber nicht zäh). Jeder Hieb ist eine potenzielle Bruchstelle und die kleine, weiche Angel ist nicht stabil genug, um den Drehkräften standzuhalten.

Werkzeuggriff im Detail (von oben nach unten)

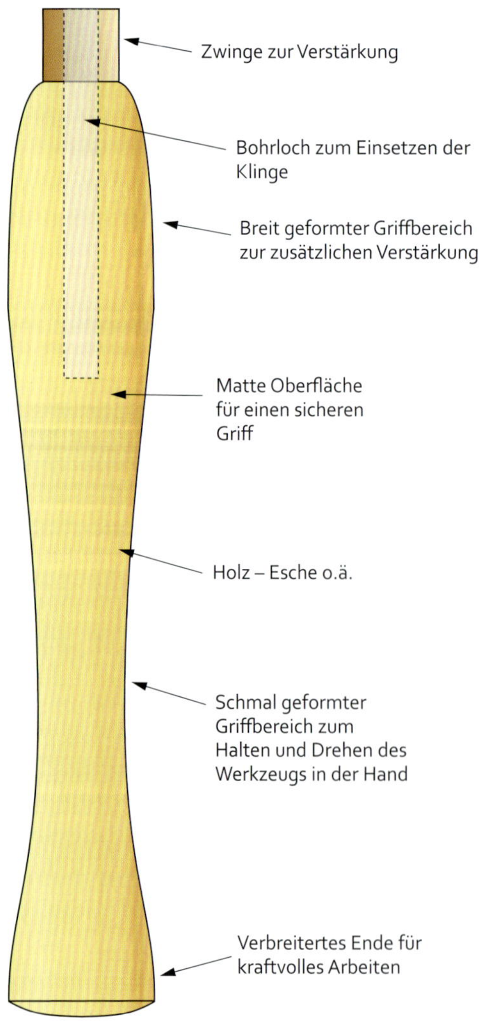

Werkzeuggriffe

Holz ist das traditionelle Material für Drechseleisengriffe, und auch ich bevorzuge Werkzeuge mit Holzgriffen. Esche ist ein sehr schönes, festes und schlagfestes Holz, doch fast jedes Hartholz eignet sich für Griffe. Die Wärme des Holzes fühlt sich in der Hand gut an, und eine natürliche Holzstruktur sorgt für einen guten Griff, während ein Hochglanzfinish rutschig sein kann. Ein breiter Querschnitt am Ende ermöglicht kraftvolles Arbeiten; eine schmal geformte Mitte vereinfacht das Drehen des Werkzeugs in der Hand und damit das Feindrehen und Schärfen.

Die Metallzwinge dient der Verstärkung ohne aufzutragen. Von der Grifflänge hängt ab, ob das Werkzeug verwendbar ist oder nicht. Ist der Griff zu lang, ist das Werkzeug schwer handhabbar, ist er zu kurz, muss man wesentlich mehr Kraft aufwenden, um es stabil halten und kontrollieren zu können. Würden die meisten Drechsler ihre Griffe um 15 cm verlängern, könnten sie m.E. wesentlich besser drechseln.

Metallgriffe sind wunderbar zum tiefen Ausdrehen, denn hier sind besonders lange und stabile Griffe erforderlich.

Winkel und Schneidenformen

Fasenwinkel

Der Fasenwinkel ist der Winkel zwischen Fase und Werkzeugachse. Er hat verschiedene Funktionen. Er bestimmt den „Schneidenwinkel" des Werkzeugs (nicht so bei dem auf beiden Seiten geschärften Meißel, hier handelt es sich um die Summe der Fasenwinkel). Der Fasenwinkel ist auch der Schneidwinkel einer Röhre, wenn die Fase am Holz anliegt. Der Fasenwinkel bestimmt die Stärke der Schneide – größere Winkel bedeuten stabilere Schneiden. Bei einem 45°-Winkel haben wir es mit einer guten, stabilen Schneide zu tun. Alle Winkelgrößen unter 30° machen die Schneide etwas schwach zum Drechseln, können aber für besondere Zwecke Verwendung finden.

Der Fasenwinkel definiert ferner die Griffposition im Verhältnis zur Schnittrichtung. Ein spitzer Winkel bringt den Griff nahe an die Schnittrichtung heran, während ein stumpfer Winkel den Griff von der Schnittlinie wegführt.

Hat eine Röhre oder ein Meißel eine lange Fase, empfehle ich, eine zweite Fase anzuschleifen, um das Werkzeug besser kontrollieren zu können.

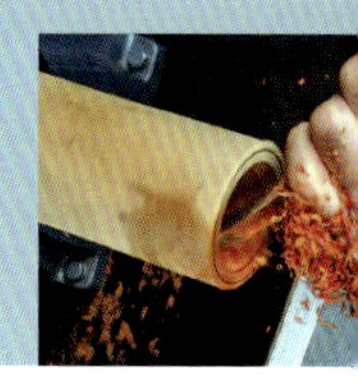

Auswirkungen des Fasenwinkels

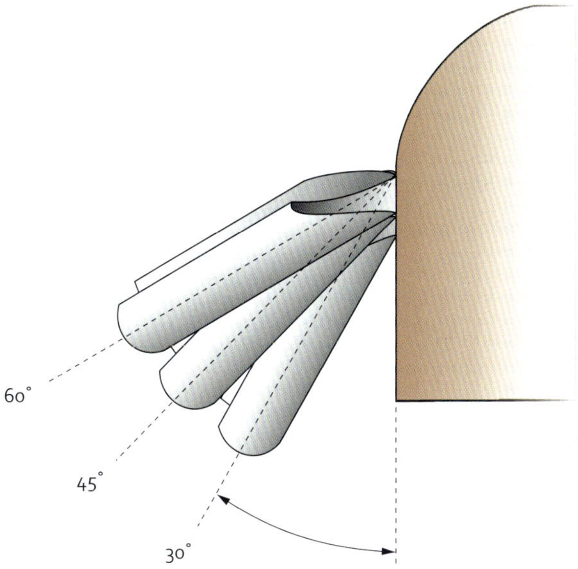

Veränderte Griffposition bei sich veränderndem Fasenwinkel

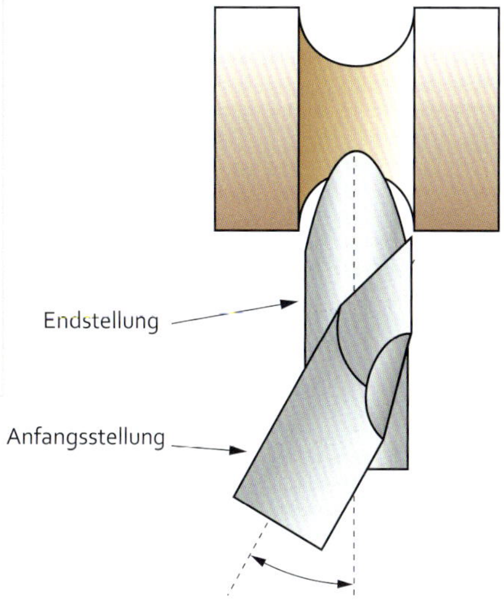

Werkzeugschwenk = Fasenwinkel

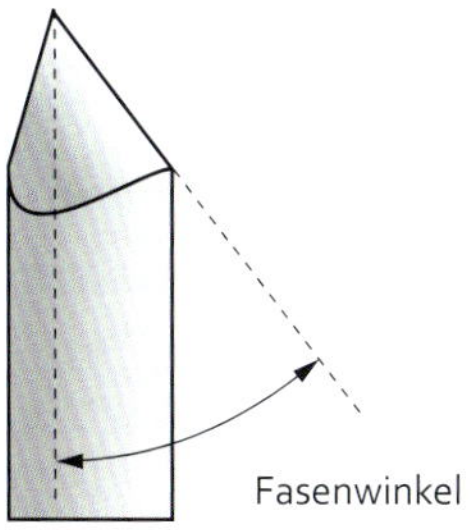

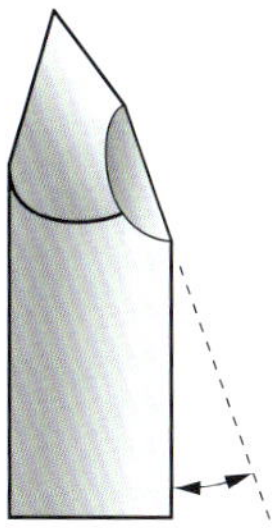

Zweite Fase

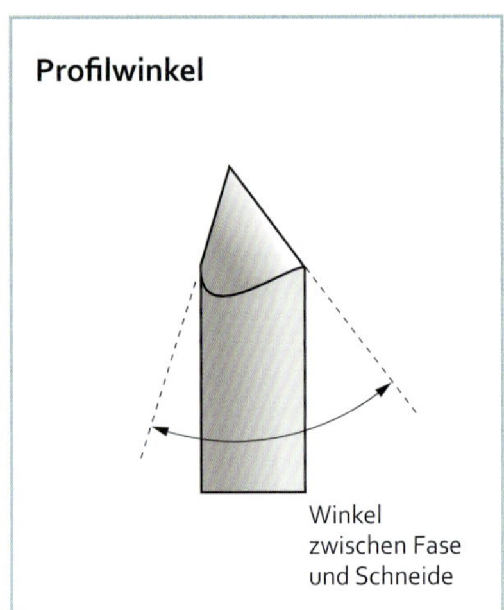

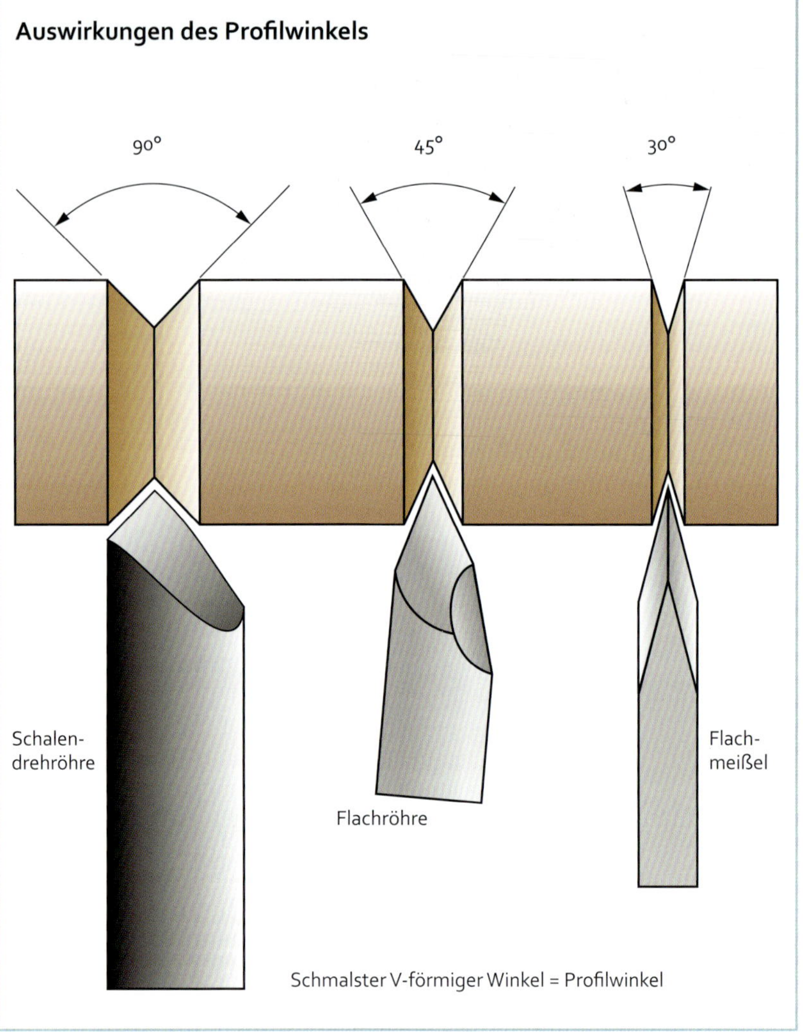

Profilwinkel

Der Profilwinkel ist der Winkel zwischen Fase und Schneide. Einfach ausgedrückt, er definiert das schmalste V, das das Werkzeug schneidet.

Anstellwinkel

Ein Standardschaber ist auf der Oberseite flach, d.h. der Anstellwinkel beträgt Null. Indem man die Schneide mit einem negativen Anstellwinkel versieht, verringert man die Gefahr des Einhakens.

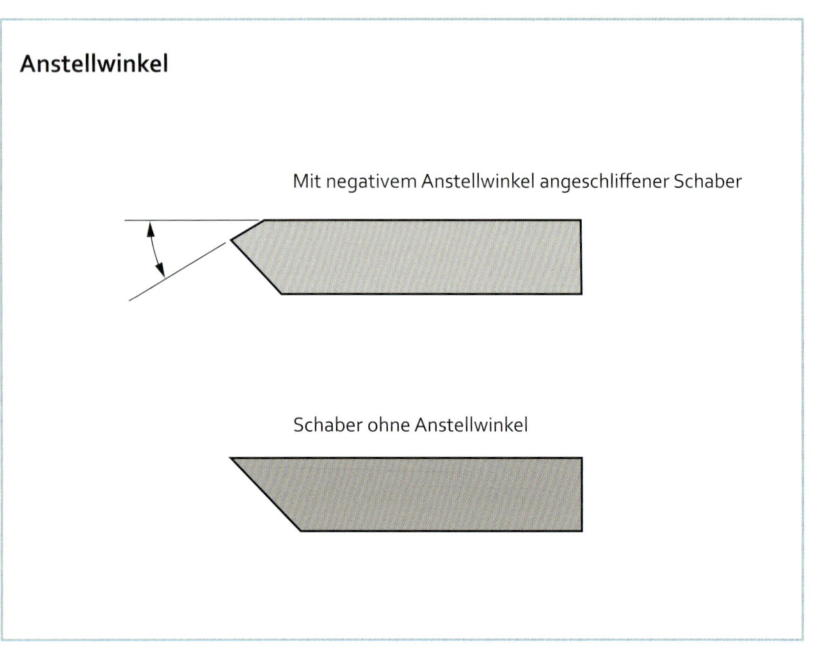

Schneidwinkel des Meißels

Bei einem Flachmeißel oder schrägen Schaber verläuft die Schneide nicht im 90°-Winkel zur Werkzeugachse. Man misst den Schneidwinkel des Meißels von der Schneide zur Werkzeugachse. Die Hauptwirkung einer schrägen Schneide besteht darin, dass sie die Griffposition im Verhältnis zur Schneide verändert. Dadurch hat man eine wesentlich bessere Werkzeugkontrolle und Zugang zu engen Stellen. Ein guter Schneidwinkel für einen Meißel liegt bei 60°.

Auswirkungen des Schneidwinkels eines Meißels auf die Griffposition

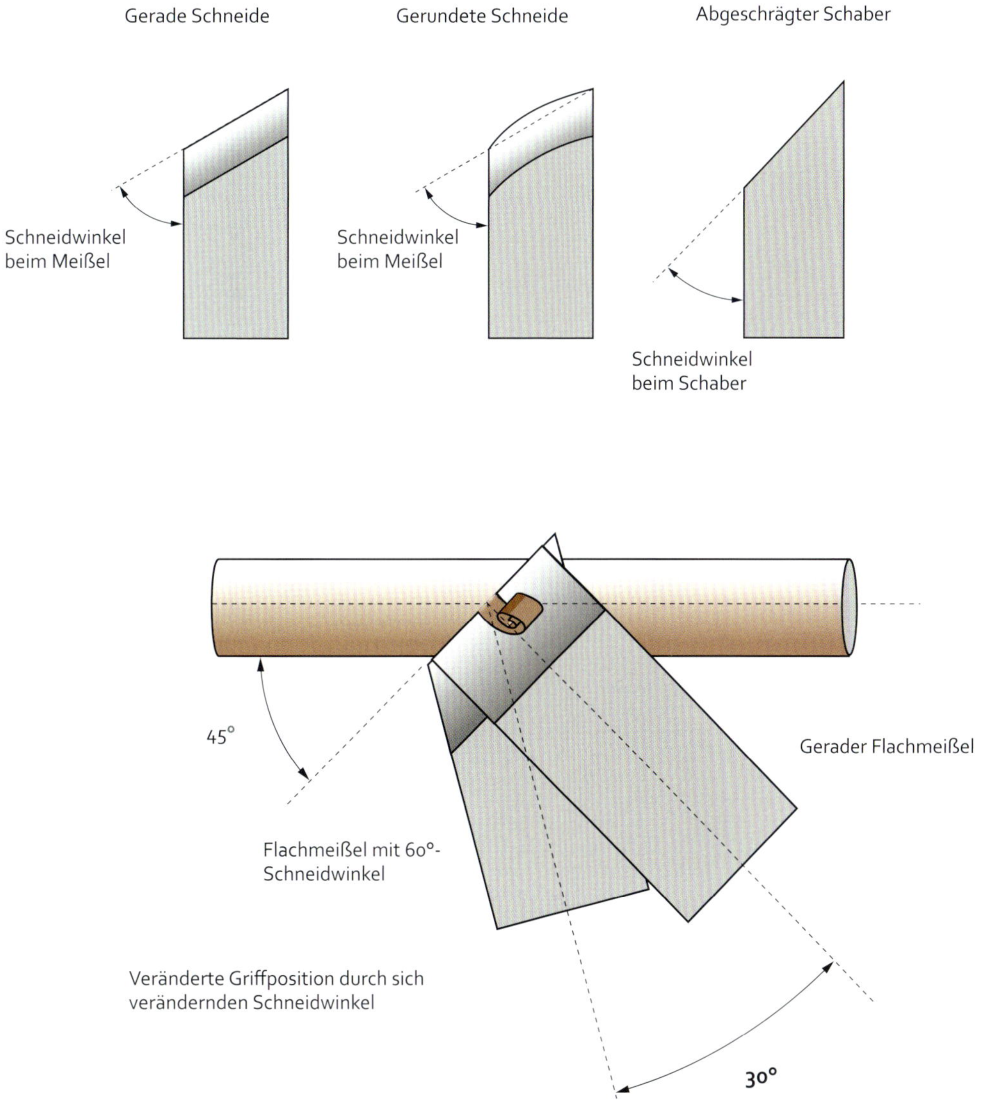

Unterschiedliche Schneidenformen

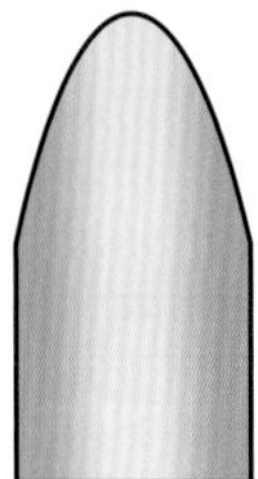

Flachröhre mit Fingernagelanschliff

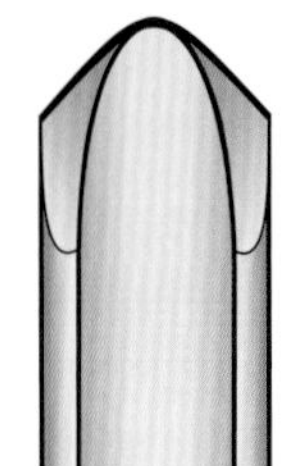

Pfeilförmig nach hinten geschliffene Schalendrehröhre

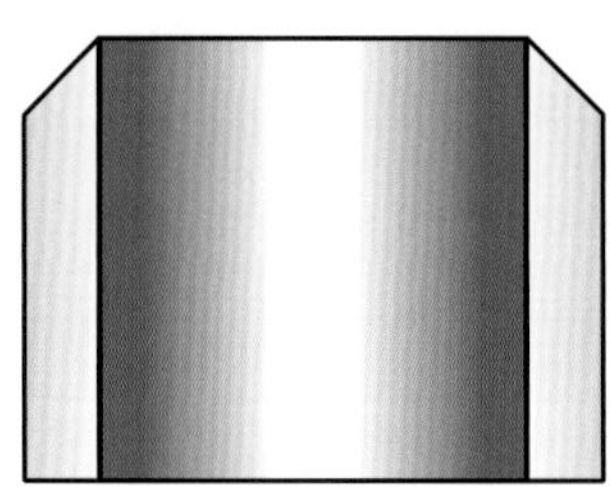

Rechtwinklig geschliffene Langholzschrupprröhre

Schneidenformen

Die Bezeichnung einer Schneidenform leitet sich stark von ihrem Aussehen ab. Der **„Fingernagelanschliff"** hieß im Englischen lange „lady fingernail". Hierbei ist die Fase von der Werkzeugvorderseite aus nicht sichtbar. Es handelt sich um einen seit langem üblichen Anschliff für Flachröhren. Es ist ein sehr feiner Anschliff, der das Feindrehen ermöglicht.

Der **pfeilförmig nach hinten verlaufende Anschliff** ist für Schalendrehröhren gedacht. Hier ist die Schneide viel weiter nach unten gezogen als beim rechtwinkligen Anschliff. Die Fase ist von der Werkzeugvorderseite aus teilweise zu sehen, obwohl die Schneidenform der bei einem Fingernagelanschliff ähnelt. Dieser Anschliff wurde beliebt, als in den 1980er-Jahren rundes HSS-Ausgangsmaterial aufkam. Auch bekannt als „keltischer Anschliff".

Beim **rechtwinkligen Anschliff** wird die Röhre lediglich auf der Auflage gedreht, sodass eine rechtwinklige Form entsteht, als wäre sie mit einem Bleistiftspitzer geschärft. Ein typischer Anschliff für die Langholzschrupppröhre.

Bei Schabern und Meißeln ist die Schneidenform unabhängig vom Fasen- und Profilwinkel. Mit der Schleifmaschine ist jede beliebige Schneidenform möglich.

Einige Schaber sind **Form**werkzeuge. Ihre Schneidenform ähnelt der zu schneidenden Form oder stimmt exakt mit ihr überein. Es gibt Eisen speziell für Rundstäbe, Hohlkehlen und V-Schnitte. Die Formen sind an der Klingenspitze angeschliffen, ohne die Schneidenform zu verändern.

Schärfen und Pflegen

Ein Drechselwerkzeug kann in wenigen Sekunden mehr Holz abtragen als ein Handhobel an einem ganzen Tag. In Minuten verwandeln Sie einen Holzklotz in einen Haufen Späne. Bei derartigen Zerspanungsgeschwindigkeiten ist das Scharfhalten der Drechselwerkzeuge eine Daueraufgabe. Wir sollten es daher als einen Teil der allgemeinen Werkzeuginstandhaltung und -pflege ansehen. Es ist der Schlüssel zu vergnüglichem und produktivem Drechseln.

Unten *Werkzeuge regelmäßig zu schärfen, ist wichtig.*

Werkzeuge werden durch Gebrauch nicht nur stumpf, sie können auch ihre Form verlieren oder an den Schneidkanten unbeabsichtigt beschädigt werden. Ebenfalls kann es notwendig werden, durch Umformen die Schneidcharakteristik eines Werkzeugs komplett zu ändern. Die richtige Form ist ebenso wichtig wie die Schärfe. Formgebung und Schärfen sind einander ähnliche Metall abtragende Prozesse. Das Drücken eines Werkzeugs gegen ein sich bewegendes Schleifmittel oder das Reiben an einem Schleifmittel führt zum gleichen Ergebnis – einer wohl geformten und scharfen Klinge.

Einführung in Schärfsysteme

Bei der Regelmäßigkeit, mit der man Drechselwerkzeuge schärfen muss, macht ein elektrisch betriebenes Schleifsystem Sinn. Es gibt vier grundlegende Methoden, um einem Werkzeug eine Schneidkante zu geben: Nassschleifen, Band- oder Tellerschleifen, Hochgeschwindigkeitsschleifen und Abziehen. Die folgenden Überlegungen gelten für alle vier Systeme und sind wesentliche Einflussgrößen auf deren Fähigkeit, ein Werkzeug scharf und gut geformt zu erhalten.

Leistung: Die Maschine muss über genügend Leistung verfügen, um schnell zu starten und auch unter schwersten Schärfbedingung ihre Drehbewegung beizubehalten.

Konstruktion: Das System muss so robust sein, dass es in der Werkstatt auch einmal einen Stoß verträgt.

Schleifauflage und Zubehör: Eine gute Schleifauflage und eine Auswahl an Zubehör erleichtert das Schärfen erheblich und ermutigt zu häufigerem Gebrauch. An der Auflage fest voreingestellte Winkel machen den Wechsel beim Einrichten schneller und einfacher.

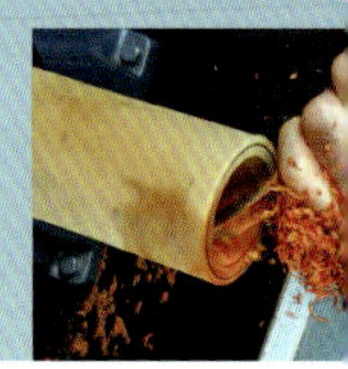

Oberflächengeschwindigkeit

Maschine	**bei 50Hz (Europa)**	**bei 60Hz (USA)**
203-mm-Schleifmaschine	3000 U/min = 32m/Sek.	3600 U/min = 38m/Sek.
152-mm-Schleifmaschine	3000 U/min = 24m/Sek.	3600 U/min = 29m/Sek.
152-mm-Schleifmaschine	1500 U/min = 12m/Sek.	1800 U/min = 15m/Sek.
Bandschleifer	2800 U/min (Sorby) = 8m/Sek.	3360 U/min = 9,6m/Sek.
254-mm-Schleifmaschine	150 U/min (Tormek) = 2m/Sek.	180 U/min = 2,4m/Sek.

Oberflächengeschwindigkeit: Sie trägt wesentlich zur Wärmeentwicklung bei, sodass man mit ihr die Systeme direkt vergleichen kann. Siehe obige Tabelle.

Schleifmedium: Schleifmaschinen sollten mit guten, zum Schleifen von HSS- und unlegierten Werkzeugstählen geeigneten Schleifscheiben geliefert werden. Zumindest sollte eine gute Auswahl an passenden Schleifmedien vorhanden sein, um die Werkzeuge ohne Überhitzung zu formen und schärfen.

Kosten: Für den Preis manchen Schärfsystems können Sie eine kleine Drechselbank kaufen. Die richtige Wahl bedeutet jedoch sinnvoll angelegtes Geld.

Nassschleifmaschinen

Traditionell wurden Nassschleifscheiben aus Sandstein hergestellt, der ein ziemlich grobes Korn (in etwa Körnung 150 entsprechend) und gute Eigenschaften beim Abtragen von Metall aufweist. Die Schleifscheibe hatte einen Durchmesser von 609 mm und eine Breite von 101 mm, wurde mit einem Tretrad angetrieben und lief in einem Wasserbad. So schliff man die meisten scharfschneidigen Holzwerkzeuge, wobei der Schreiner dann die Schneidkante auf einem Schärfstein (Ölstein) fertig schliff.

Schleifscheiben moderner Nassschleifmaschinen haben einen Durchmesser von 203 – 254 mm und eine Breite von 50 mm. Sie werden elektrisch angetrieben und laufen bei etwa 150 U/min. Die Körnung der Feinschliff-Scheibe beträgt etwa 240, geht aber bei manchen Schleifmaschinen bis zu 4000. Wassergekühlte Schleifscheiben schleifen relativ langsam, sodass das

Oben *Tormek-Nassschleifmaschine mit Zubehör und Abzieh-Scheibe*

Risiko der Überhitzung gering ist. Die feine Körnung sorgt für eine scharfe Schneidkante am Werkzeug. Was die Leistung betrifft, würde ich mir bei manchem System etwas mehr wünschen. Die justierbare Schleifauflage ist praktisch immer hinreichend groß. Das Tormek-System bietet ein breites Angebot an Zubehör zum Schleifen von allem Denkbaren, beginnend beim Taschenmesser bis hin zur Axt und lässt dem Drechsler vielfältige Möglichkeiten.

Nassschleifscheiben sind zwischen Modellreihen und Herstellern nicht immer austauschbar. Die mit der Maschine gelieferte Scheibe ist häufig die einzig verfügbare. Das 254-mm-System von Tormek verfügt über eine sehr scharfe Scheibe mit 250er-Körnung, die für geradkantige Schneiden exzellent geeignet ist. Werkzeuge mit gerundeten Schneidkanten müssen beim Schärfen ständig über die gesamte Breite der Scheibe bewegt werden, damit keine Rillen entstehen. Andere Systeme sind mit härteren, aber nicht so scharfen Scheiben ausgestattet. Sie halten die Form besser, das Schleifen dauert aber länger.

Die meisten Nassschleifmaschinen haben eine zweite Schleifscheibe, entweder als Hochgeschwindigkeits- oder als Abzieh-Scheibe. Eigentlich wäre die Hochgeschwindigkeitsscheibe die beste Lösung, doch in der Praxis ist das wegen einiger schwerwiegender Nachteile nicht so. Hauptnachteil ist, dass die Maschine auf bequemer Arbeitshöhe stehen muss und die ist bei Hochgeschindigkeits- und Nassschleifscheiben unterschiedlich. Der Hochgeschwindigkeitsschleifer muss höher als die Drechselbank stehen, da Sie vor der Scheibe arbeiten, wohingegen der Nassschleifer tiefer stehen muss, da Sie von oben auf der Scheibe arbeiten. Um das Problem noch zu verschlimmern, liegt die Oberseite der Nassscheibe bei kombinierten Systemen höher als die Hochgeschwindigkeitsscheibe. Bei mir beträgt der Unterschied der Achsenhöhe zwischen beiden Systemen 635 mm. Zudem kann der Durchmesser einer Hochgeschwindigkeitsscheibe bis zu 127 mm klein sein, was der Fase eine übermäßige Krümmung geben würde. Sollten Sie also eines der Kombi-Modelle kaufen, achten Sie nur auf die Nassscheibe und ignorieren Sie die Hochgeschwindigkeitsscheibe.

Eine Abzieh-Scheibe ist ein besseres Angebot, weil sie die Nassscheibe gut ergänzt. Man arbeitet auf der gleichen Höhe und poliert die Schneidkante zusätzlich.

Auch wenn Nassschleifer im Ruf stehen, Metall relativ langsam abzutragen, lässt sich eine Schneidkante an einem Werkzeug schnell bewerkstelligen. Eine zweite Fase am Werkzeug – wie beim Schreiner mit seinen Beiteln und Hobeleisen – verringert die zu schleifende Fläche und beschleunigt den Prozess. Scheiben mit großem Durchmesser (254 mm) erzeugen flachere Fasen als kleinere Scheiben.

Das Abrichten einer sehr langsam laufenden Nassscheibe erfolgt am besten mit einer großen Schleifoberfläche, wie einem Arkansas-Abziehstein oder einer Diamantabziehplatte in einem Halter. Ein Diamant mit nur einer Spitze kann für Sie schnell zur Langspielplatte werden.

Kosten muss man immer relativ zum Gegenwert sehen. Nassschleifsysteme scheinen immer deutlich teurer als Hochgeschwindigkeitssysteme, man bekommt allerdings ein komplettes Arbeitssystem.

Band- und Tellerschleifer

Üblicherweise wurden Bandschleifer von Holzhandwerkern zum Schleifen von Holz eingesetzt. Sorby stellt nun ein Gerät speziell zum Schärfen von Drechseleisen her. Die Idee ist nicht völlig neu, da verschiedene Werkzeughersteller Schleifbänder bereits zum Formen und Schärfen von Werkzeugen in ihrem Produktionsprozess nutzen und auch der eine oder andere Drechsler seine Werkzeuge bereits so schärfte. Bänder und Teller weisen eine Reihe wichtiger Vorteile auf: Auf dem Werkzeug hinterlassen sie eine ebene Fase; Bänder behalten ihre Form und müssen nicht abgezogen werden; man kann sie für unterschiedliche Anwendungen leicht austauschen. Das Sorby-System verfügt über eine kalibrierte Werkzeugauflage, die Führungen für ein genaues und reproduzierbares Schleifergebnis bietet und einen Montagebügel zur Aufnahme ihrer Vorrichtung für den pfeilförmigen Anschliff nach hinten sowie den Fingernagelanschliff. Auch lassen

Unten *Sorby-Bandschärfsystem mit Zirkonium-Band und Zubehör*

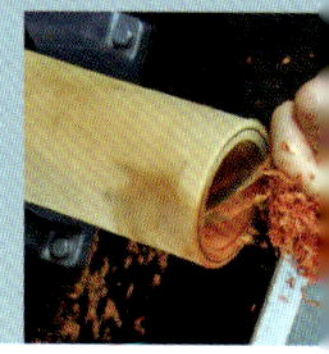

sich Polierscheiben befestigen. Die wesentliche Weiterentwicklung ist die Sortimentsbreite an verfügbaren Bändern, von Korund bis zu Zirkon und die Auswahl an Korngrößen. Bandschleifsysteme sind eine Alternative zu Hochgeschwindigkeits- wie Nassschleifsystemen. Man kann sie auch zum Schärfen der Oberfläche von „Formwerkzeugen" verwenden, ohne dass diese ihre Form einbüßen. Sie sind allerdings teuer. Ihr Preis liegt näher an dem eines (254-mm-) Tormek-Nassschleifsystems als ein Hochgeschwindigkeitsschleifer.

Hochgeschwindigkeitsschleifer

Hochgeschwindigkeitsschleifer haben meist einen Scheibendurchmesser von 152–254 mm und laufen mit 3000 U/min (3600 U/min bei 60 Hz). Sie haben auf der einen Seite eine Grobschleifscheibe und auf der anderen eine Feinschleifscheibe. Traditionell handelt es sich um eine Maschine für den Mechaniker, sie wurde jedoch auch beim Holzhandwerker populär, da sie Holzbearbeitungswerkzeuge schnell wieder in Form bringt und schärft und die eigentliche Maschine kostengünstig ist.

Damit sie schnell auf Drehzahl kommt und auch die Leistung für schwere Formgebungen hat, benötigt eine zuverlässige Maschine für eine 152-mm-Scheibe mindestens 375 W. Die handelsübliche Maschine kommt allerdings für den Drechsler nicht in Betracht. Ein Problem ist die Schleifauflage, die beim Schleifen als stabile Unterlage des Werkzeugs dient. Die meisten – ich würde fast sagen „alle" – haben nur ein mickriges Stückchen gebogenes Metall als Stütze vorzuweisen. Das ist für den Drechsler völlig ungeeignet und muss gleich geändert werden. 127 x 64 mm ist ein gutes Maß für eine Schleifstütze. Sie muss sich leicht justieren lassen, um mit ihr die Bandbreite an Fasenwinkeln schärfen zu können, die die Werkzeuge aufweisen. Bei einer Auflage mit variablen Winkeln arbeitet man zum Einstellen des Winkels entweder mit einer Schablone oder dem Augenmaß, beides kann relativ genaue, wenn auch nicht reproduzierbare Ergebnisse liefern. In jedem Fall bringt es eine enorme Verbesserung zur ursprünglichen Lösung. Eine kalibrierte Schleifauflage mit voreingestellten Winkeleinteilungen ist sehr schnell eingerichtet und bringt immer die gleichen Ergebnisse. Ein Schlitz in der Vorderseite der Auflage dient als Führung des Werkzeugs und beim Abrichten der Scheibe.

Das Nachregulieren der Auflage bei sich verbrauchender Schleifscheibe – dies kann bis zu 25 mm vom Durchmesser betragen – ist für die Genauigkeit entscheidend. Damit die Lücke zwischen Auflage und Scheibe

Unten *152-mm-Hochgeschwindigkeitsschleifer mit Rubinscheiben 80er- und 46er-Körnung sowie dem O'Donnell-Schärfsystem*

immer gleich groß ist, muss zwischen Schleifscheibenverkleidung und Motor Platz sein, sodass die Auflage nachjustiert werden kann. Mancher Werkzeugschliff auf einer flachen Auflage, wie der pfeilförmige Anschliff nach hinten an einer Schalendrehröhre, benötigt eine gewisse Praxis, daher lohnt sich für den, der nicht täglich drechselt eine spezielle Vorrichtung.

Der Hochgeschwindigkeitsschleifer punktet mit seinen zwei Schleifscheiben. Es sollten eine Feinschleifscheibe, etwa 80er-Körnung zum Schleifen der Schneidkante und eine Grobschleifscheibe, etwa 36er- bis 46er-Körnung zum Formen des Werkzeugs sein. Sind die gelieferten Schleifscheiben von grauer Farbe, sollten Sie sie gegen für HSS und Werkzeugstahl Geeignete austauschen.

Allgemein ist die Auswahl an Scheibenbreiten und -korngrößen für Schleifer mit 152 mm Durchmesser größer als bei anderen Durchmessern. Die Scheibenbreite beträgt meist 19 mm, was m.E. in Ordnung ist. 25 mm Breite ist sehr schön und 40 mm Breite ist schon extravagant und benötigt auch pfleglicheren Umgang. Neuerdings gibt es 25 mm breite Scheiben, die sich auf 19 mm verjüngen, sodass sie genau so wie eine 19-mm-Scheibe auf die Welle passen, vorausgesetzt dass zwischen den Verkleidungen Platz ist. Alternativ kann man auch auf beiden Seiten Feinschleifscheiben montieren und verschiedene Vorrichtungen davor haben.

Unter Kostengesichtspunkten stellt sich die Frage, ob der Hochgeschwindigkeitsschleifer nach Austausch von Schleifauflage und Scheiben noch preiswert ist. Schleifmaschinen mit etwa 1500 U/min schleifen langsamer und kontrollierter, kosten allerdings etwa doppelt so viel.

Unten *Unterschiedliche Scheiben für Hochgeschwindigkeitsschleifer*

Schleifmittel für Schleifscheiben

Meistens bestehen Schleifscheiben aus Korund. Herstellprozess und Beimischungen bestimmen die Schneid- und Verschleißeigenschaften.

Grau Diese sehr verschleißfeste, wenig brüchige Körnung hält sehr gut die Form. Sie eignet sich zum Schruppschleifen metallischer Materialien. Die Scheiben sind praktisch unverwüstlich. Es ist allgemein als Karborundum, heute eher der Name eines Herstellers, bekannt, aber auch als Siliziumkarbid.

Weiß Hat eine schärfere Körnung als Grau. Die Brüchigkeit ist 100%, ursprünglich zum Oberflächenschleifen gedacht und übernimmt beim Schleifen von Röhren einfach die Form.

Rosa Wie Weiß, jedoch schärfer und weniger brüchig.

Rubinrot Sprödigkeit der Körnung 50 %, schärfer als Rosa, kühler im Schnitt und formstabiler.

Blau Hat die gleichen Eigenschaften wie Weiß, ist jedoch blau gebunden.

Keramisch Blau Ein keramisches Schleifkorn, das wie blauer Korund aussieht, aber schärfer als die besten Scheiben aus Korund ist. Jedes Korn bricht in 16 Teile und sorgt so für eine permanent scharfe Oberfläche. Im Unterschied dazu bricht Korund in drei Teile. Die Formstabilität ist vergleichbar der von Rubinrot. Es schneidet kühler und kann bis zu Körnung 100 auf einer 3000-U/min-Schleifmaschine verwendet werden.

Siliziumkarbid Grün Ein spezielles Korn zum Schleifen von Werkzeugen aus Wolframkarbid. Es schärft aber auch HSS- und Werkzeugstahl, ist sehr weich und nimmt leicht eine Form an.

Ich empfehle rubinrotes Korn zum Schärfen und Formen von HSS-Holzbearbeitungswerkzeugen, die 46er-Körnung als Schruppscheibe zum Formen und die 80er-Körnung zum Schärfen. Bei einem langsamen Schleifer können Sie auch Körnung 100 nehmen. Rubinrot ist für den Drechsler gut geeignet. Sollten Sie auf die besonders scharfe Schneidkante aus sein, ist Keramisch Blau in 100er-Körnung für Sie das Richtige, Weiß ginge allerdings auch.

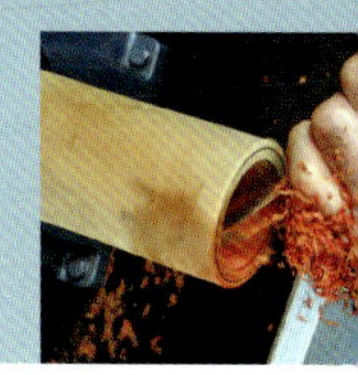

Oben *Im Uhrzeigersinn von unten links: Huntington-Abdrehrad, Arkansas- oder Teufelsstein, O'Donnell-Einkorn-Diamantabrichter in einem Halter mit Führung, handgeführte Diamantplatte und Teufelsstein in einem Führungshalter*

Weitere Eigenschaften

Korngröße Die Korngröße wird genau so gemessen, wie bei den Schleifmitteln. Je größer das Korn, desto kühler ist der Schnitt.

Härte Sie ergibt sich aus dem Volumenverhältnis von Bindemittel zu Korn. Je mehr Bindung, desto härter die Scheibe. Harte Scheiben verschleißen sehr langsam.

Porenraum Der Porenraum bezieht sich auf die Anzahl Lufteinschlüsse zwischen den Körnern. Man erreicht ihn durch Beimischen verbrennbaren Materials (früher waren es Holzspäne) vor dem Brennen. Je größer die Beimischung, umso offenporiger ist die Scheibe. Bei offenporigen Scheiben sammelt sich auf der Oberfläche der Scheibe weniger Material. Sie erzeugen daher einen kühleren Schnitt.

Brüchigkeit Diese bezieht sich auf den Umfang, in dem Körner beim Schleifen zerbrechen. Eine Brüchigkeit von 0% bedeutet, dass das Korn überhaupt nicht zerbricht. Bei 100% zerbricht das Korn leicht und erzeugt so neue Schneidkanten. Dies hängt von der Art ab, in der das Korn produziert wurde. Brüchige Scheiben erneuern ihre Schneidkanten im Gebrauch. Ein Brüchigkeitsgrad von 50 % ist das Optimum zwischen den Polen Erneuerung der Schneidkanten und Einhalten einer Oberflächenform. Es ist sicher nützlich, diese Eigenschaften zu kennen, wahrscheinlich werden Sie aber nur Scheibentyp und Körnung wählen können.

Abrichten der Oberfläche

Die Oberfläche einer Scheibe muss regelmäßig abgerichtet werden, damit sie scharf, sauber und plan bleibt. Eine stumpfe und verschmutzte Scheibe kann beim Schleifen Ihrer Werkzeuge keine guten Ergebnisse bringen und baut darüber hinaus mehr Hitze auf. Es gibt verschiedene Abziehmethoden, die alle die Oberfläche einer Scheibe verbessern, jedoch unterschiedliche Ergebnisse bringen.

Arkansas-Steine (Teufelssteine)

Dies sind die einfachsten Abrichtsteine. Das harte, blockartige Schleifmaterial ähnelt in seiner Struktur der einer Schleifscheibe. Es wird von Hand gehalten und von einer Seite zur anderen über die Scheibe geführt, bis die Oberfläche sauber ist. Man kann es auch in einem Halter im Führungsschlitz der Schleifstütze einsetzen. Das Ergebnis ist eine scharfe, saubere und glatte Oberfläche.

Abdrehräder und -walzen

Hierbei handelt es sich um mehrere Räder in einem Halter, den man von Hand auf der Schleifauflage hält. Die Räder werden über die Oberfläche der Schleifscheibe geführt, bis diese sauber ist. Sie brechen die Oberfläche auf und hinterlassen eine sehr saubere, scharfe, aber auch aggressive Oberfläche.

Abrichtplatte

Ähnlich dem Arkansas-Stein, jedoch hergestellt aus Industriediamant, wird dieses Abrichtwerkzeug von Hand gehalten und, auf der Schleifauflage gestützt, über die Scheibenoberfläche geführt. Es hinterlässt eine glatte und scharfe Oberfläche.

Einkorn-Diamantabrichter

Der Abrichter wird in einem Halter im Schlitz der Schleifauflage geführt. Der Diamant schneidet das Schleifmittel und hinterlässt eine saubere, scharfe Oberfläche, die parallel zum Auflagenschlitz verläuft.

Abziehen

Ein „Formwerkzeug" wird, um seine Form zu behalten, auf der Oberseite, nicht an der Fase, geschliffen. Mit einer Diamantfeile oder einem flachen Blockstein geht das ideal. Abziehsteine sind traditionell das Instrument, um die Schneidkante von Holzbearbeitungswerkzeugen mit sehr geringer Schleiffläche, wie Meißel und Hobeleisen, fertig zu schleifen. Es gibt sie in verschiedenen Materialien, wie Naturstein, Keramik und Diamant. Die Körnungen liegen zwischen 400 und 4000. Sie werden eingesetzt,

Links
Diamantfeilen und flacher Blockstein

um Werkzeugen mit gerader Schneide, wie z.B. dem Flachmeißel, eine scharfe Schneide zu geben.
Die meisten Drechsler arbeiten mit ihren Werkzeugen unmittelbar nach dem Schleifen weiter. Wenn Sie die Schneide jedoch zusätzlich polieren wollen, ist Abziehen das geeignete Verfahren. Für eine spiegelblanke Oberfläche setzen Sie eine Filz-Polierscheibe mit Polierpaste auf den Hochgeschwindigkeitsschleifer. Polierscheiben gibt es aus Filz oder Stoff, entweder genäht oder ungenäht. Verwenden Sie eine „harte" Scheibe, damit Sie die Fase an der Schneidkante nicht runden. Alternativ können Sie einen ledernen Streichriemen verwenden.

Zusammenfassung

Die Anforderungen des Drechslers sind spezifisch, da seine Werkzeuge dick sind, eine robuste Schneidkante für ihre schwere Arbeit benötigen und daher häufig und regelmäßig geschliffen werden müssen. Nassschleifmaschinen, Bandschleifmaschinen und Hochgeschwindigkeitsschleifer sind alle geeignet, ein Werkzeug mit einer Schneidkante zu versehen. Drechsler müssen ihre Werkzeuge auch für bestimmte Anwendungen in eine bestimmte Form bringen. Selbst die Änderung eines Fasenwinkels erfordert einen ziemlich großen Metallabtrag. Das geht sowohl mit Hochgeschwindigkeits- als auch mit Bandschleifern relativ schnell. Diese Fähigkeit macht sie als Basis eines Schärfsystems für die Werkstatt geeignet. Sobald die Werkzeuge geformt (oder annähernd geformt) sind, kann ein Nassschleifsystem die extrascharfe Schneidkante erzeugen. Viele Werkstätten verfügen daher über zwei verschiedene Schärfsysteme. Sich dafür zu entscheiden, hängt von persönlichen Vorlieben ab. Wofür habe ich mich also entschieden? Nun, seit 30 Jahren arbeite ich mit Hochgeschwindigkeitsschleifern, heute mit rubinroten Scheiben und kalibrierten Schleifauflagen. Doch kürzlich habe ich darüber nachgedacht, für einige Werkzeuge ein Nassschleifsystem und einen Bandschleifer hinzuzukaufen.

Unten *Abziehsteine: Keramik, Wasserstein, Ölstein*

Schleifmittel

Schleifmittel sind scharfe Hartstoffkörner unterschiedlichen Materials, die zum Werkstoffabtrag anderer Materialien genutzt werden. Entsprechend der jeweiligen industriellen Anwendung gibt es eine große Bandbreite von Materialien mit unterschiedlichen Abtrageigenschaften. Es gibt sie in klassifizierten Korngrößen entsprechend dem gewünschten Abtrag und Oberflächenfinish.

Unten *Beschichtete und gebundene Schleifmittel*

Korund

Korund ist ein synthetisches Mineral (künstlich hergestellter Kornwerkstoff), das in unterschiedlichsten Arten vorkommt.

Blau/Grau Normalkorund besteht zu 35 % aus Titanoxid. Da sehr verschleißfest und extrem dauerhaft, geeignet für Hochgeschwindigkeitsschleifen und Feinbearbeitung von Metall und anderen hochzugfesten Materialien ohne übermäßige Bruch- oder Abriebneigung. In dieser Hinsicht übertrifft grauer Korund alle anderen gebundenen Schleifmittel.

Braun Eine Version des Blau/Grau-Korunds, jedoch weniger gebrannt.

Weiß Weist zu 99% reines Aluminiumoxid auf. Er hat eine scharfe Körnung und ist 100 % brüchig.

Rosa Wie weißer Korund mit weniger als 0,3 % Chrom, was ihm die rosa Farbe verleiht und ihn weniger brüchig als den weißen Korund macht.

Rubin Wie weißer Korund mit über 0,3 % Chrom, was ihm die rosa Farbe verleiht und ihn schärfer und weniger brüchig als den rosafarbenen Korund macht.

Blau Wie weißer Korund, jedoch mit blauer Bindung.

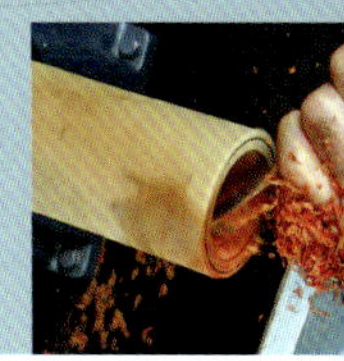

Keramisch
Hier handelt es sich um ein speziell hergestelltes kristallines Schleifmittel für großen Materialabtrag, zum Beispiel beim Schleifen exotischer Hölzer. Ähnelt optisch Korund Blau/Grau.

Granat
Der bei beschichteten Schleifmitteln verwendete Granat ist Almandit-Granat, ein rot-braunes Mineral mittlerer Härte. Er weist gute Schnittkanten auf, die im Gebrauch zum immer weiteren Brechen neigen. Wird als Schleifmittel für Holz verwendet.

Feuerstein
Dieses Mineral ist ein Quarz (Siliziumdioxid) und hat eine weiße Farbe. Fein gemahlen sieht es aus wie weißer Sand und bricht in scharfkantige Körner. Es ist nicht das beste Schleifmittel, wird jedoch als Schleifkörper für das normale Schleifpapier verwendet.

Schmirgel
Schmirgel ist ein natürliches Mineralgemenge aus Eisenoxid und Korund. Es ist schwarz und hat harte, runde Körner mit blockiger Struktur. Es schleift langsam und neigt dazu, das Material zu polieren. Wird vornehmlich in der Autoindustrie verwendet. Natürliche Vorkommen auf der griechischen Kykladeninsel Naxos, in der Türkei und im Erzgebirge.

Siliziumkarbid
Ein sehr brüchiger Kornwerkstoff. Unter leichtem Anpressdruck schleift es schneller als jeder andere für Schleifpapier verwendete Kornwerkstoff. Hochreines dunkelgrünes Siliziumkarbid ist zum Schärfen von Werkzeugen mit Wolframkarbidspitzen gedacht. Schwarzes Siliziumkarbid verwendet man nass oder trocken für Zwischenschliffe, insbesondere bei der Oberflächenbehandlung von Metall. Es hat eine flexible, rissfeste Unterlage. Silbergrau ist das sehr harte, scharfe, synthetische Schleifmittel für Nichteisen- und Nichtmetallmaterialien, wie Beton, Marmor und Glas.

Zirkon
Zirkon ist ein sehr feiner, dichter, synthetischer, kristalliner Kornwerkstoff für aggressiven Materialabtrag. Er verfügt über einzigartige selbstschärfende Eigenschaften und hat daher eine lange Standzeit.

Pflanzliche Schleifmittel
Ganz anders als die genannten Produkte verwendet man pflanzliche Schleifmittel, wie Haselnuss- und Walnussschalen, überwiegend als Strahlmittel.

Körnung
Die groben Körner werden zerquetscht und mit Hilfe kalibrierter Siebe in Korngrößen klassiert. Die Größe entspricht der Anzahl der Maschen eines Siebes pro Zoll, durch die die Körner fallen. Die Korngrößen erstrecken sich von 12, einer sehr groben Körnung, bis zur sehr feinen Körnung 1200.

Unten *Unterschiedliche Schleifkörner*

Nützliche Maschinen und Geräte

Während man Drehbank, Drechseleisen, Spannfutter und Schärfausstattung nur zum Drechseln benötigt, runden andere Geräte den Arbeitsprozess noch ab.

Messwerkzeuge

Sinnvoll sind ein Metalllineal zum Messen, Abgreifer und Stechzirkel zum Anreißen und eine Schieblehre zum Messen von Durchmessern. Sind mehrere Größen zu ermitteln, ist es ganz praktisch, gleich zwei oder drei Taster und Abgreifer zu haben. Zum präzisen Messen an kleinen Langholzarbeiten eignet sich vor allem die Schieblehre.

Elektrische Maschinen

Ein Akku-Schraubendreher ist wichtig, wenn Sie mit der Planscheibe arbeiten. Mit einer elektrischen Bohrmaschine können Sie maschinell schleifen.

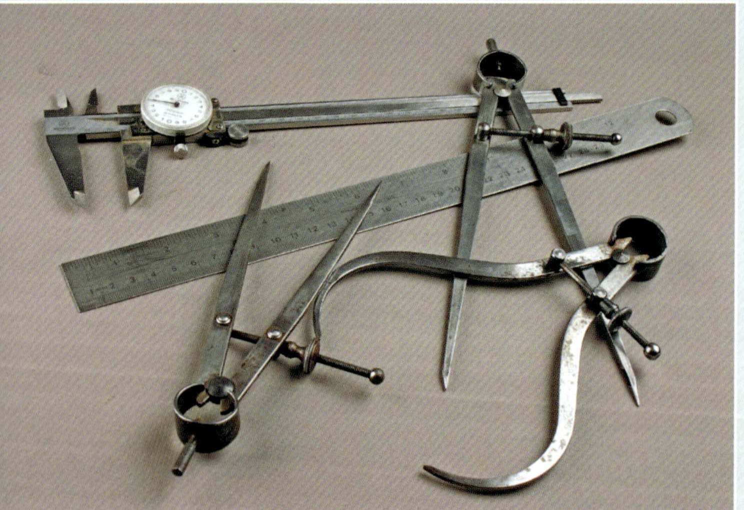

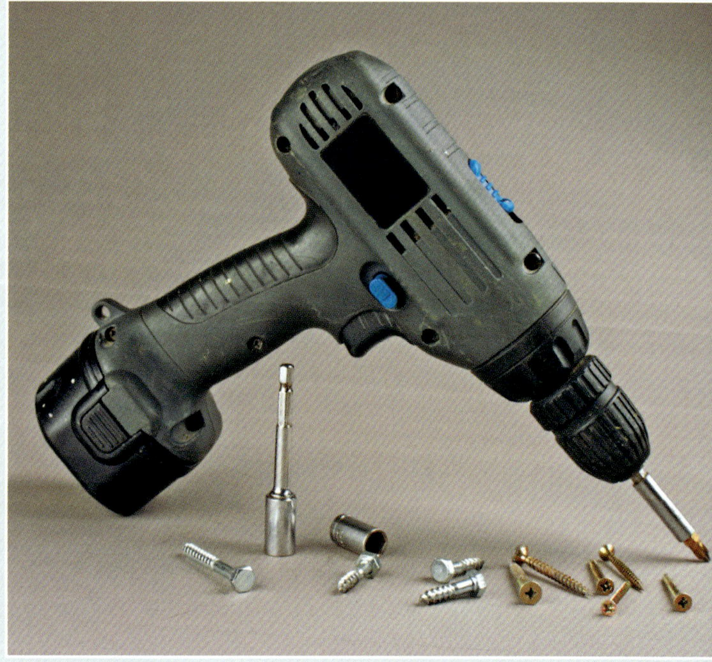

Oben *links Messwerkzeuge-Sortiment*

Oben *Elektrischer Schraubendreher mit Aufnahmen*

Links *Bosch-Bohrmaschine, Netzgerät, für maschinelles Schleifen*

Sägen

Am Anfang sollten Sie natürlich sämtliche Rohlinge auf Maß zugeschnitten kaufen, damit Sie sie direkt einspannen können. Mit der Zeit fühlen Sie sich dadurch vielleicht eingeschränkt und es geht auch ins Geld. Irgendwann schauen Sie sich dann die verschiedenen Sägentypen an, die der Markt so bietet, und mit denen man die Rohlinge selbst zuschneiden kann.

Bandsäge

Drechseln Sie überwiegend Schalen, dann ist eine Bandsäge für Sie wichtig. Schneiden Sie darauf runde Schalenrohlinge, die sich direkt einspannen lassen. Ideal ist sie auch für den Zuschnitt von Grünholz. Achten Sie auf Schnitttiefe, Durchgangshöhe und Maschinenleistung.

Kreissäge

Drechseln Sie überwiegend Langholz, dann benötigen Sie eine Kreissäge (als Sonderform auch Kappsäge) für den Zuschnitt gerader und rechtwinkliger Rohlinge. Ebenfalls ideal geeignet für die Herstellung von Möbelteilen, wie Beinen, insbesondere mit rechteckigen Abschnitten. Achten Sie auf Sägeblattdurchmesser und Schnitttiefe.

Kettensäge

Wollen Sie saftfrisches Holz direkt vom Baum oder aus Stammware verarbeiten, dann ist die Kettensäge die Antwort. Sie können sogar den Baum selbst fällen, doch machen Sie vorher die in Deutschland vorgeschriebenen Kurse, und tragen Sie die entsprechende Schutzkleidung. Eine Elektro-Kettensäge ist für kleinere Arbeiten in Hausnähe in Ordnung, eine Benzin-Kettensäge ist aber größer und kann überall eingesetzt werden.

Ganz *oben Bandsägen der Marken Record und Perform*

Oben *SIP-Kreissäge*

Links *Husqvarna-Benzin-Kettensäge, Schwertlänge 45 cm*

Bohrmaschinen

Eine Ständerbohrmaschine ist vor allem dann ein großer Gewinn, wenn Sie Möbel bauen, bei denen präzise Bohrungen erforderlich sind. Achten Sie auf Hub und Bohrleistung; ein verstellbarer Arbeitstisch ist wünschenswert. Als ich Spinnräder und Spinnstühle baute, war die Ständerbohrmaschine für mich unverzichtbar.

Druckluftkompressor

Druckluft ist in einer Werkstatt etwas sehr Nützliches. Sie kann für Spritzarbeiten verwendet werden, zum Antrieb von Maschinen (was insbesondere in feuchter Umgebung sicherer als ein Elektroantrieb ist), zum Reinigen von Werkstücken während des Drechselns und sogar, um die Werkstatt makellos zu säubern. Ein Kompressor mit Reservoir macht gleichmäßigeren Druck. Kleine Kompressoren sind relativ kostengünstig. Ich komme ohne nicht aus.

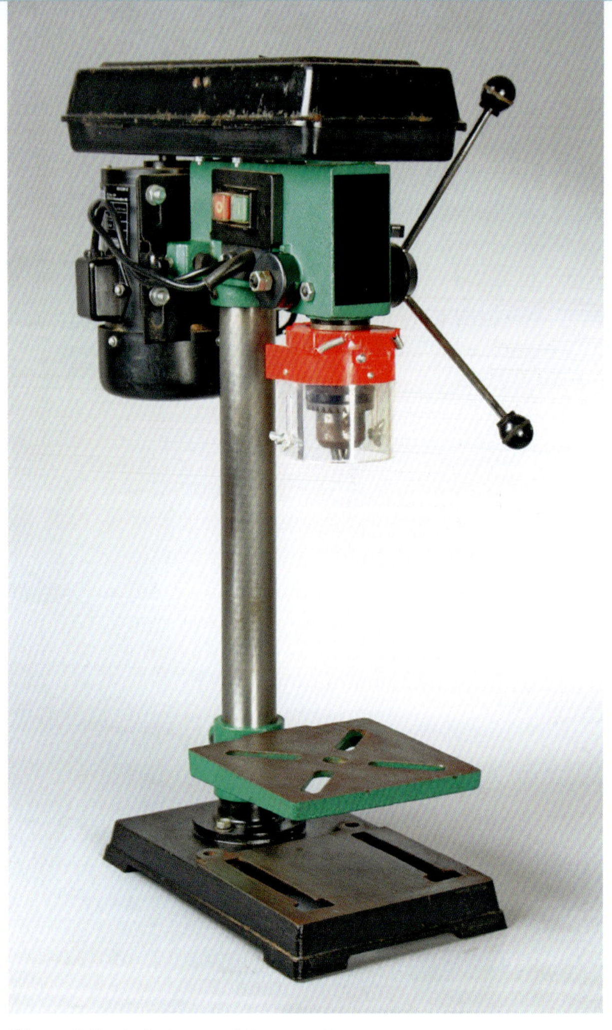

Oben *Ständerbohrmaschine von Fern*

Links *Druckluftkompressor mit Spray-Set*

Unten *Ausblaspistole für die Werkstattreinigung*

Das Holz

Farbe, Struktur, Maserung, Geruch, Haptik, Verarbeitbarkeit und Vorkommen sind Eigenschaften des Holzes, die uns dazu veranlassen, uns mit ihm zu beschäftigen. Hoffentlich ist auch die Nachhaltigkeit heute ein wichtiges Kriterium. Holz können wir überall her bekommen – aus unserem Garten wie aus dem tropischen Regenwald von der anderen Seite des Erdballs – und es ist von der Stammware bis zum bearbeitungsfertigen Rohling aus der Trockenkammer in unterschiedlichen Formen erhältlich. Gleich in welchem Zustand wir es kaufen, stets kommt es aus dem Baum.

Bäume werden in Harthölzer und Weichhölzer eingeteilt. Diese Bezeichnungen sind etwas irreführend, denn sie beziehen sich nicht auf die physische Härte des Holzes. Beispielsweise wird das weiche Balsaholz botanisch als Hartholz klassifiziert. Harthölzer haben breite Blätter, sind vorwiegend Laub abwerfend und haben einen Samen in einer Schale oder Frucht. Weichhölzer sind vorwiegend immergrün, haben nadelartige Blätter und produzieren einen offenen ungeschützten Samen, der sich in der Regel in einem Zapfen befindet. Es gibt weltweit über 20000 Hartholzarten und über 600 Weichholzarten. Obwohl in vielen Ländern mit gemäßigtem Klima Hart- und Weichhölzer je nach den vorherrschenden Bodenbedingungen gleichermaßen wachsen, unterscheiden sich ihre natür-

Unten *1 Rosewood (Palisander); 2 Rosewood; 3 Makassar Ebenholz; 4 Esche; 5 Bubinga; 6 Honduras Rosewood; 7 Stockiger Bergahorn; 8 Indian Rosewood; 9 Huon Pine; 10 Apfel; 11 Eibe; 12 Kirsche; 13 Apfel; 14 Irische Eibe; 15 Indian Rosewood; 16 Irische Eibe; 17 Birke*

lichen Lebensräume. Weichhölzer sind robust und ziehen kühleres Klima mit kargen Böden vor, während Harthölzer in gemäßigten bis tropischen Vegetationsbedingungen zu finden sind.

Ein Baum weist vom mittigen Mark bis zur schützenden Außenrinde zahlreiche Ringe auf. In gemäßigtem Klima vollzieht sich das Wachstum saisonal. Es beginnt im Frühjahr, wenn die neuen Blätter gebildet werden. Das Cambium (eine Zellschicht zwischen Rinde und Splintholz) produziert bis zum Ende der Wachstumszeit im Herbst neues Splintholz auf der Innenseite und neue Rinde auf der Außenseite. Allerdings gibt es Unterschiede in Struktur und Farbe zwischen dem im Frühjahr gebildeten „Frühholz" und dem im weiteren Verlauf der Vegetationszeit gebildeten „Spätholz", wodurch die charakteristischen Jahresringe entstehen. Anhand der Breite der einzelnen Jahresringe lässt sich auf die jeweiligen Wachstumsbedingungen schließen. Trockenperioden sind für geringes oder ausbleibendes Wachstum verantwortlich, während viel Zuwachs und ein breiterer Ring auf gute Wachstumszeiten hindeuten. Mit dem Wachstum des Baumes wird aus dem Splintholz, das nicht mehr für den Nahrungstransport benötigt wird, „Kernholz", das der Lagerung von Abfallprodukten sowie Saft für magere Zeiten dient. Das Kernholz zahlreicher Baumarten verfärbt sich dunkler und kontrastiert mit dem normalerweise cremefarbenen Splintholz.

Oben *Ulme mit zahlreichen Maserknollen, in denen sehr schöne Maserungen zu erwarten sind*

Rechts *Anzeichen auf der Rinde, die auf Zwiesel oder einen möglichen Rindeneinschluss hindeuten*

Geeignete Hölzer

Weichhölzer, wie Kiefer, Fichte und Redwood, werden meist zu Langholzobjekten, Möbelfüßen, Leuchten und Eierbechern verarbeitet. Weichholz hat eine Eigenschaft, die Hartholz nicht hat: Es ist porenfrei und dadurch ideal für Becher geeignet. Es stimmt nicht, dass Weichhölzer nicht dekorativ sind – Eibe ist ein Weichholz und eines der attraktivsten Hölzer überhaupt. Harthölzer kann man für fast alles verwenden, vom Schneidbrett aus Ahornholz bis zu Schalen und Gefäßen aus exotischen Hölzern, wie Pink Ivory.

Die meisten Hölzer eignen sich zum Drechseln. Gleich welche Holzart Sie wählen, sie unterscheidet sich stets von allen anderen. Finden Sie heraus, was Sie in Ihrer Gegend bekommen können, und suchen Sie sich etwas aus, was Ihnen gefällt und sich für das, was Sie drechseln wollen, eignet. Stimmt der Preis, lohnt es sich, es mit diesem Holz einmal zu versuchen – Sie werden schon etwas nach Ihrem Geschmack finden. Vergessen Sie nicht, dass Exoten schließlich auch aus dem Garten eines anderen in einem anderen Land stammen. In Deutschland gilt African Blackwood (Grenadill) als Tropenholz, während Ahorn in Südafrika ein Exot ist.

Faserverlauf

Bei einem Baum mit geradem Stamm verläuft die Faser gerade, gleichmäßig und für die Baumart normal. Unregelmäßig ist der Faserverlauf in Bereichen mit Zwieseln zwischen den Ästen, Maserknollen auf den Seiten oder starker Windlast, wie in dem kurzen Stammstück oberhalb des Bodens. Bestimmte Ahornhölzer weisen ungeklärte Faserverläufe auf, den so genannten Riegelwuchs, der bei Musikinstrumentenbauern hoch geschätzt ist. Eine Maserknolle wächst im Allgemeinen knollenartig auf der Seite des Baumes. Sie ist voller Knospenaugen und hat keine bestimmte Holzfaserrichtung. Holz aus Maserknollen ist sehr dekorativ.

Gängige Hölzer

African Blackwood (Grenadill)
Traditionell für Musikinstrumente, wie Flöten und Pfeifen. Es ist feinporig, schwer und hat eine schwarze Farbe.

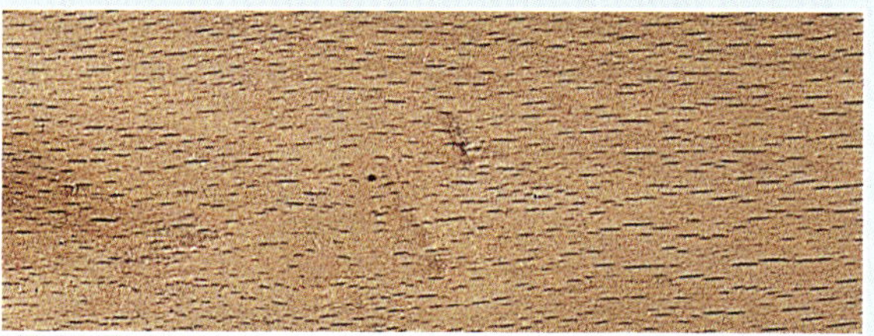

Buche
Sehr feinporiges Holz, findet weitgehend im Möbelbau Verwendung. Lässt sich gut drechseln und kann im stockigen Zustand besonders schön aussehen.

Buchsbaum
So genannt, da aus dem Holz bereits im Altertum Dosen und Büchsen gefertigt wurden. Es hat einen feinen Faserverlauf und ist meist als Astholz erhältlich, wodurch es ideal für Dosen geeignet ist.

Gemeine Esche
Ein starkes, schlagfestes Holz mit klarer Maserung. Besonders gut geeignet für Salatschüsseln oder Obstschalen sowie Werkzeuggriffe. Es lässt sich unter Wasserdampf biegen und gut drechseln.

Obstbaumholz
Obstbaumhölzer, wie Apfel (rechts abgebildet), Birne, Pflaume und Zitrusfrüchte, haben farbenprächtige Holzbilder und lassen sich sehr gut drechseln. Im trockenen Zustand sind sie formstabil; vorsichtig sollte man sein, wenn das Holz nass oder noch nicht ganz trocken ist.

Ilex oder Stechpalme
Saftfrisch ein sehr angenehmes Drechselholz.

Goldregen
Kleiner Baum mit farbenprächtigem Holz, bei dem der Kontrast zwischen Splint- und Kernholz sehr stark ist. Lässt sich gut drechseln. Mit den giftigen Blättern und Beeren möglichst nicht in Berührung kommen. Weißdorn ist eine gute Alternative.

Eiche
Wird überwiegend für gedrechselte Möbelteile und Bauelemente verwendet. Ulme ist eine gute Alternative.

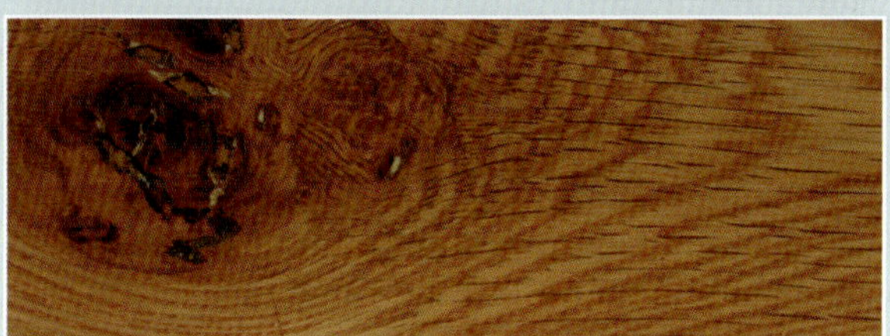

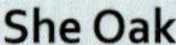

She Oak
Eine Kasuarinen-Art. Hat eine feine Struktur und ein interessantes Holzbild, verursacht durch die Markstrahlen und das cremefarbene Splintholz, das sich vom dunkleren rot-braun-gelben Kernholz deutlich abhebt. M.E. lässt es sich sehr gut drechseln.

Bergahorn
Ein weißes, feinporiges Holz, das sich gut drechseln lässt. Es ist das einzige Holz, das Lebensmittel garantiert nicht belastet. Eignet sich daher sehr gut für Haushaltsgegenstände, wie Käse- und Schneidbretter. Weil es so gleichmäßig aussieht, kann man es gut bemalen oder anderweitig verzieren. 95 % meiner Arbeiten fertige ich aus Bergahorn. Gute Alternativen sind Feldahorn und Jacaranda.

Eibe
Ein sehr schönes feinporiges Holz, das sich leicht drechseln lässt. Sehr dekorativ für Langholzobjekte, wie Stielvasen, Kerzenleuchter und Spinnräder. Da es sich um ein Weichholz handelt, muss man beim Schleifen vorsichtig sein, denn es neigt insbesondere im Hirnholz von Schalen und Bechern zu Warmrissen.

Feuchtegehalt

Der wachsende Baum enthält einen hohen Anteil an Feuchtigkeit, die der Lebenssaft des Baumes ist. Das Maß für die Feuchtigkeit, die er enthält, ist sein „Feuchtegehalt" (F). Es handelt sich um das Verhältnis von Feuchtigkeitsgewicht im Baum zum Gewicht des darrtrockenen Holzes und wird in Prozent ausgedrückt:

Der Feuchtegehalt kann je nach Baumart zwischen 30 und 400 % liegen. Sobald der Baum geerntet und abgeschwartet ist, beginnt er, Feuchtigkeit an die Luft abzugeben. Der Feuchtigkeitsverlust verläuft zunächst sehr rasch und verlangsamt sich, wenn der Feuchtegehalt das so genannte „Feuchtigkeitsgleichgewicht" (FG) erreicht. An diesem Punkt stoppt der Feuchtigkeitsverlust, da sich die Feuchtigkeit im Holz mit der Feuchtigkeit in der Luft im Gleichgewicht befindet. Vorherrschende Temperatur und relative Luftfeuchtigkeit bestimmen das FG-Niveau. In feuchtkalter Luft kann es bis zu 20 % betragen, in warmer, trockener Luft dagegen nur 2 %.

Frisch gefälltes Holz nennt man Grünholz oder saftfrisches Holz. Normalerweise handelt es sich um Rundholz, das noch voller Saft ist und einen F von 30 - 400 % hat. Holz, das an der Luft trocknen soll, wird abgeschwartet und mit Lagerhölzern gestapelt, vor Sonne und Regen geschützt und gut belüftet. Holz, das man draußen trocknen lässt, sollte maximal 100 mm dick sein. Pro Jahr trocknet es 25 mm. Dickeres Holz oder dickeres Rundholz verfault, bevor es getrocknet ist.

Formel für den Feuchtegehalt

$$\frac{\text{Gewicht der Feuchtigkeit im Baum}}{\text{Gewicht des darrtrockenen Baums}} \times \frac{100}{1} = \%\,F$$

oder

$$\frac{\text{Gewicht d. Baums} - \text{Gewicht d. darrtrockenen Baums}}{\text{Gewicht des darrtrockenen Baums}} \times \frac{100}{1} = \%\,F$$

Holz aus der Trockenkammer ist abgeschwartetes Holz oder Bohlenholz, das künstlich auf einen F von 8 % getrocknet wurde. Um die Kosten des künstlichen Trocknens zu reduzieren, kann man es an der Luft vortrocknen. Ein F von 8 % kommt dem stabilen FG in einem Haus mit Zentralheizung nahe. Künstliches Trocknen erhöht, da es ein u.U. bis zu vier Wochen dauernder industrieller Prozess ist, den Holzpreis erheblich. Im Allgemeinen ist es unwirtschaftlich, Holz von mehr als 76 mm Dicke künstlich zu trocknen. Schneiden Sie Rohlinge aus einer Bohle aus der Trockenkammer, sollten Sie sie unmittelbar versiegeln, sofern Sie sie nicht in wenigen Tagen verarbeiten.

Links *Mit Lagerhölzern zum Trocknen aufgestapelte Kirschbaumbretter mit Schwarte*

Schwund und Verziehen

Der Feuchtigkeitsverlust lässt das Holz schwinden. Das Hauptproblem dabei besteht darin, dass das Holz in drei Richtungen unterschiedlich schwindet: in Längsrichtung, Radialrichtung und in Tangentialrichtung (Schwund des Umfangs). Die beiden letztgenannten Schwundprozesse verursachen das stärkste Verziehen.

Der Schwund in Längsrichtung ist mit durchschnittlich etwa 0,1 % gering. Der Schwund in Radialrichtung beträgt im Durchschnitt 2 %. Würde der Schwund um den Umfang des Baumes ebenfalls 2 % betragen, würde der Kreisquerschnitt des Stammes gleichmäßig an Größe abnehmen. Leider liegt der Schwund des Umfangs bei 4 %, und diese 2 % Differenz verursachen Spannung und Verziehen. Bei einem bestimmten Holzstück hängt das Ausmaß des Verziehens davon ab, wie es aus dem Baum geschnitten wurde.

Ein im Radialschnitt gesägtes Holzstück verzieht sich nur gering. Durch den Schwund des Umfangs verringert sich seine Dicke und durch den Schwund in Radialrichtung verringert sich seine Breite. Bohlen wölben sich von der Mitte nach außen. Ein dünnes Holzstück verzieht sich stärker als ein dickes, da es sich überall so frei bewegen kann, wie es erforderlich ist. Die Masse eines dicken Holzstücks schränkt den Schwund und das Verziehen ein, es kommt jedoch zu starken inneren Spannungen. Wird ein trockenes, dickes Holzstück relativ dünn gedrechselt, werden die Spannungen freigesetzt, und das verbliebene Holz kann sich frei bewegen. Daher können sich selbst aus getrocknetem Holz gedrechselte Objekte im fertigen Zustand noch verziehen. Das kann man besonders gut bei dünnen Formen, wie großen flachen Servierplatten, beobachten, nicht so an Schalen mit starker Wandung. Hier empfiehlt sich das Vordrechseln: Man drechselt die Schale mit Aufmaß, lässt sie vollkommen trocknen und sich verziehen und spannt sie dann wieder ein und dreht sie fertig. In dieser Weise gedrechselte Objekte sollten absolut formstabil sein.

Mit einem Feuchtemessgerät kann man den Zustand des Holzes überwachen. Doch selbst ohne ein solches Gerät können Sie berechnen, wann ein Holzstück sein FG erreicht hat. Dazu wiegt man den Rohling sagen wir einmal wöchentlich und erstellt ein Gewicht-Zeit-Diagramm. Durch das Wiegen stellen Sie fest, ob das Holz Feuchtigkeit aufgenommen oder abgegeben hat. Bleibt das Gewicht konstant, ist das FG erreicht.

Holzkauf

Wenn Sie Rohlinge aus der Trockenkammer kaufen, müssen Sie darauf achten, dass sie vollkommen versiegelt sind, damit sie keine Feuchtigkeit mehr aufnehmen können. Es ist immer sehr verführerisch, teure Rohlinge mit attraktiver Färbung und Maserung zu kaufen, die das fertige Objekt aufwerten und begehrenswerter machen. Sicherlich trifft es auch zu, dass sich ein schönes Holzbild besser verkauft als ein normales. Doch ein an einem teuren Holzstück gemachter Fehler ist ein teurer Fehler. Wenn Sie noch lernen, machen Sie eher Fehler. Verwenden Sie als Anfänger billiges oder geschenktes Holz, damit es egal ist, ob Sie das Werkzeug falsch ansetzen. Da schon die Ausstattung einiges gekostet hat, sollte man sich vor Augen halten, dass man in den ersten zehn Jahren seiner Drechslerkarriere ebenso viel, wenn nicht noch mehr, für Holz ausgeben kann

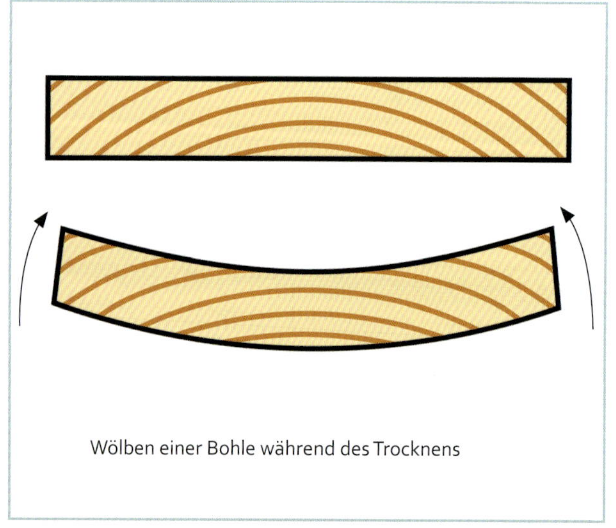

Wölben einer Bohle während des Trocknens

Schleifpapier

Schleifpapier, auch beschichtete Schleifmittel genannt, ist ein „Schneidwerkzeug", das den großen Vorteil hat, dass man es nicht schärfen muss und es sich jedem Profil und jeder Faserrichtung anpasst. Es wird hier beschrieben, um seine Bedeutung als wichtiges Werkzeug des Drechselprozesses zu unterstreichen.

Schleifpapier besteht aus den drei Grundmaterialien Schleifkorn, Untergrund und Bindung. Wir verwenden es in drei unterschiedlichen Weisen: erstens, um die Form einer Oberfläche zu glätten und Unregelmäßigkeiten zu schlichten, zweitens, um Werkzeugspuren und Rauigkeiten zu entfernen und drittens, um eine saubere, gleichmäßig glatte Oberfläche zu erzeugen, damit das aufgetragene Finish gleichmäßig einzieht und haftet. Wie wichtig letzteres ist, wurde mir am Beispiel meines Drechslerfreundes Kevin Lightfoot klar. Er hatte 300 Treppensprossen an eine ortsansässige Schreinerei geliefert. Gemäß dem Entwurf hatten sie eine lange gerade Mitte. Kevin war dieser Bereich mit dem Flachmeißel ganz besonders glatt gelungen, und er schliff nur die übrige Sprosse. Sämtliche Sprossen schickte man an ihn zum Schleifen des Mittelteils zurück; dort war die Oberfläche so glatt, dass das Finish nicht hielt.

Natürlich kommt es auch vor, dass die Werkzeugspuren Teil des Stückes werden und ein Schliff nicht nötig ist. Zudem besteht die Gefahr, dass man insbesondere bei Langhölzern durch zu heftiges Schleifen scharf heraus gearbeitete Details wieder entfernt.

Unten *Beschichtete Schleifmittel*

Schleifmittelarten

Schleifmittel mit einem Untergrund gibt es in unterschiedlichen Formen: in der herkömmlichen Form als Bogenware, als die leicht handhabbare und meist kostengünstige Rollenware und als Schleifscheiben, die in der Regel rückseitig ein Klettgewebe haben und zum maschinellen Schleifen verwendet werden. Das Schleifkorn ist auf dem Untergrund entweder in dichter Struktur angeordnet, d.h. das Gewebe ist zu 100 % mit Schleifkörnern besetzt oder in offenporiger Struktur, d.h. etwa 50 – 70 % des Untergrunds sind mit Schleifkörnern besetzt.

Untergrund

Der Papier- oder Geweberücken wird nach Gewicht gemessen, das durch die Zugfestigkeit des Untergrunds bestimmt wird.

Papier

Das Gewicht und die Biegsamkeit eines Papierrückens wird in die Buchstabenklassen A-E eingeteilt. A und B sind leichte Papierrücken und hochflexibel. Die mittleren bis schweren Gewichte C und D sind stabiler und weniger biegsam. Die Gewichtsklasse E ist ein fester, schwerer Papierrücken mit langer Standzeit, den es mit der ganzen Bandbreite von Korngrößen gibt und der überwiegend zum Metallschleifen verwendet wird.

Gewebe

Es gibt zwei gebräuchliche Geweberückenarten. Die eine ist ein schweres, stabiles, relativ steifes Material, das für Schleifbänder mit grober Körnung verwendet wird und sich zum großen Materialabtrag auf geraden oder ebenen Flächen eignet. Die andere ist ein leichteres, weniger starkes, relativ weiches und flexibles Material der Gewichtsklasse J oder Jeansgewebe. Einsetzbar für feine Schleifarbeiten oder zum Konturschleifen an gerundeten Flächen, wo es mehr auf Gleichmäßigkeit ankommt als auf den Materialabtrag.

Bindung

Die Bindung hält die Schleifkörner auf dem Untergrund. In der Regel handelt es sich um mehrere Kleberschichten. Harz ist ein synthetischer Kleber und wird als Bindung benutzt. Harze sind fest sowie feuchtigkeits- und hitzebeständig. Der traditionell aus Tierhäuten hergestellte Leim ist eine weitere Kleberart, die als Bindung verwendet wird. Die Herstellungsbeschichtung ist die erste Kleberschicht, in die die Schleifkörner eingelassen sind. Die Schlichtebeschichtung ist die zweite Kleberschicht, die die Schleifkörner zum großen Teil bedeckt.

Oben *Velcro®-Schleifsystem mit Schleifscheiben und Schleiftellern zum maschinellen Schleifen*

Welches Schleifmittel für welche Anwendung?

Granat und Korund-weiß sind für allgemeine Anwendungen gedacht. Silbergraues Siliziumkarbid eignet sich für Feinarbeiten an feinporigen, dichten Harthölzern, wie African Blackwood (Grenadill). Schmirgel sollte nur für sehr dunkle Hölzer verwendet werden, da sich abgelöste Schleifpartikel in das Holz setzen können. Bei feinen Detailarbeiten verwendet man flexible Untergründe, damit sich das Schleifmittel der gedrechselten Form anpasst. Andererseits glättet man gerade Flächen, wie die eines Nudelholzes, mit einem Schleifmittel mit festem Untergrund und groben Schleifkörnern. Für Grünholz und zum Nassschleifen verwendet man Schleifmittel mit wasserfester Bindung und ebensolchem Untergrund.

Stahlwolle

Stahlwolle besteht aus den feinen Fasern von gezogenem Stahldraht besonderer Legierung, die zu Stahlwollebändern geformt werden. Jede Faser hat einen nahezu dreieckigen Querschnitt. Hauptsächlich wird Stahlwolle beim Drechseln zum abschließenden Glätten oder Polieren der fertigen Oberfläche bei gleichzeitigem Auftragen einer Wachspaste verwendet. Stahlwolle wird nach Feinheitsgraden klassifiziert, als Sorten von 5 bis 0000. 5 ist die gröbste und 0000 die feinste Sorte.

Unten *Stahlwolle der feinsten Sorte 0000*

Oberflächenmittel

Ist das Drechseln getan und die Holzoberfläche hat eine feine und ebenmäßige Struktur erhalten, dann bringt das Auftragen eines Oberflächenmittels die natürliche Schönheit des Holzes zu voller Geltung und erzeugt eine dauerhafte Oberflächenschicht.

Unten *Bienenwachs*

Es gibt eine Vielzahl von Oberflächenmitteln für die allgemeine Holzbearbeitung, die man alle mit gutem Ergebnis auch auf gedrechselte Objekte anwenden kann. Zusätzlich gibt es viele weitere Fertigprodukte, die speziell für den Bedarf des Drechslers entwickelt wurden. Hierbei handelt es sich um solche, die man auf der Drechselbank auftragen, durch Reibungswärme trocknen und polieren kann. Nimmt man das Teil aus der Drehbank, ist es vollkommen fertig gestellt. Davon gibt es sicher Dutzende, wenn nicht Hunderte. Will man sich nicht die Mühe machen, bei jedem Produkt nach dem Datenblatt zu fragen, ist es häufig schwierig, zwischen ihnen zu unterscheiden. Der Name und die Beschreibung auf der Verpackung dienen meistens mehr dem Marketing und sagen aus, was das Produkt alles leisten soll – was natürlich auch wichtig ist –, informieren aber kaum über den Inhalt. Nicht alle Oberflächenmittel vertragen sich, prüfen Sie daher die Hauptbestandteile, bevor Sie versuchen, sie zusammen zu verwenden.

Es gibt lebensmittelgeeignete Mittel, die Ihnen nicht schaden, wenn Sie Spuren mit der Nahrung zu sich nehmen. Seien Sie trotzdem vorsichtig! Manche werden als lebensmittelgeeignet bezeichnet, sind es aber erst nach 30 Tagen, wenn alle flüchtigen, organischen Bestandteile verdunstet sind. Beachten Sie die Herstelleranweisungen, und lesen Sie auch das Kleingedruckte. Das Gleiche gilt bei spielwarengeeigneten Oberflächenmitteln.

Arten von Oberflächenmitteln

Die folgenden Informationen geben einen Überblick über Oberflächenmittel. Im Wesentlichen kann man sie in vier Kategorien einordnen, die sich am Hauptbestandteil des Produkts orientieren: Wachs, Öl, Politur und Lack.

Wachse

Reines Wachs hat bei Raumtemperatur eine feste Konsistenz. Sein Schmelzpunkt liegt unter dem Siedepunkt von Wasser. Naturwachse gewinnt man von Pflanzen oder Insekten, Mineralwachse werden durch Destillation von Öl gewonnen, synthetische Wachse gehen auf Öl oder natürliches Gas zurück.

Der Standardtest zum Messen der Härte eines Wachses ist der Eindringversuch. Man misst in Zehntelmillimetern (dmm), wie tief eine speziell geformte Nadel mit genormtem Gewicht in das Wachs bei bestimmten Temperaturen eindringt. Ein hartes Wachs hat eine geringe Eindringzahl.

Bienenwachs Ein Drüsensekret junger Honigbienen-Arbeiterinnen zum Aufbau der Wabenstrukturen. Es ist weich, von gelber Farbe und erzeugt einen matten Glanz. Seine Härte beträgt bei 25° C 20 dmm, der Schmelzpunkt liegt bei 64° C.

Carnaubawachs Ein Wachs aus Blättern der brasilianischen Karnaubapalme. Es ist sehr hart und erzeugt Hochglanz. Seine Härte beträgt bei 25° C 2 dmm, der Schmelzpunkt liegt bei 84° C.

Paraffinwachs Aus Rohöl destilliertes Wachs. Es handelt sich um eine farb- und geruchlose, fettige Substanz, die einen weichen, matten Glanz erzeugt. Paraffinwachse gewähren einen hohen Schutz gegen Feuchtigkeit, Alkohol, Säuren und Fingerabdrücke. Seine Härte beträgt bei 25° C 11 dmm, der Schmelzpunkt liegt bei 75° C.

Polyethylenwachs Ein synthetisches Wachs, welches bei der Polymerisation von Ethylen (Ethen) entsteht. Ethen wird aus natürlichem Gas oder durch Aufbrechen von Rohbenzin hergestellt. Sein Schmelzpunkt liegt je nach Güteklasse zwischen 30° C und 140° C. Der Härtegrad liegt bei 25° C zwischen 7 dmm und 12 dmm. Polyethylenwachs erhöht die Abriebfestigkeit und ergibt eine nichtklebrige Wachsoberfläche.

Oben *Paraffinwachs*

Oben *links Carnaubawachs in Flockenform*

Links *Carnaubawachs als Block*

Oben *Wachspaste von Sorby.*

Oben *Black Bison Wachspaste von Liberon.*

Wachse lassen sich auch mischen und weisen dann eine Kombination ihrer Eigenschaften auf. Wachspaste – entweder ein reines Wachs oder eine Mischung in einem Lösemittel – ist ein weiches Wachs, das mit dem Ziel der einfachen Anwendung produziert wurde. Beim Auftragen verdampft das Lösemittel und hinterlässt das harte Wachs auf der Oberfläche. Bei einem hohen Lösemittelanteil wird die Mischung zu einem Flüssigwachs. Als Lösemittel kommt Terpentin, Brennspiritus oder Testbenzin (Terpentinersatz) zum Einsatz.

Eine Mischung von Wachs und Öl in flüssiger Form kombiniert beider Eigenschaften. Das Öl dringt ins Holz ein, das Wachs bleibt auf der Oberfläche und härtet aus.

Öle

Öle sind von Natur aus bei Raumtemperatur flüssig. Die Mehrzahl der für die Oberflächenbehandlung von Holz genutzten Öle sind polymerisierende Öle auf pflanzlicher Basis. Beim Trocknungsprozess erfolgt eine chemische Reaktion mit Sauerstoff, der die Struktur des Öls von flüssig in hart ändert. Man nennt dies eine Polymerisation. Einige Öle sind zur Verbesserung von Aushärtezeit und Oberflächenhärte vom Hersteller bereits vorpolymerisiert. Man kann Öle mit anderen Additiven mischen, um Aushärtezeit, Härte und Glanz weiter zu verbessern. Öle sind in Lösemittel gelöst, wobei jeder Hersteller sein eigenes Rezept hat.

Natürliche Öle

Natürliche Öle werden aus den Samen von Pflanzen gewonnen. Lemon Oil besteht z.B. aus dem Öl von Samen von Zitronengras und Sonnenblume.

Leinöl wird aus dem Samen von Lein, bzw. Flachs gewonnen (dessen Fasern zu Leinen verarbeitet werden) und gehört zu den polymerisierenden Ölen. Nach dem Entfernen von Verunreinigungen wird das Öl zur Beschleunigung seiner Aushärteeigenschaften vorpolymerisiert. Zum leichteren Auftragen mischen Sie rohes Leinöl mit Terpentin. Gekochtes Leinöl, hergestellt durch Hindurchleiten heißer Luft durch rohes Leinöl, trocknet noch schneller.

Tungöl wird aus dem Samen verschiedener Aleuriten (Tungbaum) gewonnen, vorpolymerisiert und erzeugt eine stabile, Wasser abweisende, glänzende Schicht. **Danish Oil** ist ein nur leicht vorpolymerisiertes Tungöl und erzeugt einen schönen Satinglanz. **Teaköl** ist eine Mischung aus Tungöl, Harzen und Trocknungsmitteln.

Auch Speiseöle kann man auf Holz auftragen, vor allem auf Teile, die mit Lebensmitteln in Kontakt kommen. Ihre Trocknungseigenschaften lassen sie aber im Fertigungsprozess kaum in Betracht kommen und einige werden später auch ranzig. Ich rate Ihnen, Ihr spezielles Öl auszuprobieren, um herauszufinden, wie es sich verhält.

Mineralöle

Flüssiges Paraffin ist eine transparente, farblose, nahezu geruchlose, ölige Flüssigkeit aus gesättigten Kohlenwasserstoffen, die bei der Destillation von Petroleum gewonnen wird. Es handelt sich um ein nicht-polymerisierendes Öl, welches allerdings die Zellen im Holz auffüllt und einen Wasser abweisenden Schutzfilm auf der Oberfläche hinterlässt. Paraffin ist unmittelbar lebensmittelgeeignet, kann allerdings an fetthaltigen Speisen anhaften. Ansonsten ist es ein gutes Oberflächenmittel.

Polituren

Politur ist in einem Lösemittel, meistens Brennspiritus, aufgelöster Schelllack. Nach dem Auftragen auf das Holz verfliegt das Lösemittel und hinterlässt den Schellack auf der Oberfläche. Schellack ist ein harziges Exkrement der Lackschildlaus. In seiner natürlichen Form ist er hart, löst sich aber leicht in Brennspiritus auf und kann auf unterschiedliche Weise verwendet werden. Er ist härter und dauerhafter als Wachs. Weil sein Schmelzpunkt jedoch unter dem Siedepunkt von Wasser liegt, ist er hitzeempfindlich. Es gibt ihn in unterschiedlicher Form: entfärbt, als Knopfschellack, French Polish, hell, ultrahell, heller wachsfreier Schellack, granulierter weißer Schellack sowie gold- oder orangefarbene Schellackflocken. Am einfachsten erhältlich und vielseitig verwendbar sind gold- oder orangefarbene Schellackflocken. French Polish wird von Hand mit einem Stoff-ballen auf die Oberfläche getupft. Friction Polish ist letzterem ähnlich, aber so zusammengesetzt, dass es auf der Drechselbank schnell trocknet, wenn man mit einem Poliertuch etwas Temperatur erzeugt.

Firnis und Lack

In seiner Urform besteht Lack aus einem bei Raumtemperatur natürlich festem Grundstoff, der in einem Lösemittel gelöst (oder fein verteilt) ist. Der Grundstoff ist entweder Harz, Lack oder Zellulose. Beim Auftragen auf Holz verfliegt das Lösemittel und hinterlässt den Grundstoff auf der Oberfläche.

Harz und Lack

Harze und Lacke sind feste (oder halbfeste), amorphe Substanzen, die von bestimmten Baumarten abgesondert werden, insbesondere dem Lackbaum. Langsamer trocknende Naturlacke enthalten Fettharze.

Oben *Knopfschellack*

Oben *Von links nach rechts: Danish Oil (Liberon), Finishing Oil (Liberon), Friction Polish (Sorby), Danish Oil (Sorby), gekochtes Leinöl, Burnishing Oil (Organoil), Finishing Oil (Organoil), Universallack (Sorby), Lemon Oil (Sorby), flüssiges Paraffin.*

Zellulose

Zellulose ist ein Kohlehydrat, eine stärkehaltige Substanz, aus der pflanzliche Zellwände bestehen. Zellulose von der Baumwollpflanze, die man mit Salpeter- und Schwefelsäure behandelt hat, ergibt Nitrozellulose (Zellulosenitrat), den synthetischen Harzgrundstoff bei der Herstellung von Nitrozelluloselack. Das Lösemittel in Nitrozelluloselacken ist mit anderen Lösemitteln unverträglich. Lack auf Zellulosebasis ist härter und chemikalienbeständiger als andere harzbasierte Lacke.

Kunststoff

Kunststofflacke sind meistens organisch. Sie haben eine polymere Struktur aus synthetisch zusammengesetzten Molekülen. Moderne Kunststofflacke haben im Vergleich zum natürlichen Lack eine sehr ähnliche molekulare Struktur.

Acryl

Acryllacke bestehen aus in Wasser fein verteiltem, künstlichem Harz. Den Unterschied zu anderen Lacken macht beim Acryllack die „Lösung" (eigentlich Verteilung) in Wasser und der Verzicht auf flüchtige, organische Bestandteile aus, die sowohl den Menschen als auch die Umwelt belasten. Acryllack trocknet schneller als lösemittelhaltiger Lack auf Harzbasis und ist auch robuster.

Weitere Produkte

Firnisse und Lacke können eine Mischung aus Harz und polymerisierendem Öl in einem Lösemittel sein. Das Lösemittel verfliegt und Harz und Öl polymerisieren. Es verbleibt eine harte und trockene Schicht auf dem Holz. Die Verwendung von Zusatzstoffen verbessert die Trocknungs- und Verschleißeigenschaften weiter.

Craftlac Melamine ist ein Oberflächenmittel auf Zellulosebasis. Es enthält Melaminpartikel und Toluol-Lösemittel und erzeugt ein überaus haltbares Finish. Verwenden Sie bei diesem Produkt Zelluloseverdünnung.

Schnellschliffgrundierungen sind Lacke (auf Basis von Harz, Zellulose oder Acryl) mit einer Beimischung von Holzstaub. Ziel ist es, mit den Holzpartikeln die Poren zu verfüllen und zu versiegeln und so nach dem Abschliff der oberen Lackschicht eine saubere und glatte Oberfläche zu erzeugen. Der Holzstaub besteht meist aus hellem Holz, verwenden Sie sie also nicht bei dunklen, offenporigen Hölzern. Schnellschliffgrundierung dient meist als Grundierung vor einem anderen Oberflächenmittel.

Die Werkstatt

Es versteht sich von selbst, dass man zum Drechseln einen geeigneten Raum benötigt. Normalerweise würde ich dabei von einer Werkstatt sprechen, doch dann traf ich einen Drechsler, der im Haus drechselt, und wieder einen anderen, der auf dem Dachboden drechselt.

Ein Schuppen in der hinteren Ecke des Gartens oder ein Teil der Garage sind eher geeignete Plätze. Nur wenige Drechsler genießen den Luxus einer eigens zu diesem Zweck errichteten Werkstatt, dennoch macht eine sorgfältig geplante Auslegung ungeachtet der Größe des Raumes einen großen Unterschied aus. Das größte Problem für den Drechsler ist eine Werkstatt, die vor dem Drechseln gut aussieht, später aber zum Albtraum wird, wenn er in einem Haufen Späne das Werkzeug sucht, das er gerade braucht.

Ausgewiesene Arbeitsbereiche

Geräte, die für ein und denselben Arbeitsprozess benutzt werden, kann man gruppieren und so den Arbeitsablauf in der Werkstatt vereinfachen. Man kann den Arbeitsbereich gewissermaßen aufteilen, sei es mit Hilfe einer Linie auf dem Boden oder gar einer feststehenden Wand. Ich würde vorschlagen, gesonderte Plätze zum Drechseln, für bestimmte Maschinen, zum Werken, zum Lagern von Holz und für Spritzarbeiten einzurichten. Der Arbeitsplatz zum

Unten *Die Werkstatt meines Nachbarn Michael Barnett. Hier fällt es leicht, das Holz hinein- und die Späne hinauszuschaffen.*

Drechseln
Das ist ein Bereich, den ich abtrennen würde. Am einfachsten und effektivsten geht das mit einigen Bahnen starker Kunststofffolie (wie man sie von Folientüren aus der Industrie kennt). Sie ist billig und kann auf- und abgehängt werden. Auf diese Weise begrenzt man die Späne auf den kleinen Bereich um die Drehbank herum und schützt andere Geräte.

Auch die Staubabsaugung wird effizienter, da der Luftstrom nun gerichtet wird. Die Kunststoffbahnen sind lichtdurchlässig, man kann durch sie hindurchgehen und sie abhängen, wenn man sie nicht benötigt. Sie können sie sogar beschriften oder bemalen.

Stellen Sie in diesem Bereich die Drechselbank, eine Schleifmaschine, eine Konsole für die Drechseleisen, einen Schubladenschrank für die Spannfutter und andere Handwerkzeuge und eventuell auch eine Werkbank auf. Sorgen Sie für genügend Stauraum, damit die Arbeitsflächen frei bleiben.

Eine der schlimmsten, schmutzigsten, ungesündesten und wohl verhasstesten Arbeiten ist für den Drechsler das Saubermachen. Je weniger Werkzeug, Holz und Gerätschaften von Staub und Spänen verdreckt werden können, desto leichter fällt das Arbeiten und Säubern. Eine große Außentür am Drechselplatz ist praktisch, um die Späne hinauszuschaffen. Vielleicht wollen Sie auch die Bandsäge in diesem Bereich unterbringen, denn wie die Drehbank produziert sie eine Menge Staub, Späne und Abfallholz. Vor einigen Jahren bugsierte ich meine Bandsäge nach draußen, um mehr Platz für ein bestimmtes Projekt zu haben und wollte sie später wieder zurückstellen. Es machte mir aber großen Spaß, in der frischen Luft zu sägen, wo man mit dem Staub und Abfall leichter zurande kommt. Zudem genoss ich die verbesserten Werkstattbedingungen und so kam es, dass die Bandsäge im Freien blieb. Es gab natürlich Tage, an denen ich sie wetterbedingt (selbst in Schottland) nicht nutzen konnte. Doch die Vorteile überwogen. Ich stellte mir aus einer Plane eine sackartige Abdeckung als Wetterschutz her und baute zur Absicherung einen Stromunterbrecher in den Netzanschluss. Inzwischen steht meine Bandsäge in einem anderen Schuppen, in dem ich nur Holz säge.

Oben *Späneabsauganlage mit zwei Behältern und Kompressor in einem separaten Schuppen*

Ein Platz für bestimmte Maschinen

Auf den ersten Blick scheint es sinnvoll zu sein, den Staubabsauger in der Nähe der Drechselbank zu haben. Er ist jedoch sehr laut, frisst wertvollen Platz und führt, wenn man ein altes Doppelstaubsack-Modell hat, den gefährlichen Feinstaub wieder in die Raumluft zurück. Selbst eine gute Absaugvorrichtung, die Staubpartikel bis zu 5 micron Teilchengröße wegschafft, gibt feineren Staub wieder ab.

Der beste Platz für die Staubabsaugung ist in einem kleinen Geräteschuppen oder Kasten neben der Werkstatt. Von dort führt man ein langes Absaugrohr zum Drechselplatz. Mit einem mit einer Zugschnur oberhalb der Drehbank versehenen Fernschalter kann sie bequem ein- und ausgeschaltet werden. Da sie nicht im Werkstattraum steht, sind ihre Arbeitsgeräusche erträglich und man kann sie problemlos die meiste Zeit laufen lassen. Der Saugtrichter sollte so konzipiert sein, dass er größere Flächen absaugen und leicht in Richtung des Staub produzierenden Geräts eingesetzt werden kann. Da weder Luft noch Staub zurückgeführt werden, halte ich diese Möglichkeit für effizienter als ein langes Saugrohr.

SPRUCE
SPRUCE
SYCAMORE
SYCAMORE
ACACIA
ACACIA
SYCAMORE
ASH
ASH

Oben *Grünholz lagert man im Freien.*

Oben *Sorgen Sie für reichlich Zwischenräume und gute Belüftung.*

In der Werkstatt über Druckluft zu verfügen, ist ein großer Segen. Man kann damit Maschinen antreiben, Spritzarbeiten durchführen und vor allem Regale und unzugängliche Ecken reinigen. Da aber auch der Kompressor Lärm produziert, stellen Sie ihn am besten zum Staubabsauger in den Geräteschuppen und führen einen Schlauch in die Werkstatt. In diesem Schuppen bewahre ich auch meine Kettensägen auf.

Der Platz zum Werken

Hier kann man sämtliche Werkzeuge vorhalten, die man nicht zum Drechseln benötigt, sowie die Werkbank und die Oberflächenbehandlungsmittel. Hier lässt es sich gut arbeiten, wenn der Drechselplatz erst einmal abgetrennt ist.

Das Holzlager

Ob das Holz nun saftfrisch oder getrocknet in die Werkstatt kommt, es behält diesen Zustand nicht, sofern Sie es nicht an einem geeigneten Ort lagern. Lagert man Grünholz in warmer Umgebung, beginnt es schnell zu trocknen und reißt mit an Sicherheit grenzender Wahrscheinlichkeit. Lagert man künstlich getrocknetes Holz an einem feuchten Ort, nimmt es sofort Feuchtigkeit auf und weist u.U. denselben Feuchtegehalt auf, wie luftgetrocknetes Holz, womit das für die Trockenkammer ausgegebene Geld verpulvert ist. Grünholz und künstlich getrocknetes Holz zusammen zu lagern, ist weder für das eine noch für das andere gut.

In einer beheizten, warmen Werkstatt kann man getrocknetes Holz problemlos lagern und es behält seinen Feuchtegehalt. Lagern Sie getrocknetes Holz an der wärmsten Stelle der Werkstatt, sorgen Sie falls möglich für Warmluftzufuhr. Versiegeln Sie künstlich getrocknete Rohlinge außerdem mit Wachs o.ä., damit keine Feuchtigkeit eindringen kann. Da aber (vor allem in Schottland!) viele Werkstätten die meiste Zeit unbeheizt und kalt sind, bestünde die ideale Lösung darin, kleinere Mengen trockenen Holzes in einer warmen Ecke im Haus zu lagern.

Vorgedrechselte Werkstücke aus Grünholz legt man am besten so lange an einen kühlen, trockenen und gut belüfteten Ort, bis der Feuchtegehalt abgenommen hat, und danach an einen trockeneren Ort. Lagern Sie Grünholz als Rundholz wettergeschützt aber gut belüftet auf einer harten, trockenen Unterlage im Freien.

Links *Lagern Sie das Holz richtig.*

Rechts *Es ist sinnvoll, das Holz zu beschriften.*

Links
Meine Werkstatt.

Der Platz für Spritzarbeiten

Spritzarbeiten in der Werkstatt sind nicht gesund. Die Partikel des Lacknebels verbleiben noch lange in der Luft, nachdem Sie die Schutzmaske bereits abgenommen haben. Bei regelmäßigen Lackierarbeiten ist eine Spritzkabine wichtig. Kommt es nur hin und wieder vor, sollten Sie sich einen anderen Ort suchen. Ich lebe auf dem Land und erledige Lackierarbeiten draußen.

Werkstattauslegung

Der Platz für die Drechselbank

Es ist vielleicht verführerisch, die Drehbank an die Wand zu stellen, wo sie anscheinend den wenigsten Platz in Anspruch nimmt. M.E. ist das der schlechtest mögliche Platz, denn man kann sich in der Nähe der Wand beengt fühlen und eine Werkzeugkonsole oder Wandregale verschlimmern das Problem noch. Hier ist eine gute Beleuchtung nicht so einfach zu installieren, und bei bestimmten Schalenprojekten hat man Schwierigkeiten, das Werkzeug so einzusetzen, wie man möchte; dem kann man allerdings mit einem Schwenkspindelkasten begegnen. Manchmal arbeite ich auch auf der anderen Seite der Drehbank, und es gibt nichts Schlimmeres, als um eine Drehbank herumputzen zu müssen, die an der Wand steht. Am besten stehen Sie zwischen Wand und Drehbank. An der Wand können Sie dann Konsolen für die Werkzeuge und Regale für die Spannfutter anbringen. Stellen Sie die Drehbank jedoch im 90°-Winkel zur Wand, schränkt Sie das beim Außendrehen wie beim Langlochbohren je nach ihrem Standort ein.

Muss die Drehbank jedoch bei Nichtgebrauch an der Wand stehen, sollten Sie sie mit arretierbaren Rollen versehen, sodass Sie in allen Situationen flexibel sind. Meine Vicmarc®-Drechselbank steht nun auf einem kleinen nockengebremsten Rollwagen, auf dem ich sie leicht hin- und herfahren kann.

Werkzeug

Legen Sie die Werkzeuge auf leicht zugängliche Wandregale. Sehr praktisch ist es, die für ein bestimmtes Projekt benötigten Werkzeuge und Schleifmittel neben der Drehbank zu haben. Am besten ist ein bewegliches oder schwenkbares Regal in Reitstocknähe. Wird es nicht benötigt, schwenkt man es einfach zur Seite. Ideal ist auch ein Rollwagen. Nicht ideal ist es, die Werkzeuge auf dem Drehbankbett oder gar auf einem Brett unter dem Bett aufzubewahren, da sie in den Spänen verschwinden oder herunterfallen können.

Ein Platz für die Schleifmaschine

Ich schärfe meine Werkzeuge alle paar Minuten – zum Grünholzdrechseln müssen sie wirklich scharf sein – und dann produziere ich jede Menge Späne. Folglich sollte der Schleifer neben der Drehbank stehen, damit man sich für einen schnellen Schliff nur auf dem Absatz umdrehen muss und dann weiter drechseln kann. Ich habe den Schleifer am liebsten in der Nähe des Reitstocks.

Steckdosen

Häufig müssen Sie nebenher auch noch andere Elektromaschinen benutzen, z.B. zum maschinellen Schleifen, Profile schneiden mit der Handoberfräse, Bohren usw. Dazu benötigen Sie etliche Steckdosen in der Nähe. Ich habe sie gerne am Reitstockende über der Drehbank. Hier sind sie gut zugänglich, und die Kabel liegen nicht auf dem Boden herum. Arbeitet man mit Druckluft, sollte neben den Steckdosen auch eine Luftzapfstelle liegen, damit man wählen kann, welche Energiequelle man benutzt.

Beleuchtung

In einer Werkstatt ist gutes Licht erforderlich. Tageslicht ist am besten. Dazu muss der Raum viele Fenster haben. Dachfenster sind gut und spenden angenehmeres Licht. Außerdem ist eine gute künstliche Beleuchtung erforderlich. Leuchtstoffröhren sind relativ energiesparend, können aber einen Stroboskopeffekt erzielen, was beim Drechseln gefährlich ist. Mir ist das noch nicht passiert, aber Vorsicht, wenn Sie Leuchtstoffröhren verwenden. Haben Sie lediglich eine Lichtquelle in der Werkstattmitte, stehen Sie sich wahrscheinlich in 90 % der Fälle im Licht. Besser installieren Sie beidseitig eine Beleuchtung, d.h. von der Wand aus gerechnet in Viertelabständen. Das ergibt insgesamt eine gleichmäßigere Lichtverteilung, wobei sich eine eigene Beleuchtung für einzelne Geräte und Maschinen immer lohnt.

Ferner benötigen Sie eine gute bewegliche Leuchte, mit der Sie ein Werkstück gezielt ausleuchten können. Leichte Beweglichkeit und gute Reichweite sind wichtig, denn schließlich wollen Sie sich nicht mit der Lampe herumschlagen. Schon oft habe ich gesehen, wie ein gutes Werkstück durch schlechte Lichtverhältnisse ruiniert wurde. Die meisten Drechselbänke haben keine gute Möglichkeit, um eine Leuchte zu montieren. Die Profilstange der Oneway-Bank stellt eine Ausnahme dar. Wenn Sie sich etwas Ähnliches bauen können, werden Sie sehen, wie bequem sich eine Leuchte montieren lässt.

Unten *Werkzeuge auf einer beweglichen Ablage*

Teil zwei Techniken

Wenn Sie als Drechsler ein Werkzeug in die Hand nehmen, werden Sie eins mit ihm. Bewegen Sie sich im Einklang mit dem Werkzeug, führen Sie es mit Fingerspitzengefühl an das Holz heran und die scharfe Werkzeugschneide schneidet die gewünschte Form. Damit dies gelingt, verknüpft man sämtliche Aspekte des Drechselns in einer Reihe von Bewegungen, die das Werkzeug immer und immer wieder so lange durch das Holz führen, bis das fertige Objekt entstanden ist. Dieses Kapitel widmet sich den einzelnen Aspekten, die der Drechsler vor und während eines Schnitts berücksichtigen muss.

Sicherheit

Wir neigen dazu, einen Unfall als ein nicht in unserer Macht stehendes Ereignis zu betrachten, das uns „passiert“. Treffen wir jedoch die richtigen Vorsichtsmaßnahmen, können wir die meisten so genannten Unfälle verhindern.

In die Werkstatt gehört immer ein Pulver-Feuerlöscher.

Das offensichtlichste Risiko liegt in Unfällen mit Band-, Ketten- und Kreissägen, Schleifern, rotierenden Holzstücken und scharfen Werkzeugen. Daneben gibt es aber noch zwei weitere heimtückische Risiken, die weder Schmerzen noch unmittelbar spürbare Folgen verursachen. Dies sind Lärm und Staub. Sie haben langfristige und allmählich zunehmende Auswirkungen auf die Lebensqualität und sogar die Lebensdauer. Ich selbst habe von scharfen Werkzeugschneiden einige Narben davongetragen, die schon nach einigen Wochen nicht mehr so tragisch waren. Doch das Asthma, gegen das ich regelmäßig Medikamente schlucke, meine Schwerhörigkeit und der vor Jahren erlittene Tinnitus werden immer schlimmer. Und sie hängen wohl mit dem Drechseln zusammen.

Sicherheit muss zur Routine werden. Ist Sicherheit unbequem oder gar teuer, ignoriert man sie gerne. Beim Drechseln haben Sicherheit und effizientes Arbeiten viel mehr miteinander zu tun als man glaubt. Beispielsweise stehe ich beim Schärfen meiner Werkzeuge neben der Schleifmaschine. So bin ich nahe am Arbeitsablauf, habe eine gute Sicht auf den Schärfprozess und gute Werkzeugkontrolle. Unter Sicherheitsaspekten stehe ich nicht im Funkenflug und selbst beim Bruch einer Schleifscheibe stehe ich nicht in der Hauptgefahrenzone (einen Schleifscheibenbruch habe ich jedoch noch nie erlebt). Wenn Sie so ähnlich auch beim Drechseln stehen, gehen Sie auch nicht so schnell in Spänen unter und werden nicht von einem Werkstück getroffen, das unglücklicherweise aus der Drehbank fliegt. Der Sicherheitsgedanke kann also Ihre Arbeitstechnik verbessern.

Primärsicherheit

Bei mir gibt es die, wie ich sie nenne, „Primärsicherheit“ und die „Sekundärsicherheit“. Primärsicherheit ist die Gefahrenvermeidung und das Abstand-Halten, wie das Zur-Seite-Treten beim ersten Einschalten der Drehbank nach dem Aufspannen eines neuen Rohlings. Bei der Sekundärsicherheit kommen persönliche Schutzausrüstung und Sicherheit am Arbeitsplatz hinzu. Ich persönlich achte auf Primärsicherheit, wo immer es möglich ist: Ich drechsle Grünholz, um das Staubaufkommen zu minimieren (es macht auch viel mehr Spaß, als getrocknetes Holz zu drechseln).

Verhaltensregeln

Was man tun sollte
Achten Sie darauf, dass an allen Maschinen die Sicherheitseinrichtungen des Herstellers vorschriftsmäßig installiert sind.

Halten Sie den Schalldruckpegel so gering wie möglich. Maschinen sind laut und können die Werkstatt ganz schön ungemütlich machen. Betreiben Sie daher so viele Maschinen wie möglich außerhalb der Werkstatt oder tragen Sie einen Gehörschutz.

Verringern Sie das Staubaufkommen in der Werkstattluft mit einer Staubabsauganlage, die Feinstaub nicht wieder zurückführt. Stellen Sie den Staubabsauger wenn möglich in einen anderen Raum.

Was man besser lassen sollte
Unordnung! In einer sauberen, ordentlichen Werkstatt arbeitet man sicherer. Außerdem findet man seine Siebensachen leichter, wenn sie nicht in einem Spänehaufen liegen.

Zu vergessen, alles Erforderliche zur Hand zu halten.

Den Gehörschutz nicht vergessen.

Um Lärm und Staub zu verringern, steht mein Staubabsauger nicht in der Werkstatt und ich halte sie immer sauber und ordentlich.

In einer warmen Werkstatt zu arbeiten, ist angenehm. Auf diese Weise kann man auch das Unfallrisiko verringern, nicht jedoch, wenn man mit einem Holzschnitzelofen heizt! Späne, die auf den Ofen fliegen, können sich entzünden und die Werkstatt in Brand setzen, was bei zweien meiner Drechslerkollegen vorgekommen ist.

Unfälle passieren dennoch

Kommt es nun trotz aller Sicherheitsvorkehrungen zu einem Unfall, sollten Sie wissen, wie Sie sich verhalten müssen. Ein Erste-Hilfe-Kasten sollte immer in greifbarer Nähe sein, selbst ein Erste-Hilfe-Kurs ist nicht verkehrt. Installieren Sie einen Feuerlöscher in Türnähe oder noch besser in einem Schuppen nebenan, denken Sie aber daran, dass Sie ihn regelmäßig warten und prüfen lassen müssen. Auch ein Telefon sollte in der Nähe sein, damit Sie Hilfe herbeirufen können. Und vor allem: Schließen Sie eine gute Unfallversicherung ab.

Erste-Hilfe-Kasten

Sicherheitsausrüstung

Wenn Sie eine Drechselbank und die Drechseleisen kaufen, denken Sie vermutlich nicht an eine Sicherheitsausrüstung, das sollten Sie aber tun. Man muss sie sich gleichzeitig zulegen, denn ein Unfall wartet nicht ab.

Rechts *Staubabsauger Power drum von Record, filtriert Stäube bis zu 5 micron.*

Unten *Doppelfangsack-Absauganlage von Record kombiniert mit einem Feinstaubfilter*

Staubabsaugung

Gleich welche Holzarten Sie verarbeiten, eine Staubabsaugung ist ein Muss – je leistungsfähiger, desto besser. Prüfen Sie aber, wie hoch ihr Schalldruckpegel ist, wenn sie in der Werkstatt stehen soll. Sie stellt nicht nur eine weitere Gefahr dar, sondern wird auch schnell wieder ausgeschaltet oder erst gar nicht eingeschaltet. Eine Staubabsaugung sollte Stäube bis 5 micron absaugen können. Ältere Doppelstaubsack-Modelle leisten das nicht und führen gefährlichen Feinstaub wieder zurück. Solche Geräte sollten Sie nur als Staubabsauger benutzen, sofern sie außerhalb der Werkstatt stehen. Zur ständigen Umwälzung der Raumluft und Absaugung des Feinstaubs lohnt sich ein kleinerer Filter nebenher.

Sicherheitsvorschriften für die Kettensäge

Für Arbeiten mit der Kettensäge ist eine besondere Sicherheitsausrüstung erforderlich. Sie umfasst von Kopf bis Fuß einen Forsthelm, spezielle Schnittschutzkleidung, deren Schutzfäden bei einem Schnitt die Maschine blockieren, Schnittschutzhandschuhe und Schnittschutzstiefel. Ein Ausbildungslehrgang und Sicherheitstraining sind wichtig, wenn man mit der Kettensäge arbeiten möchte – und in Deutschland weitgehend vorgeschrieben.

Rechts *Ivor Thomas trägt Schnittschutzstiefel, -hose, -handschuhe und Forsthelm mit Visier und Gehörschutzmuscheln.*

Persönliche Schutzausrüstung

Ihre Sicherheitskleidung muss bequem, leicht an- und ausziehbar sein und darf Sie beim Arbeiten nicht behindern, sonst lassen Sie sie nämlich im Schrank.

Die Mindestausstattung zum Schutz der Augen ist eine Schutzbrille mit integriertem Seitenschutz. Ein Voll-Visier schützt das Gesicht besser, kann jedoch beschlagen und schränkt dann die Sicht ein. Eine einfache Staubschutzmaske kann sehr effektiv sein, vorausgesetzt sie liegt überall fest an und ist unbeschädigt. Vermeiden Sie schwere oder große Helme, sie schränken das Gesichtsfeld ein. Zudem kann die Atemluft im Mundstück kondensieren. Helme mit integriertem Augen- und Atemschutz sind zwar teurer, aber eine gute Investition. Sie gewähren größeren Schutz und sind häufig tragefreundlicher. Es gibt zwei Typen von Atemschutzhelmen, zum einen das Kompaktmodell mit in den Helm integriertem Motor und Batterien, die auf dem Kopf zwar schwerer wiegen, das man aber entspannt tragen kann, und zum anderen die Ausführung mit am Gürtel getragenem Batterie- und Motorpack sowie Schlauch. Normalerweise sind diese Geräte leistungsstärker und ideal für den Profi. Für welches Modell Sie sich auch entscheiden, achten Sie stets darauf, dass die Batterien aufgeladen sind.

Schließlich ist ein guter Gehörschutz vonnöten, denn die meisten Maschinen sind laut.

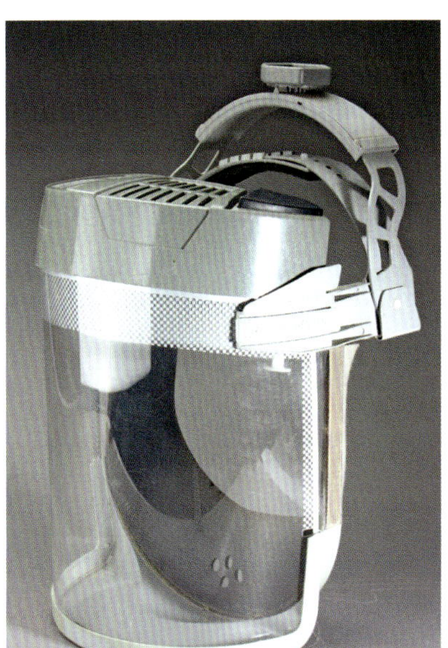

Links *Gebläsemaske von Racal mit in den Helm integriertem Motor und Batterie*

Links *Dustmaster von Racal*

Körperhaltung an der Drehbank

Als „Socken in Einheitsgröße" die Regale füllten, waren Leute mit mittelgroßen Füßen fein heraus. Für jemanden wie mich mit Schuhgröße 47 war es immer ein Kampf sie anzuziehen, weil meine Fußlänge die Streckgrenze der Socke überforderte. Nicht zu vergessen die Fraktion der Kleinfüßigen, die mit bis knapp in die Kniekehlen hochgezogenen Strumpffersen herumlief. Heute ist alles besser – inzwischen gibt es Socken in meiner Größe, und das ist gut so.

Unten links *Ermitteln der Höhe der Drehbank zum Drechseln mit der Schalendrehröhre*

Unten Mitte *Ermitteln der Höhe der Schleifmaschine zum Schärfen einer Langholzschrupppröhre*

Unten rechts *Langholzschruppen mit der linken Hand als Führungshand*

Höhe

Drechselbänke sind ein bisschen wie Kleidung – sie müssen dem Drechsler „passen", damit er das Beste aus ihnen herausholen kann. Eine Drehbank hat eine feste Höhe und vermutlich sind Sie sich dessen gar nicht bewusst. Die richtige Höhe kann aber hinsichtlich Ihrer Leistungsfähigkeit einen Riesenunterschied ausmachen. Ist sie zu niedrig, müssen Sie sich über sie beugen, ist sie zu hoch, haben Sie nicht die nötige Manövrierfähigkeit und Kraft am Werkzeug. Dem können Sie begegnen, indem Sie entweder die Drehbank höher stellen oder sich selbst, was recht einfach ist.

Die ideale individuelle Drehachsenhöhe zu ermitteln, ist ganz einfach. Man nehme beispielsweise eine Langholzschrupppröhre, drehe sich mit dem Rücken zur Drehbank und führe in bequemer Haltung eine Schruppbewegung an einem virtuellen Langholz aus. Bleiben Sie in dieser Haltung und messen Sie die Höhe vom Boden bis ca. 25 mm hinter der Werkzeugschneide (oder noch besser von jemandem messen lassen). Das ist die Höhe der Werkzeugauflage, sie entspricht ziemlich genau der Höhe der Drehachse beim Langholzdrehen.

Ich habe herausgefunden, dass ich zum Schalendrehen eine andere Drehbankhöhe benötige als zum Langholzdrehen. Wiederholen Sie den beschriebenen Messvorgang nun mit einer Schalendrehröhre und tun Sie so, als würden Sie die Schalenaußenseite drehen. Hierbei handelt es sich um einen „kraftvollen Schnitt", bei dem man das Werkzeug so hält, dass die Kraft auch zur Geltung kommt. In meinem Fall war das Maß 75 mm niedriger. Ich habe zum Langholz- und Schalendrehen verschiedene Drehbänke. Trifft das auf Sie nicht zu, nehmen Sie die höhere Höhe und stellen sich (oder andere Benutzer) auf einen Holzrost. Auf diese Weise arbeiten Sie stets in optimaler Arbeitshöhe. Etwas Spielraum in der Höhe spielt keine so große Rolle, da man die Werkzeugauflage passend zu den verschiedenen Werkzeugen einstellt.

Insgesamt habe ich meine Graduate-Drehbank zum Schalendrehen um 152 mm und meine Graduate zum Langholzdrehen um 203 mm erhöht.

Auflagenhöhe

Die Auflagenhöhe bestimmt, in welchem Winkel das jeweilige Werkzeug an das Holz herangeführt wird und wie komfortabel Sie es benutzen können. Eine zu hohe Auflage macht das Arbeiten unbequem, eine zu niedrige bewirkt, dass Sie kaum den Werkzeuggriff fassen können. Bei den meisten Werkzeugen liegt der komfortable Arbeitswinkel zwischen der Horizontalen und 30° darunter. Der Schaber stellt eine Ausnahme dar, da er zum Ausführen eines ziehenden Schnitts über der Horizontalen benutzt wird.

Auswirkung der Auflagenhöhe auf die Werkzeuglage beim Schnitt

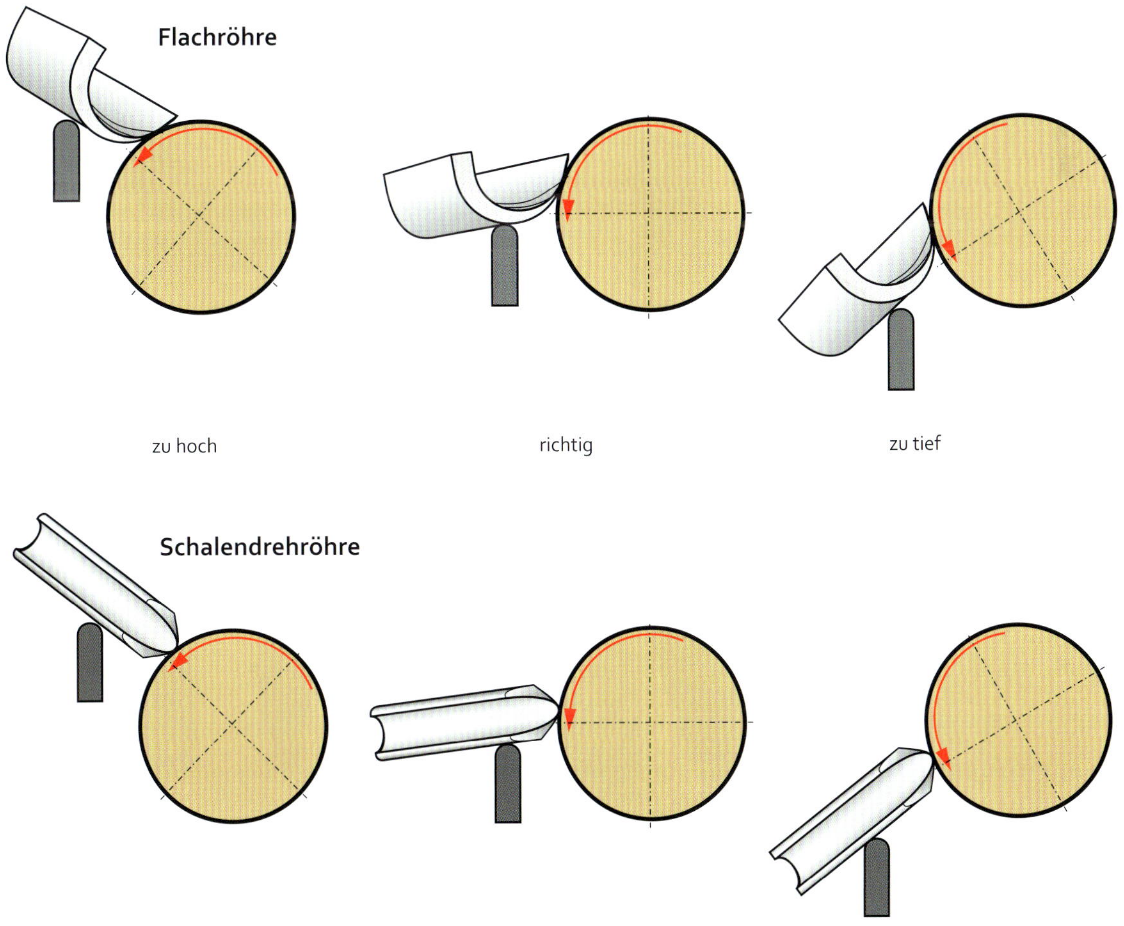

Flachröhre

zu hoch | richtig | zu tief

Schalendrehröhre

Oben *Dynamische Körperhaltung beim Werkzeugschleifen, man steht neben dem Hochgeschwindigkeitsschleifer.*

Schärfausrüstung

Auch die Höhe der Schärfmaschine muss austariert werden. Hochgeschwindigkeitsschleifer sind in der Regel Doppelschleifmaschinen, die man nicht auf einer Werkbank montieren sollte, da diese für effizientes und komfortables Schleifen viel zu niedrig ist. Auch hier ermittelt man die optimale Arbeitshöhe, indem man ein Werkzeug virtuell schärft und die Höhe vom Boden bis ca. 25 mm hinter der Werkzeugschneide misst. Das ist die Höhe der Schleifmaschinenachse bzw. die Höhe der Auflage des Sorby-Bandschleifers. In meinem Fall liegt sie 102 mm über der Drehachsenhöhe meiner Langholzdrehbank (1067 mm).

Bei einem Nassschleifsystem verfahren Sie in der gleichen Weise. Sie werden voraussichtlich von oben arbeiten, damit das Wasser auf die Schleifscheibe zurückläuft. Halten Sie das Werkzeug bequem und schärfen Sie virtuell. Messen Sie die Höhe der Werkzeugschneide zur Ermittlung der Höhe der Schleifauflage (bzw. der Höhe der Schleifscheibe). In meinem Fall liegt sie etwa 508 mm unter der Achse des Hochgeschwindigkeitsschleifers.

Rechts *Komfortable Arbeitshöhe und Haltung beim Schleifen auf einem Sorby-Bandschleifer*

Oben *Komfortable Arbeitshöhe und Haltung beim Schleifen auf einem Tormek-Nassschleifsystem von oben*

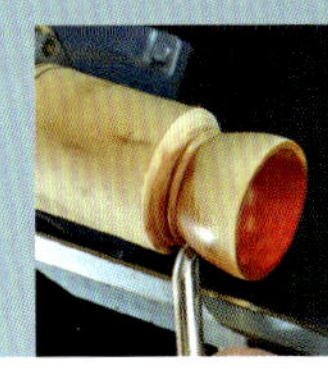

Schärfhöhe

	Hochgeschwindigkeits-schleifer	Nassschleifsystem
Schalendrehröhre	1143 mm	1270 mm
Langholzschrupprröhre	1219 mm	1283 mm
Flachröhre	1232 mm	1270 mm

Körperhaltung

Schauen Sie sich Menschen an, die in einer Schlange stehen, vor allem deren Füße. Die stehen wahrscheinlich etwa 20 cm auseinander, die Zehen sind etwas nach außen gerichtet und die Beine ziemlich gerade. Hierbei handelt es sich um eine entspannte und physisch inaktive „statische Körperhaltung" – eben ganz ideal zum Schlange stehen. Sehen Sie sich dann einen Boxer oder Fechter in Aktion an. Seine Haltung ist vollkommen anders: Der eine Fuß steht weit vor dem anderen, die Knie sind gebeugt, und er ist ständig in Bewegung. Eine solche „dynamische Körperhaltung" gewährleistet Kraft, Bewegung und Agilität. Ein Tischler nimmt, wenn er ein Holzstück hobelt, eine dynamische Haltung ein, stellt einen Fuß auf einer Linie mit dem Schnitt weit vor den anderen. So kann er über die gesamte Schnittlänge gleichmäßig Kraft aufbringen.

Oben *Typische Körperhaltung beim Schlange stehen*

Links *Statisches Stehen, die Füße sind eng zusammen*

Ich hatte einmal eine wunderschöne geschmiedete, ca. 32 mm breite Röhre mit sehr flachem Profil und einem langen Fingernagelanschliff. Aus Angst, dass die wundervolle Fase, die wohl in den zwanziger oder dreißiger Jahren zum letzten Mal geschliffen worden war, verloren gehen würde, benutzte ich sie nie. Diese Röhre gab mir Rätsel auf, weil ich mir nicht erklären konnte, wie man den langen Fingernagelanschliff voll ausnutzen konnte, bis mir jemand erklärte, dass man dazu wahrscheinlich auf einem Bein stehen müsse, d.h. auf einer Fußdrehbank oder einer Wippdrehbank arbeiten müsse. Wegen der geringen Leistung muss man hier jede Menge feiner Schnitte machen. Vermutlich muss man auf sich zu drehen, eine Richtung, in der man die Kraft und Bewegung, die zur Ausführung des Schnittes nötig ist, am ehesten und stabilsten aufbringen kann. Im richtigen historischen Kontext erwachte die Röhre wieder zu neuem Leben.

Moderne Drechselbänke haben leistungsfähige Elektromotoren bis zu 2,5 kW. Eine elektronische Drehzahlregelung erübrigt das Umlegen der Riemen und das Anpassen der Geschwindigkeit an den Arbeitsablauf. Die Drechseleisen sind heutzutage größer, länger und stabiler und ermöglichen es dem Drechsler, das zur Verfügung stehende Kraftvolumen auszunutzen. Mit diesen Errungenschaften entfällt die Notwendigkeit, die Drehbank selbst anzutreiben, sodass man die für die jeweilige Arbeit am besten geeignete Haltung einnehmen kann. Eine dynamische Körperhaltung gewährleistet die Kraft und Agilität, die für die Ausführung und Kontrolle des Schnitts erforderlich sind. Stellt man die Füße seitlich leicht abgewinkelt und den einen Fuß weit vor den anderen, ist Vorschub möglich, damit das Werkzeug schneidet, sowie Seitwärtsbewegung, damit das Werkzeug um Rundungen arbeiten kann.

Tipp

Eine gute Drechselbank sollte genügend Platz für Knie und Zehen lassen, damit man bequem stehen und arbeiten kann. Schlecht ist es, wenn die Drehbank auf einer Werkbank steht, die an der Vorderseite eine bodentiefe Platte hat. Zehen und Knie dürfen nirgendwo hingedreht werden müssen, sodass sie das Drechseln behindern und Rückenschmerzen verursachen. Eine zu weit hinten stehende Drehbank ist noch schlimmer. Haben Sie von unten für die Zehenspitzen (und vielleicht auch noch Ihr Knie) bis zur Mitte der Drehbank genug Platz, dann ist alles in Ordnung.

Oben *Einsatzbereit*

Links *Dynamische Körperhaltung – Ein großer Schritt gewährleistet Kraft und Agilität.*

Oben *Linkshändiges Drechseln der Außenseite einer Querholzschale*

Oben *Linkshändiges Drechseln der Außenseite einer Querholzschale auf der Harrison-Kurzbettdrehbank*

Drechseln

Nachdem Sie den Rohling aufgespannt und die Werkzeugauflage eingestellt haben, nehmen Sie die richtige Körperhaltung ein. Treten Sie etwas zurück, nehmen Sie eine Schalendrehröhre entweder in die rechte oder linke Hand, legen Sie sie auf die Auflage und bringen Sie die Fase in Schnittrichtung. Stehen Sie hinter dem Werkzeug, schauen Sie in Schnittrichtung auf die Fase hinab, greifen Sie das Werkzeug gegebenenfalls mit der anderen Hand und nehmen dann eine dynamische Haltung ein, damit Sie den Schnitt von sich weg führen können. In dieser Haltung haben Sie eine sehr gute Kontrolle über den Schnitt und die Späne fliegen nicht in Ihre Richtung. Ferner stehen Sie nicht im Gefahrenbereich, falls das Werkstück aus der Drehbank herausschleudern sollte. Sicher arbeiten Sie auch auf der anderen Drehbankseite und gelegentlich sitze ich sogar darauf, um den besten „Stand“ zu haben. Bei einem Schwenkspindelkasten ist das nicht nötig.

Nun schätze ich, dass Sie, wenn Sie in dieser Haltung erstmalig an die Drechselbank gehen, etwa 30 % der Zeit das Gefühl haben, dass der Griff nicht gut in Ihrer bevorzugten Hand liegt. Dann wird es Ihnen klar werden, dass ein guter Drechsler beidhändig geschickt sein muss. Die Hände zu wechseln, wird Ihnen zunächst etwas befremdlich vorkommen, doch es wird Ihnen in Fleisch und Blut übergehen und Ihre Technik stark verbessern. Selbstverständlich kann man beim Feindrehen von Spitzkehlen, Rundstäben und Hohlkehlen oder sehr kleinen Stücken nicht die Hände wechseln. Es wäre unklug, die andere Seite eines Rundstabs oder einer Hohlkehle mit der anderen Hand zu drechseln. Man verlangsamt den Arbeitsprozess und das Ergebnis ist fragwürdig. Doch auch bei solch feinen Schnitten ist eine dynamische Haltung erforderlich. Stehen Sie beim ersten Schnitt hinter dem Werkzeug, was tatsächlich heißt seitlich zum Werkzeug. In der Regel stehe ich umso dynamischer, je feiner der Schnitt ist.

Rechts *In dynamischer Haltung neben dem Schleifer zu stehen, bedeutet, dass man nahe an der Arbeit und trotzdem nicht im Gefahrenbereich ist.*

Oben *Rechtshändiges Drechseln des Schaleninneren*

Schärfen

Die richtige Haltung ist auch beim Schärfen der Werkzeuge wichtig. Bei einem Hochgeschwindigkeitsschleifer stehen Sie nahe am Geschehen, wenn Sie neben dem Gerät stehen. Sie haben nicht nur eine gute Sicht auf die Arbeit, sondern stehen auch außerhalb der Funkenflugbahn. Dynamisches Stehen erleichtert und beschleunigt den Arbeitsprozess. Verfahren Sie wie beim Feindrehen: Halten Sie den Griff in Ihrer bevorzugten Hand, wodurch festgelegt wird, auf welcher Maschinenseite Sie stehen.

Sägen

Müssen Sie Holz durch eine Säge befördern, sei es durch eine Kreis- oder eine Bandsäge, ist die Körperhaltung eine Frage der Sicherheit. Hierbei statisch zu stehen, kann gefährlich sein. Schießt das Holz wegen einer Schwachstelle plötzlich viel schneller durch die Säge und Sie fallen nach vorne, dann kommen die Finger sehr nahe an die Sägezähne. Richtiges Verhalten und Sicherheit hängen sehr eng zusammen.

Halten des Werkzeugs

Wie Sie das Werkzeug halten, ist der abschließende Teil der Kontrolle des Werkzeugprozesses. Während die eine Hand den Griff hält, hält die andere die Klinge. Mit welcher Hand Sie das Werkzeug halten, hängt vom Schnitt ab sowie davon, ob Sie lieber links- oder rechtshändig drechseln. Für beide Hände gibt es verschiedene Möglichkeiten, das Werkzeug zu halten, die auch vom Schnitt abhängen. Und in den verschiedenen Phasen des Schnittes kann man die Haltung des Werkzeuges variieren.

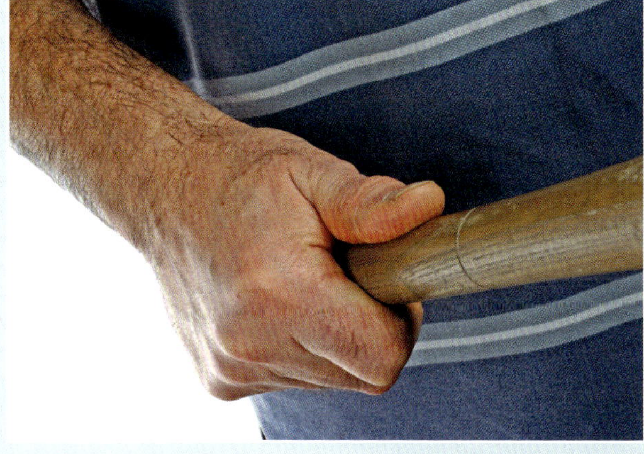

Die Führungshand ist die, die den Griff hält. Sie übt die meiste Kraft aus und die für einen Schnitt und eine Form erforderliche Bewegung. Die Hand, die die Klinge hält, ist die Stützhand. Sie ist für Feinabstimmungen des Schnitts verantwortlich, lässt das Werkzeug fest auf der Auflage aufliegen und die Fase am Holz anliegen. Die Stützhand zieht das Werkzeug zurück oder schiebt es vor.

Die Führungshand

Für die Führungshand gibt es zwei Griffmöglichkeiten.

Fester Griff

Nehmen Sie das Ende des Werkzeuggriffs so in die Hand, dass der Daumen oben liegt und zur Klinge gerichtet ist. Der oben liegende Daumen bietet mehr Bewegungsfreiheit als der um den Griff fassende. Der feste Griff ist geeignet für großen Holzabtrag an großen, einfachen Formen sowie für gerade Schnitte und lange Kurven, wo man das Werkzeug nur wenig oder gar nicht drehen muss.

Variante: Für größere Kraft und Stabilität stützt man die Führungshand an der Hüfte ab.

Flexibler Griff

Man hält den Werkzeuggriff dort, wo er am schmalsten ist, mit den Fingerspitzen und dem Daumen. In dieser Griffstellung lässt sich das Werkzeug leicht drehen. Ge-

Oben *Führungs-hand. Fester Griff bei einer Schalendrehröhre*

Links *Führungshand. Flexibler Griff bei einer Schalendrehröhre*

Rechts *Stützhand. Fingergriff beim Flachmeißel*

Unten rechts *Stützhand. Fingergriff bei einer Flachröhre. Handkante auf der Auflage*

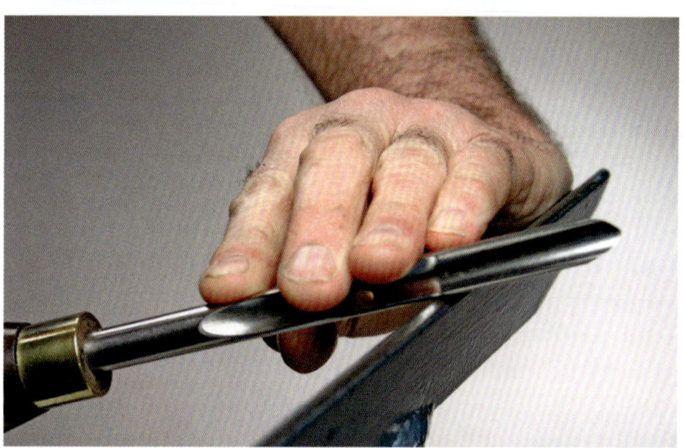

eignet für sehr feine Schnitte an Rundstäben und Hohlkehlen, bei denen das Werkzeug gedreht werden muss.

Stützhand

Für die Stützhand gibt es fünf Griffmöglichkeiten mit Abwandlungen.

Fingergriff Es ist der einfachste Griff für die Stützhand. Die geraden Finger liegen so auf der Klinge, dass die Hand die Auflage nicht berührt. In dieser Position liegt das Werkzeug fest auf der Auflage und die Finger können das Werkzeug entweder vorschieben oder zurückziehen und die Fase an das Holz bringen. Dieser Griff ist geeignet für lange, gleitende Schnitte mit der Schalendrehröhre (SDR), der Langholzschrupppröhre (LSR) und dem Flachmeißel.

Variante: Bei einem kurzen Schnitt oder direktem Einstechen kann man die Handkante auf der Auflage abstützen (als ob sie angeklebt wäre), während die Finger oben auf dem Werkzeug liegen und es nach vorn und zurück führen.

Von unten Hier greift man die Klinge zwischen Fingerspitzen und Daumen von unten. Der Daumen liegt hinter oder auf der Klinge, die Finger gegenüber, und die Hand berührt die Auflage nicht. Dieser Griff ist geeignet für große, einfache Formen, wie beim Schalendrehen mit der SDR oder Schruppen eines langen Langholzes mit der LSR.

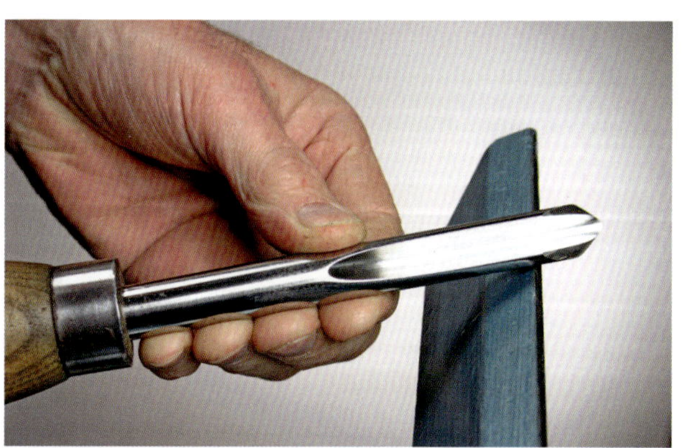

Oben rechts *Stützhand. Von unten gehaltene SDR*

Rechts *Stützhand. Von unten gehaltene LSR, Röhre auf der Auflage abgestützt*

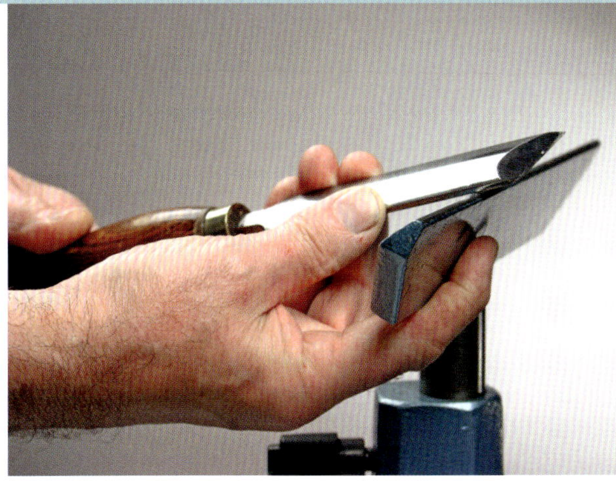

Links *Stützhand. Hakengriff beim Flachmeißel*

Unten links *Stützhand. Oben liegender Daumen bei der FR, Röhre auf der Auflage abgestützt*

Variante: Der Handrücken liegt (auch hier wie angeklebt) an der Auflage. Das zwischen Fingern und Daumen gehaltene Werkzeug lässt sich leicht für kurze Schnitte vorschieben, zurückziehen oder drehen. Der Griff ist für feine Schnitte geeignet.

Hakengriff Der Zeigefinger hakt unter die Auflage, Finger und Daumen halten die Klinge. Zwischen dem Zeigefinger und den Fingern, die die Klinge halten, gibt es Zugspannung, die das Werkzeug auf die Auflage zieht. Dadurch lassen sich feine Schnitte sehr flexibel führen.

Oben liegender Daumen Die Fingerrücken liegen an der Auflage (ohne das Werkzeug zu berühren), der Daumen auf dem Werkzeug. Das Werkzeug wird beim Vorschieben und Zurückziehen fest auf die Auflage gedrückt.

Variante: Zur Unterstützung eines Schalenrands legt man den Daumen auf die Klinge, während die Finger die dünne Schalenwandung stützen. Der Handballen liegt auf der Auflage.

Oberhändiger Griff Ein spezieller Griff zum schneidenden Schaben. Der Unterarm liegt auf der Auflage und kann über sie gleiten. Das Werkzeug greift man mit den Fingern (nicht mit der Hand), umfasst die Klinge komplett, der Daumen liegt oben auf der Klinge (ein Spiegelbild des flexiblen Griffs). Gleitet das Werkzeug vor und zurück, wird diese Bewegung zu einer Bewegung des ganzen Körpers.

Oben links *Stützhand. Oben liegender Daumen auf der SDR, die Finger stützen das Holz ab.*

Links *Stützhand. Oberhändiger Griff zum schneidenden Schaben*

Einstechen in das Holz

Die erste Berührung von Schneide und Holz ist der wichtigste Teil des Schnittes. Ein glatter Einstich bedeutet einen sauberen Schnittverlauf und eine saubere Form. In der Tat ist sie ausschlaggebend für den Rest des Schnittes. Als Erstes stellen Sie die Werkzeugauflage ein.

Einstellen der Werkzeugauflage

Zwischen Auflage und Holz müssen vor dem ersten Schnitt 13 mm Platz sein. Bei einem kleineren Abstand kann bereits die Fase auf der Auflage liegen oder das Werkzeug das Holz bereits berühren, bevor Sie soweit sind. Der Abstand gibt Ihnen Zeit, das Werkzeug langsam an das Holz heranzuführen und kontrolliert in das Holz einzustechen.

Einstechen

Ich steche entweder unterstützt, direkt oder fließend in das Holz ein. Für welche der drei Methoden ich mich entscheide, hängt ganz vom Schnitt ab.

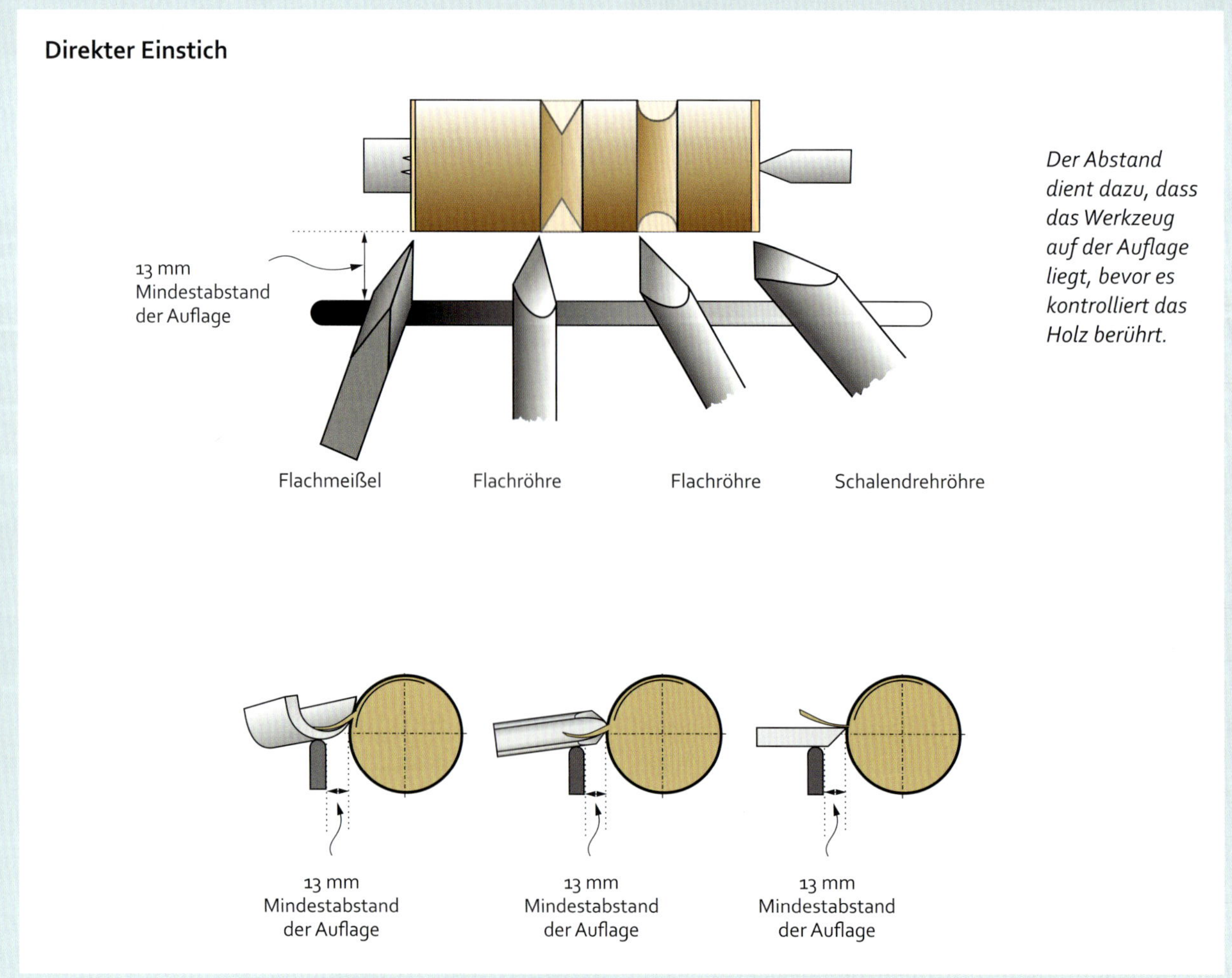

Unterstützter Einstich Beim unterstützten Einstechen berührt als Erste die Fase das Holz. Das bedeutet Halt und Stabilität, wenn die Werkzeugschneide Kontakt mit dem Holz bekommt. Unterstützt sticht man dort ein, wo es auf der Holzoberfläche einen glatten Übergang gibt.

Normalerweise schruppt man eine Kantel, einen Ast oder ein grobes Langholz mit der Langholzschrupppröhre auf einen Zylinder herunter. Dabei bringt man den Schneidkantenrücken mit dem Holz in Berührung, führt dann die Röhre langsam über das rotierende Holz nach unten, bis die Schneide einsticht und Späne entstehen. Dann führt man die Röhre von einer Seite zur anderen.

Unterstützt kann man auch mit dem Flachmeißel oder der Flachröhre einstechen, um die Holzoberfläche zu glätten. Man berührt das Holz mit der Fase, rollt dann das Werkzeug, bis die Schneide das Holz berührt und Späne produziert. Dann führt man das Werkzeug über die Holzoberfläche. Mit der SDR sticht man in der gleichen Weise ein, wenn man auf einer Fläche beginnt.

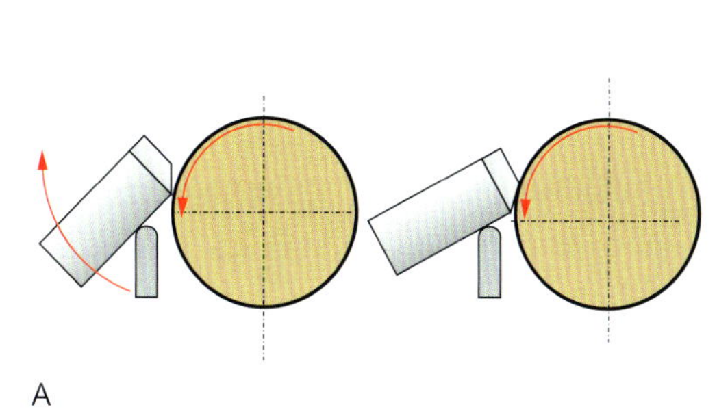

A Schruppen mit der Langholzschrupppröhre. Erster Kontakt des Schneidkantenrückens unterhalb der Schneide, Werkzeuggriff heben, bis die Schneide einen Span abträgt.

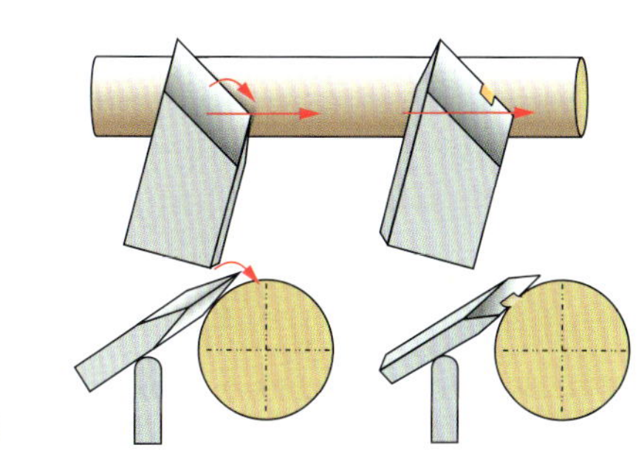

B Flachmeißel. Zuerst hat die Fasenkante Kontakt, dann dreht man den Meißel, bis er einen Span abträgt.

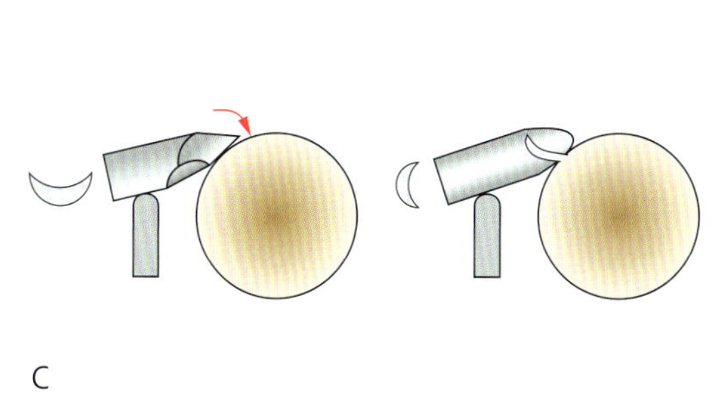

C Flachröhre über die Fase rollen, bis die Schneide Kontakt bekommt.

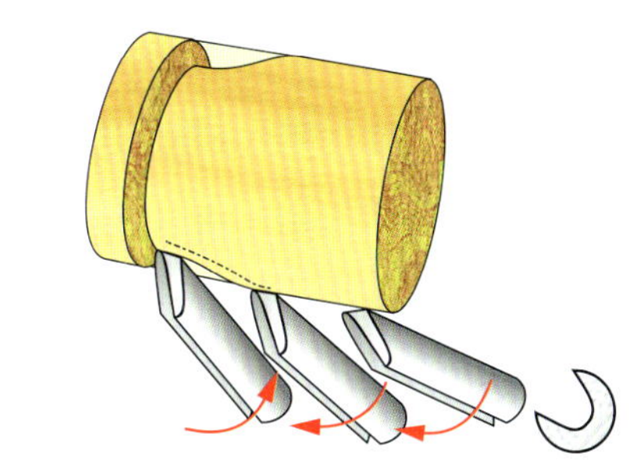

D Formen mit der Schalendrehröhre. Kontakt des Schneidkantenrückens hinter der Schneide. Beim Heranführen der Röhre schwenkt man den Griff nach vorn, bis ein Span entsteht. Das gleiche Prinzip gilt für Flachröhren und Meißel.

Direkter Einstich Hierbei berührt die Schneide als Erste das Holz. Man bringt die Fase in Schnittrichtung und führt das Werkzeug nach vorn, bis es das Holz berührt. Unter kontinuierlichem Vorschub sticht die Schneide in das Holz ein und die Fase berührt die gedrechselte Oberfläche, wobei sie dem Werkzeug Halt und Kursstabilität gibt.

Normalerweise sticht man so ein, wenn man bei einem deutlich wahrnehmbaren Wechsel der Oberflächenkontur eine scharfe Abgrenzung beibehalten möchte. Man kann so auch mit der SDR beim Schalendrehen verfahren, wenn der Schnitt am Rand beginnt, ebenso bei Spitzkehlen, Zapfen oder beim senkrechten Abstechen eines Rands oder einer Unterseite. Auch Flanken und Anfasungen, rechtwinkliges Formen eines Langholzendes mit dem Flachmeißel oder der Flachröhre und Kehlschnitte mit der Flachröhre sollte man so einstechen. In dem Moment, in dem die Schneide erstmalig das Holz berührt, ist die Fase nicht unterstützt. Dies sollte die Stützhand durch einen festen Griff gegen die Auflage gewährleisten. Sowie die Fase das Holz berührt hat, kann die Unterstützung seitens der Hand nachlassen.

Direkter Einstich

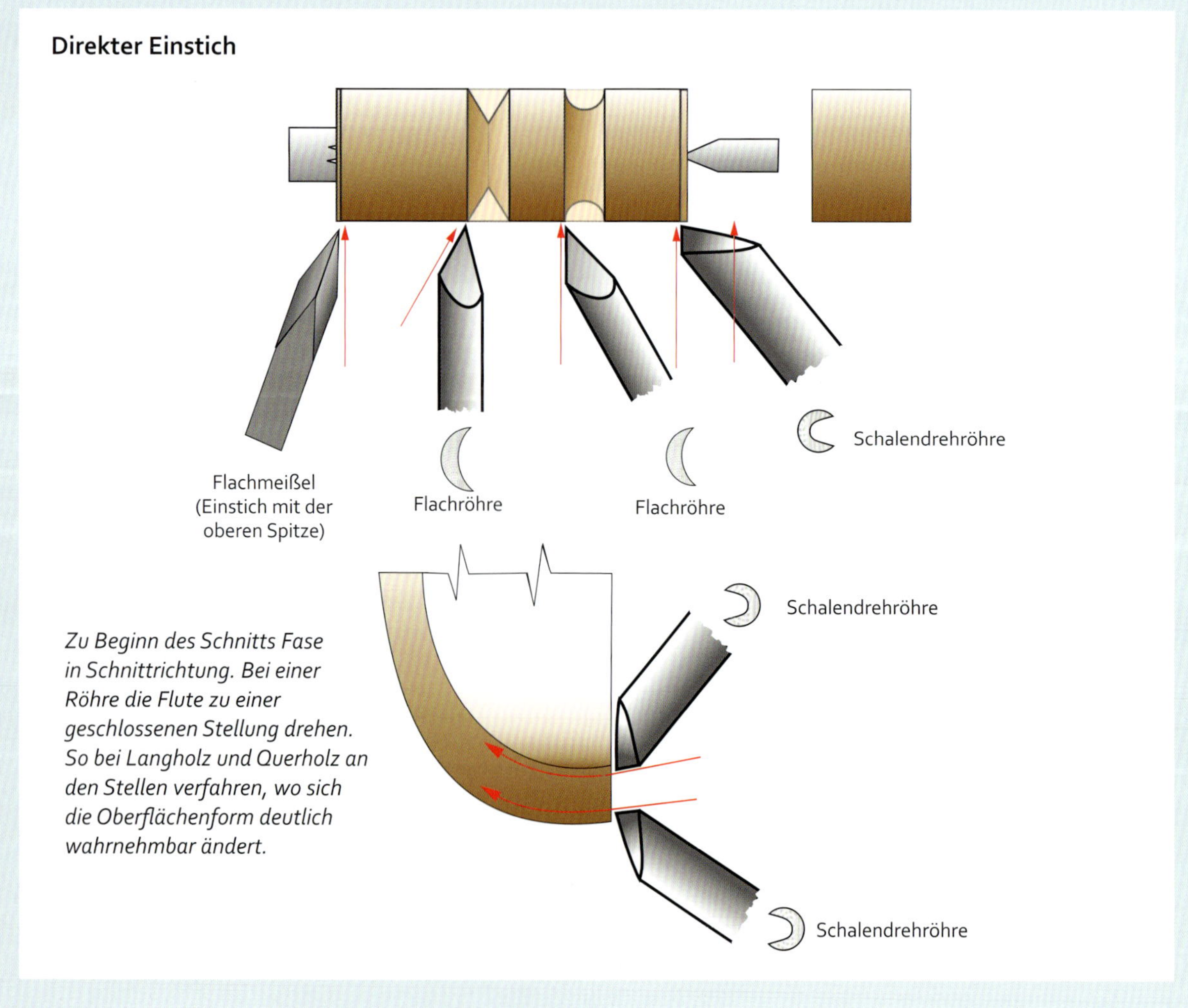

Zu Beginn des Schnitts Fase in Schnittrichtung. Bei einer Röhre die Flute zu einer geschlossenen Stellung drehen. So bei Langholz und Querholz an den Stellen verfahren, wo sich die Oberflächenform deutlich wahrnehmbar ändert.

Fließender Einstich Auch hier berührt die Schneide als Erste das Holz, die Fase aber anschließend nicht, genauso wie beim Schaben mit jedwedem Werkzeug. Die Schneide gleitet über das Holz und berührt es mit leichtestem Druck und wird in dieser Weise über die Fläche geführt (etwa so wie ein landendes Flugzeug). Die Hand liegt auf der Auflage auf und greift das Werkzeug mit den Fingern fest und dennoch locker. So verfährt man sowohl beim normalen Schaben, bei dem das Werkzeug flach auf der Auflage liegt, als auch beim schneidenden Schaben.

Einstichtechnik

Das Einstechen des Werkzeugs ist der kritischste Teil jedweden Schnittes. Gleich welches Werkzeug und welche Methode Sie einsetzen, sollte also das Werkzeug so lange wie möglich mit dem Holz in Berührung bleiben. Schneiden Sie beim Schruppen mit der Langholzschruppröhre in beide Richtungen und erzeugen Sie eine fließende und rhythmische Bewegung. Beim nicht unterstützten Schnitt mit der Schalendrehröhre müssen Sie das Werkzeug am Ende des Schnitts über die Fläche zurückführen. Das Werkzeug kommt an den Ausgangspunkt zurück und kann dieselbe Bewegung abermals ausführen. Bei schabenden Schnitten führen Sie das Werkzeug über die Fläche fließend hin und her, ohne den Kontakt zum Holz zu verlieren. Bei einem fließenden und rhythmischen Ablauf stellt sich das fertige Werkstück schnell ein.

Fließender Einstich

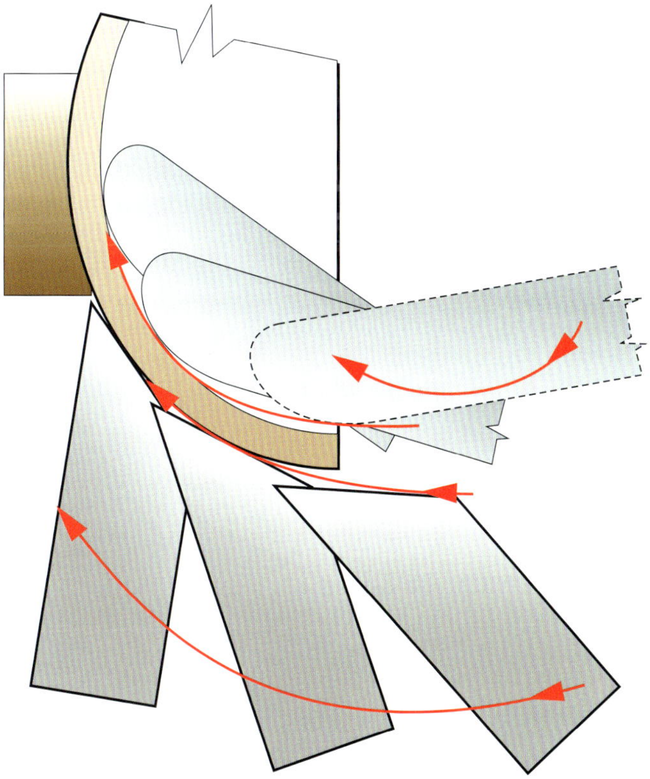

Stechen Sie bei allmählichen Übergängen oder beim Glätten der Oberfläche mit einem Schaber fließend ein.

Werkzeugführung

Die Werkzeugführung ist das A und O des Drechselns. Sie bedeutet, genau zu wissen, wie man das Werkzeug handhabt und es auf seinem Weg durch das Holz führt, damit schließlich die gewünschte Form entsteht. Unter diesem Aspekt gibt es zwei Werkzeugarten, die man unterschiedlich führt: Bei Röhren und Meißeln liegt die Fase am Holz an und beim Schaber die Schneide.

Röhren und Meißel

Die Führung einer Röhre oder eines Meißels erfolgt, indem die Fase hinter der Schneide in Schnittrichtung Kontakt mit dem Holz bekommt. Sie setzt sich aus zwei Elementen zusammen: den Kräften, die auf das Werkzeug wirken und der Richtung, in die die Fase zeigt.

Kräfte Wenn man mit der Führungshand auf den Werkzeuggriff Kraft aufbringt, entstehen zwischen der Werkzeugfase und der gedrechselten Holzoberfläche zwei Arten von Kräften. Erstere nenne ich **Stabilitätskraft**, die im 90°-Winkel zur Fase wirkt und die Fase am Holz hält. Die andere ist die **Vorschubkraft**, die parallel zur Fase wirkt und das Werkzeug durch das Holz führt.

A Am Beispiel der SDR mit flacher Fase kann man sich dieses Prinzip am besten verdeutlichen. Man bringt die Fase in Schnittrichtung. Drückt man mit der Führungshand auf den Griff, schneidet das Werkzeug in die Richtung, in die die Fase zeigt. Da der Fasenwinkel 45° beträgt, sind beide Kräfte gleich.

Kräftegleichgewicht zwischen Führungs- und Stützhand bei verschiedenen Schnitttiefen

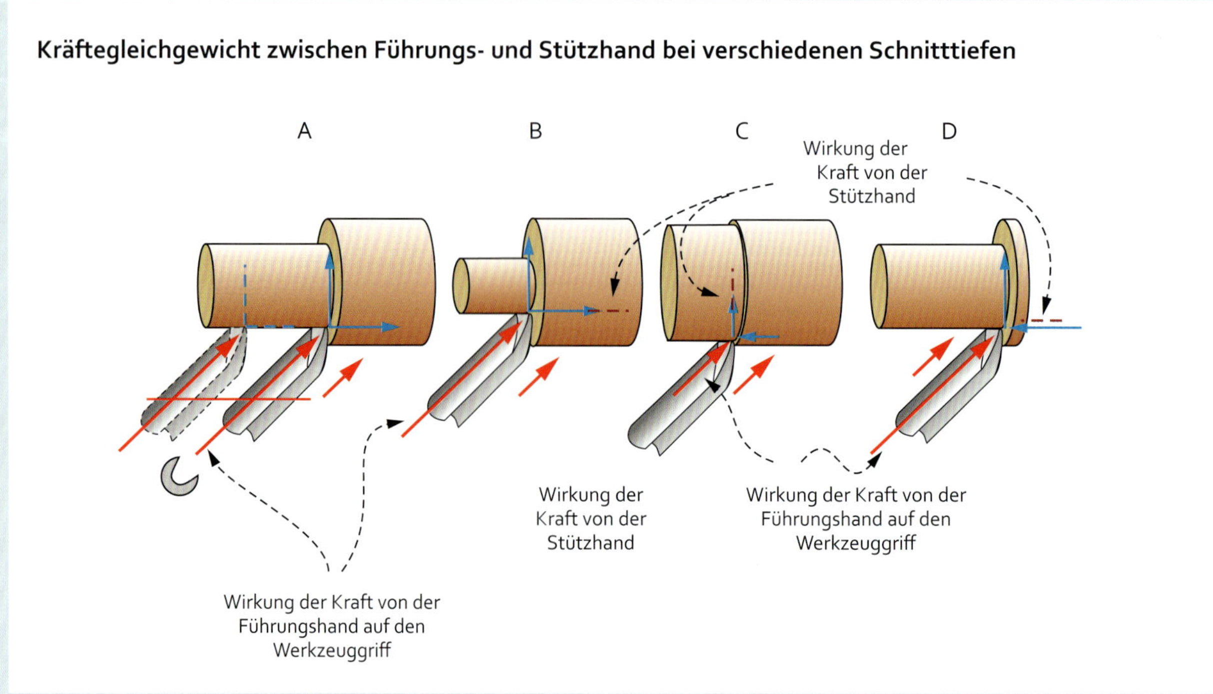

Auswirkung des Fasenwinkels auf das Gleichgewicht von Vorschub- und Stabilitätskraft

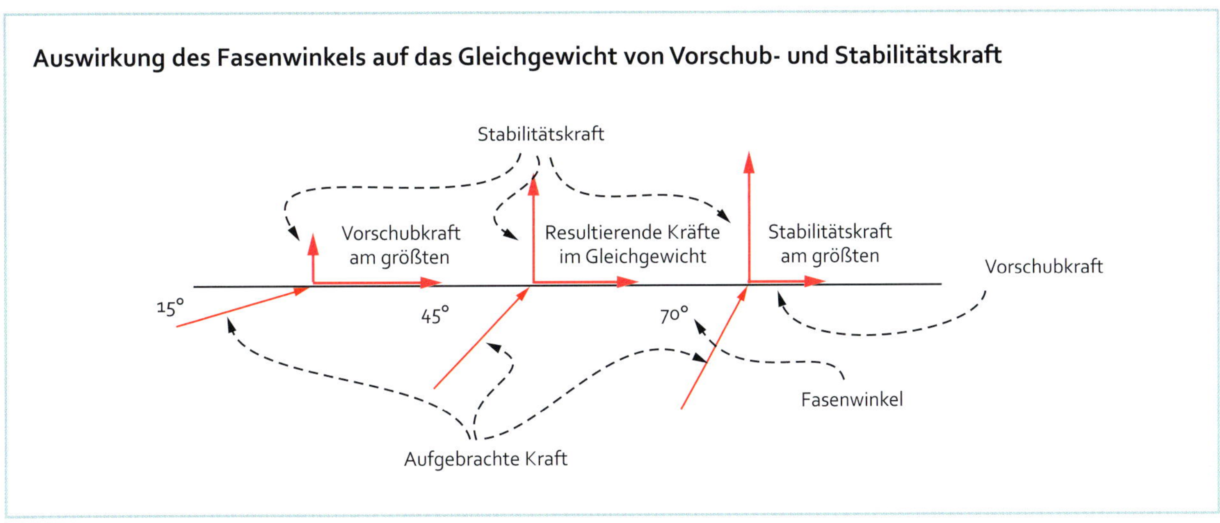

B Bei einem normalen Schnitt von etwa 3-6 mm Tiefe ist das Kräftegleichgewicht ungefähr gleich und für den Schnitt ist nur die Kraft auf den Werkzeuggriff erforderlich. Tiefere Schnitte erfordern eine stärkere Vorschubkraft. Erhöht man jedoch die Kraft auf den Werkzeuggriff, steigt auch die Stabilitätskraft, durch die die Fase größeren Druck auf das Holz ausübt. Dieser Druck kann so stark werden, dass weiche Fasern unter der Fase gedrückt werden und harte Fasern die Fase wieder hinausdrücken. So kommt es zu Schwingungen, die auf der Holzoberfläche sichtbar sind. Um dies bei tieferen Schnitten zu vermeiden, bringt man mit der Stützhand zusätzliche Vorschubkraft in Schnittrichtung auf.

C Umgekehrt verringert eine Reduzierung der Vorschubkraft für einen feineren Schnitt dagegen die Stabilitäts-kraft bis zu dem Punkt, an dem sie nicht mehr ausreicht und es zum Kontrollverlust kommt. Zur Aufrechterhaltung der Stabilität drückt man mit der Stützhand die Fase auf das Holz.

D Zur Verlangsamung eines Schnitts, was in der Regel am Ende eines Schnittes geschieht, um die Kontrolle zu behalten, hält die Führungshand den Druck aufrecht, während die Stützhand in entgegengesetzter Richtung zum Vorschub Druck aufbringt und den Schnitt verlang-samt. Auf diese Weise beendet das Werkzeug den Schnitt ohne auszubrechen.

Die Kräfteverteilung in Vorschub- und Stabilitätskraft hängt vom Fasenwinkel ab. Verwendet man einen Flachmeißel mit einer 15°-Fase, wird die Stabilitätskraft kaum vom Druck auf den Werkzeuggriff übertragen, sondern durch die Stützhand. Führt man die LSR im rechten Winkel an das Holz heran wird, übt die Führungshand lediglich Stabilitätskraft aus und sämtliche Vorschubkraft kommt von der Stützhand.

Im rechten Winkel an das Holz herangeführte Langholzschrupppröhre

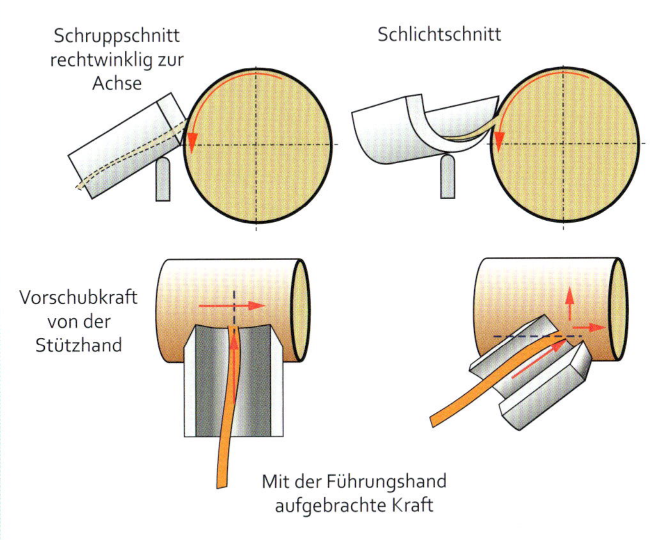

Richtung Erfolgt der Kontakt der Fase hinter der Schneide, läuft das Werkzeug in die Richtung, in die die Fase zeigt. Führt man das Ende des Werkzeuggriffs mit derselben Geschwindigkeit wie die Werkzeugschneide und zeigt die Fase dabei weiter in dieselbe Richtung, schneidet das Werkzeug gerade. Schwenkt man den Griff, ändert sich die Richtung, in die die Fase zeigt, und somit auch die Schnittrichtung.

Die folgende Abbildung zeigt die Schnittrichtung der SDR. Im ersten und fünften Abschnitt bewegt sich der Werkzeuggriff in derselben Geschwindigkeit wie die Schneide, sodass ein Längsschnitt entsteht. Im zweiten Abschnitt schwenkt der Griff im weiteren Schnittverlauf langsam nach vorn, sodass eine konvexe Rundung entsteht. Im dritten Abschnitt schwenkt der Griff nach hinten, sodass eine konkave Rundung entsteht. Im vierten Abschnitt entsteht durch erneutes Schwenken des Griffs nach vorn eine weitere konvexe Rundung.

Das Schwenken des Griffs, das eine ausladende Bewegung darstellt, ist wunderbar geeignet, um beispielsweise an Schalen große Kurven zu drechseln. Bei kleineren Details, wie Rundstäben und Hohlkehlen, wird das alleinige Schwenken des Griffs zu einer sehr unbeholfenen Bewegung. Hier sollten also die Flachröhre mit Fingernagelanschliff und der Flachmeißel zum Einsatz kommen. Bei beiden Werkzeugen arbeitet die Schneide, wenn der Griff rechtwinklig zum Holz gehalten wird, schneidend und die Fase berührt das Holz hinter der Schneide. Schon ein kleiner Dreh des Werkzeuggriffs ändert die Fasenrichtung und somit die Schnittrichtung. Die Ausprägung der Rundung, die mit einem kleinen Dreh erzielt werden kann, hängt vom Fasenwinkel ab (sofern man mit der Schneide des Flachmeißels arbeitet und nicht mit der Spitze). Drechseln Sie eine Rundung mit dem Flachmeißel mit einem Fasenwinkel von 15° und einem Schneidwinkel von 60°. Halten Sie den Werkzeuggriff

Bestimmung der Schnittrichtung durch Schwenken des Werkzeuggriffs am Beispiel der Schalendrehröhre

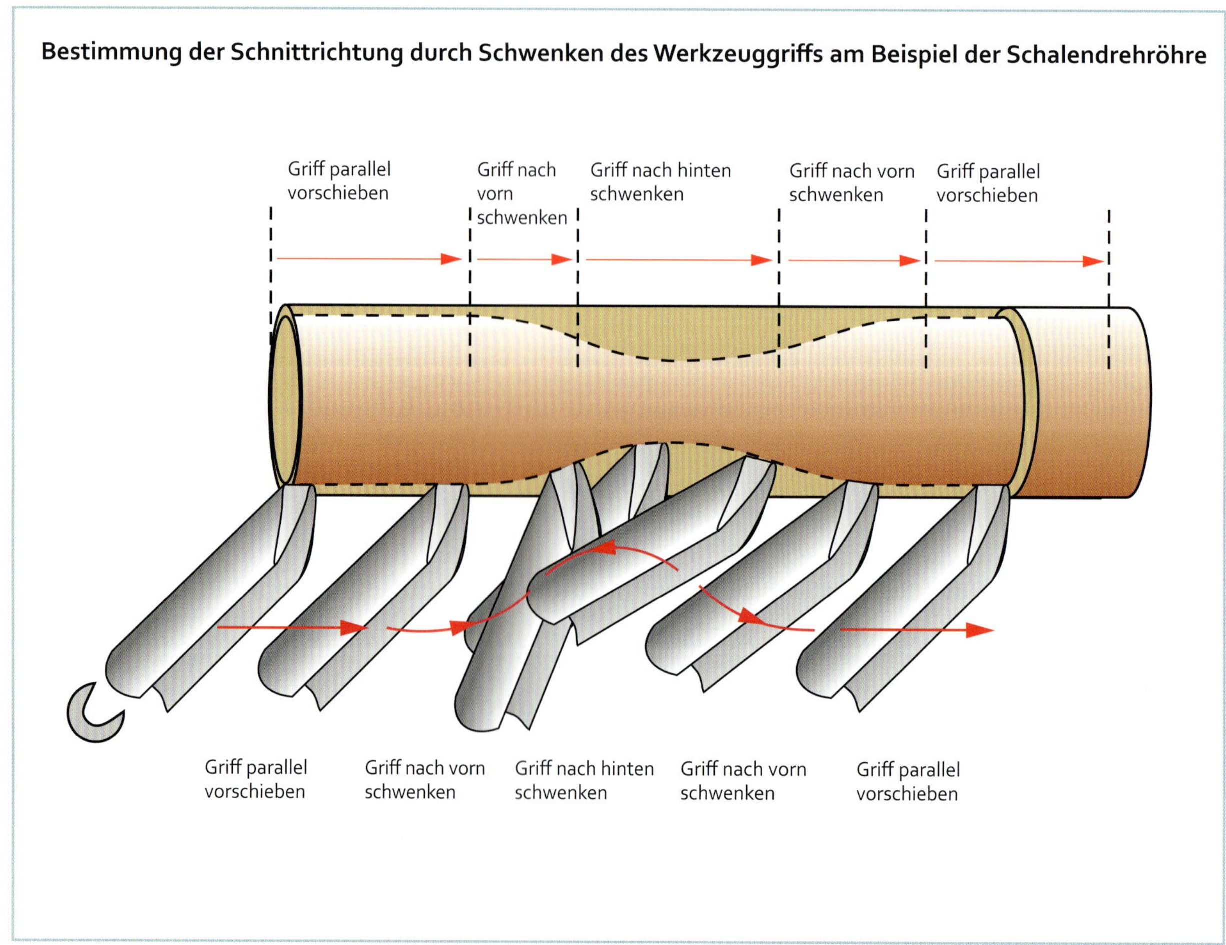

Rundungen drechseln

Draufsicht

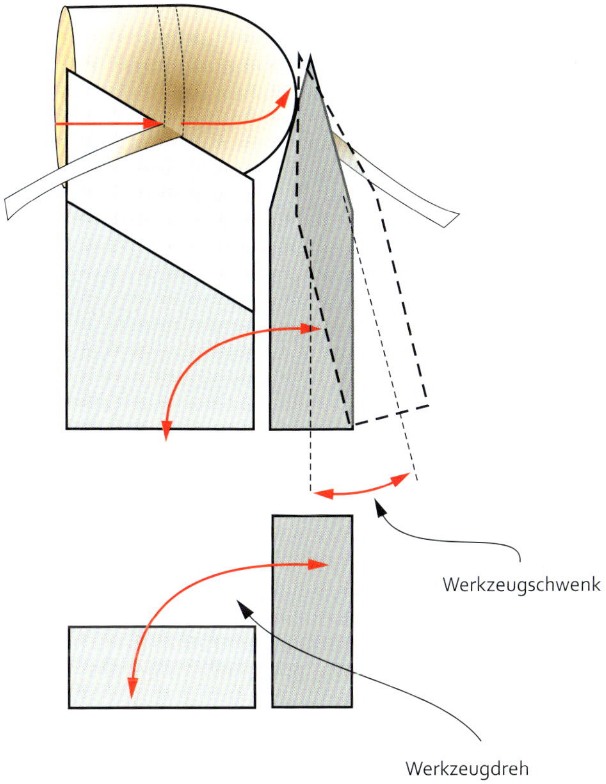

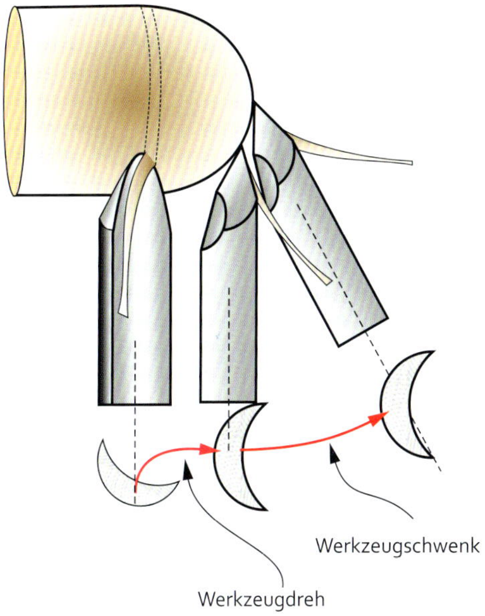

Ansicht von der Stirnseite

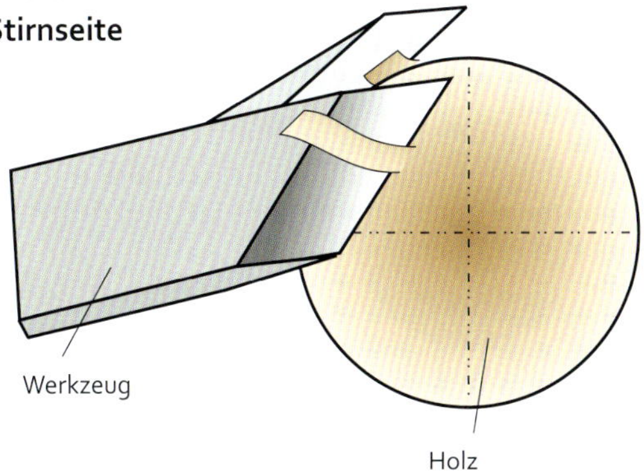

Flachmeißel

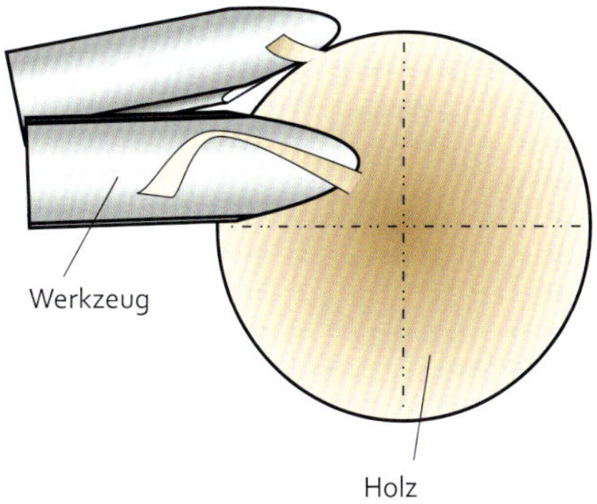

Flachröhre

Bewegung der Flachröhre beim Drechseln einer Hohlkehle

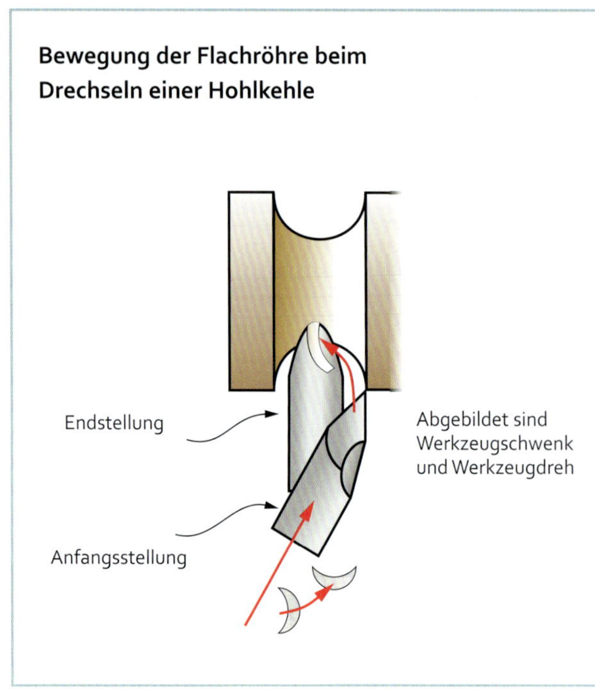

rechtwinklig zur Achse und die Fase flach auf das Langholz, führen Sie das Werkzeug nach vorn, und drehen Sie es gleichzeitig, damit es schneidet, bis das Werkzeug senkrecht ist. So entsteht eine 75°-Rundung. Für die weiteren 15° muss das Werkzeug beim Drehen um 15° geschwenkt werden.

Führt man den gleichen Schnitt mit einer Flachröhre aus, die einen Fasenwinkel von 30° hat, entsteht durch das Schwenken nur eine 60°-Rundung. Für eine 90°-Rundung muss der Griff um 30° geschwenkt werden. Lediglich Werkzeuge mit einem Fasenwinkel von 0° braucht man nicht zu schwenken, dann jedoch wird das Werkzeug unflexibel.

Eine mit einer Flachröhre gedrechselte Hohlkehle ist fast das Gegenstück zu einer konvexen Rundung. Das Werkzeug sticht mit der Fase im 90°-Winkel zur Achse direkt ein. In der Endstellung befindet sich das Werkzeug flach auf dem Rücken liegend im 90°-Winkel zur Achse. Die Bewegung ab der Anfangsstellung erfolgt, indem man das Werkzeug um 90° dreht und um einen Fasenwinkel von 30° schwenkt. Ich muss gestehen, dass ich es einfacher finde, Hohlkehlen mit einer Flachröhre mit einem 20°-Fasenwinkel zu schneiden, da man hier mehr Kontrolle bei geringerem Werkzeugschwenk hat.

Schaber

Der Schaber berührt das Holz nicht mit der Fase, sondern nur mit der Schneide. Hier gibt es keine Führungsfläche wie bei der Röhre oder dem Meißel. Der Schaber geht in jede Richtung, in die man ihn mit der linken oder rechten Hand zieht oder schiebt. Während die Führungshand das Gewicht des Griffes trägt und ihn schwenkt, kann man mit der einen oder anderen Hand den je nach Schnitt erforderlichen Vorschub und die entsprechende Bewegung ausführen. Die Stabilität wird gewährleistet durch das Gewicht des Werkzeugs und den Kontakt der Führungshand mit der Auflage (sowie natürlich durch eine stabile, dynamische Körperhaltung).

Allgemeine Formen In den Fällen, in denen die Schneide relativ rechtwinklig zum Werkzeug verläuft, leistet die Stützhand den Vorschub. In den Fällen, in denen die Schneide sehr schräg zur Werkzeugachse verläuft, kann man mit der einen oder anderen Hand Vorschubkraft leisten.

Formtreue Die gewünschte Form wird zunächst dadurch erreicht, dass man einen Schaber verwendet, dessen Schneidenform der zu drechselnden Form nahe kommt. Je größer das Werkzeug, desto besser (natürlich mit Augenmaß). Eine gute Breite ist 38 mm. Durch Schwenken des Griffs beim Werkzeugvorschub kontrolliert man die entstehende Form. Hierzu ist ziemlich viel „Gefühl" erforderlich.

Spezielle Formen Rundstäbe und Hohlkehlen lassen sich mit speziell geformten Schabern drechseln, indem man das Werkzeug einfach in das Holz drückt.

In Faserrichtung arbeiten

Wenn man Holz schneidet, muss das Werkzeug, um eine saubere, glatte Oberfläche zu erzeugen, „mit der Faser laufen". Für den Anfang ist das generell ein gutes Prinzip, aber es gibt Situationen, in denen man nur schwer oder gar nicht genau mit der Faser schneiden kann. Um auch in solchen Fällen eine saubere Oberfläche zu erhalten, ist es hilfreich, über Faserverlauf und Schnittrichtung Bescheid zu wissen.

Idealerweise wird Holz längs zur Faser geschnitten, das ist der Faserverlauf, der sich ergibt, wenn man das Holz aus dem Stamm spaltet. In einem solchen Fall kann das Holz in die eine oder andere Richtung mit der Faser geschlichtet werden, und es entsteht eine glatte, saubere Oberfläche (A und B). Schlichtet man das Holz quer zur Faser, wird die Oberfläche rau (C).

Verläuft die Faser nicht in Längsrichtung, kann der Schnitt dennoch im Faserverlauf verlaufen, damit man eine glatte Oberfläche erhält, jedoch nur in einer Richtung (D). Wenn Sie versuchen, in die entgegengesetzte Richtung zu schneiden, schneiden Sie gegen die Faserrichtung. Ein solcher Schnitt ist schwer auszuführen und die Oberfläche wird sehr rau (E). Auch hier führt das Schneiden quer zur Faser zu einer schlechten Oberflächenqualität (F).

Bei einem welligen Faserverlauf mit Richtungsänderungen gibt es glatte Bereiche und solche mit sehr rauer Oberfläche, wenn man einen Schnitt in die eine oder andere Richtung mit der Faser ausführt. Insgesamt kommt man mit der Oberfläche nur sehr schwer zurecht. In einem solchen Fall würde ein Möbelschreiner den Hobel (Hobeleisen) bis zu 45° anwinkeln und wieder mit der Faser schneiden (G).

Das gleicht die Qualität der Oberfläche aus, es verbessert die Qualität des rauen Bereichs erheblich, während es die Qualität der glatten Oberfläche nur geringfügig verschlechtert.

Eine interessante Anmerkung in diesem Zusammenhang: Verändert wurde nur der Winkel, in dem die Schneide in Bezug auf den Faserverlauf angesetzt wird, nicht die Laufrichtung der Schneide. Das ist für den Drechsler von Bedeutung, denn in gleicher Weise ist es die Richtung, in die die Schneide in Bezug auf den Faserverlauf zeigt, die die Qualität der gedrechselten Oberfläche ausmacht und nicht die Richtung, in die die Schneide (oder das rotierende Holz) läuft.

Ein weiterer Fall, in dem die Faser nicht parallel zu der zu schneidenden Oberfläche verläuft, liegt bei einer Anfasung vor. Auch hier erhält man eine saubere Oberfläche nur, wenn man in eine Richtung schneidet (H). Schneidet man in entgegengesetzter Richtung, ist die Oberflächenqualität schlecht (I).

Schneiden von Längsholz mit Meißel oder Hobel

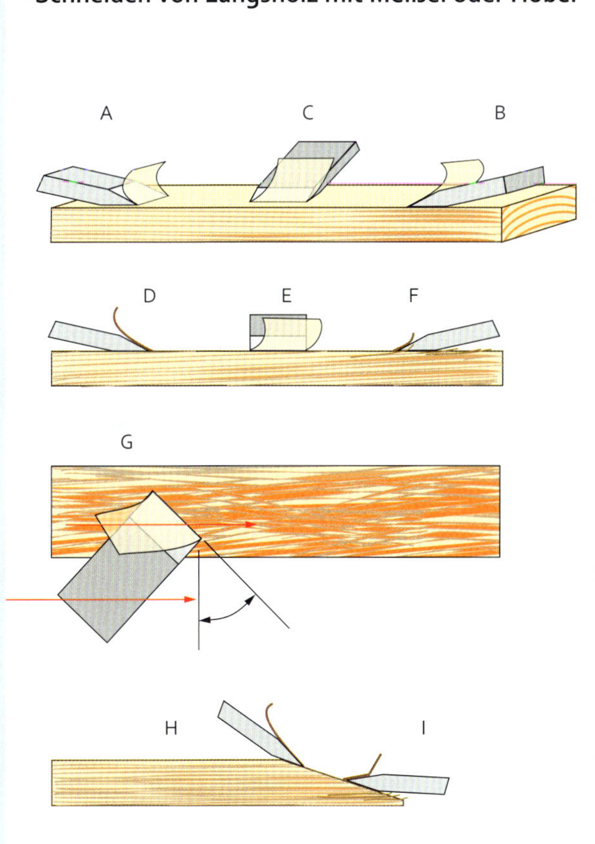

Langholzdrehen

Verläuft die Faserrichtung des Holzes parallel zur Drehbankachse, muss die Schneide in Faserrichtung zeigen, um eine saubere, glatte Oberfläche zu produzieren (A und B). In dieser Stellung zeigt die Schneide an keiner Stelle zum rotierenden Holz und daher erfolgt keinerlei Holzabtrag. Befindet sich die Schneide parallel zur Drehbankachse (C), zeigt die Schneide überall zum rotierenden Holz. In dieser Stellung wird viel Holz abgetragen. Da die Schneide jedoch quer zur Faser zeigt, wird die Oberfläche rau. Um eine saubere, glatte Oberfläche zu erzeugen, schwenken Sie die Schneide so, dass sie sich etwa in einem 45°-Winkel zur Drehbankachse befindet und schneiden dann entlang des Längsholzes. Hierbei handelt es sich um schneidendes Abschälen im 45°-Winkel. In Fällen, in denen die Faser bei rotierendem Holz nicht parallel zur Oberfläche verläuft, wird eine Seite mit der Faser und eine Seite gegen die Faser geschnitten, was sich mit der Änderung der Werkzeugrichtung umkehrt. Den Scherwinkel kann man zur Optimierung der Oberflächenqualität verändern.

Dort, wo sich der Durchmesser verändert, wie bei einer Anfasung, sollte das Werkzeug vom größeren Durchmesser weg zum kleineren Durchmesser hin zeigen, damit es in Faserrichtung schneidet. Zeigt es in die entgegengesetzte Richtung, wird die Oberfläche rau.

Auswirkung von Faser- und Werkzeugrichtung auf die Schnittqualität beim Langholzdrehen

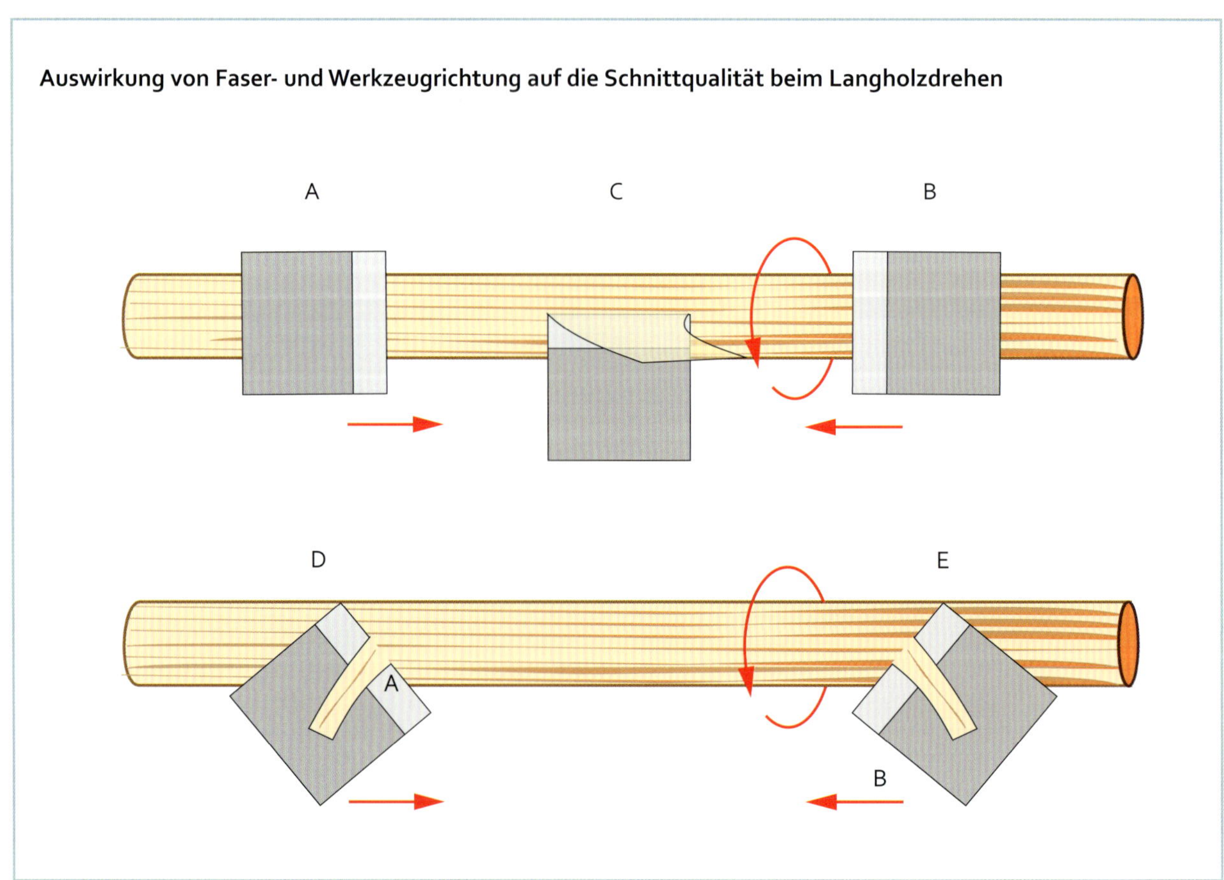

Auswirkung von Faser- und Werkzeugrichtung auf die Schnittqualität beim Querholzdrehen

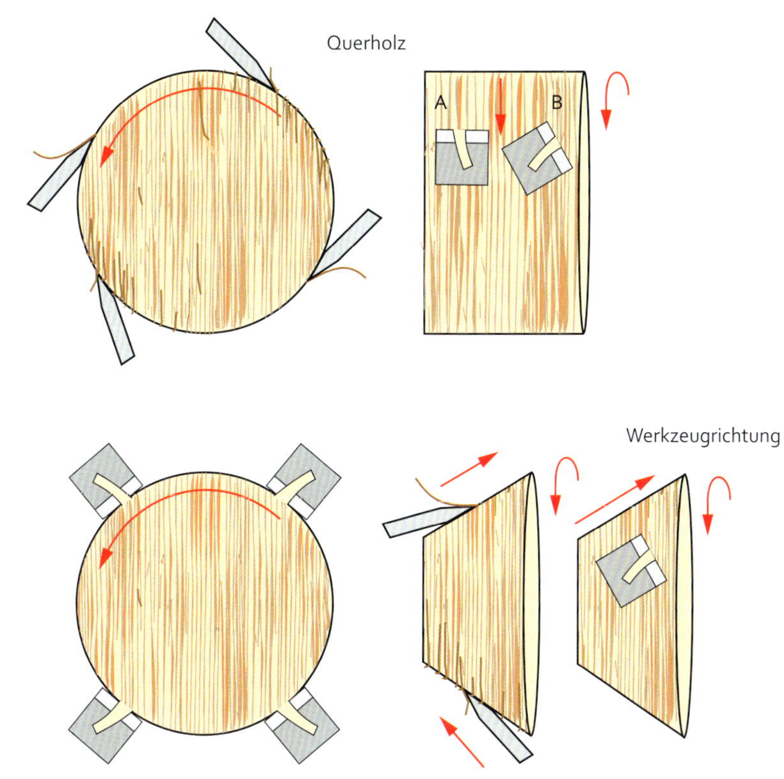

Querholzdrehen

Quer zur Faser zu schneiden, ist etwas völlig anderes als das Langholzdrehen. Führt man mit dem Werkzeug einen Abschälschnitt aus, erhält man bei dem sich ändernden Faserverlauf rund um das Längsholz ständig andere Ergebnisse. Das heißt, man schneidet von direkt mit der Faser bis hin zu direkt gegen die Faser. Bringt man den Scherwinkel auf 60°, zeigt das Werkzeug in Faserrichtung, was die Oberfläche insgesamt glättet und verbessert.

Indem man die Schneide zum schneidenden Abschälen schwenkt, verbessert man die Schnittqualität insgesamt erheblich. Schalen mit parallelen Seiten sind jedoch selten. Die V-Form ist für eine Schale repräsentativer. Auch hier verbessert man durch Schwenken der Schneide zum schneidenden Abschälen die Oberfläche, jedoch nur, wenn sie in Richtung des größeren Durchmessers zeigt. Ähnliche Qualitätsverbesserungen kann man hinsichtlich der Oberfläche erzielen, wenn man mit dem Schaber schneidend schabt. Umgekehrt sollte das Werkzeug im Inneren von Querholzobjekten vom großen zum kleinen Durchmesser zeigen.

Tipp

Vergessen Sie nicht, dass die Oberflächenqualität von der Richtung, in die das Werkzeug zeigt, und nicht von seiner Vorschubrichtung abhängt. Die Oberflächenqualität hängt bei jedwedem Holzstück davon ab, wie die Faser im Holz verläuft. Durch Verändern des Scherwinkels der Schneide kann man dies ausgleichen.

Holz aufspannen

Beim Arbeiten auf einer Drechselbank, die mit Drehzahlen von bis zu 2500 U/min laufen kann, muss man dafür sorgen, dass das Holz sicher auf der Maschine gehalten wird und keine Möglichkeit hat herauszuschleudern. Schon bei langsamerer Geschwindigkeit kann ein unrundes, schlecht fixiertes Holzstück in der Werkstatt zu einem unberechenbaren Geschoss werden. Die Spannmethode muss den Zugang rund um das Holz ermöglichen, damit Sie mit dem Werkzeug arbeiten können und sie darf keinen Einfluss auf das Design des Objekts ausüben. Viele Teile, vor allem Schalen und Dosen, müssen mit zwei oder drei verschiedenen Verfahren aufgespannt werden. Trotzdem darf das fertige Teil keine Spuren vom Aufspannen mehr aufweisen.

Zwischen den Spitzen

Zwischen den Spitzen wird hauptsächlich Langholz aufgespannt. Der Faserverlauf liegt entlang der Längsrichtung des Teils parallel zur Drehbankachse. Gedrechselt wird nur die Außenseite. Das Holz wird an beiden Seiten unterstützt, wodurch das Drechseln von langem, schlankem Langholz, wie Tischbeine, möglich wird. Auch Becher, Hirnholzschalen und Hohlgefäße kann man zwischen den Spitzen aufspannen.

Die Mitte an jedem Ende finden Sie mit einer Messlehre oder mit Lineal und Bleistift. Markieren Sie die Mitte mit einem Vorstecher mit runder, spitzer Spitze. Sie muss spitzer sein als Antriebs- und Mitnehmerspitze in Spindelkasten und Reitstock. Bei Weichholz können Sie den Rohling zwischen den Spitzen aufspannen, dann den Reitstock so lange festziehen, bis die Kanten der Antriebsspitze in das Holz eingedrungen sind und einen formschlüssigen Antrieb gewährleisten. Alternativ können Sie die Antriebsspitze auch auf der Werkbank mit dem Hammer auf den Rohling klopfen und so Kerben erzeugen, damit die Antriebsspitze kraftschlüssig in das Holz eindringt, ohne dass extremer Druck vom Reitstock erforderlich ist.

Oben *Mittenbestimmung bei einer Kantel mit den Fingern der Hand*

Rechts *Ankörnen der Mitte mit einem spitzen Vorstecher*

Rechts *Befestigen einer Planscheibe mit Akku-Schrauber und Ratsche*

Meine Lieblingsmethode zum Finden der Mitte einer Kantel arbeitet mit dem Sägen diagonaler Linien auf der Bandsäge. Legen Sie eine Kante des Rohlings in die Nut des Sägetisches, richten Sie die obere Kante mit dem Sägeblatt aus und sägen Sie eine flache Kerbe. Das Gleiche wiederholen Sie an der nächsten Kante. So finden Sie die Mitte, die Sie dann mit einem Vorstecher kennzeichnen. Falls Ihr Tisch keine Nut in einer Linie mit dem Sägeblatt hat, nehmen Sie ein Stück Sperrholz und sägen eine gerade Linie bis zur Hälfte. Schalten Sie die Maschine aus, drehen das Holz um und legen es so wieder hin, dass die Schnittkerbe vor den Zähnen liegt. Klemmen Sie es auf dem Tisch fest, und Sie können die Mitte für die Antriebsspitze anreißen.

Auf der Spindelkastenseite verwenden Sie bei größeren Teilen und Kanteln eine normale Vierzackspitze. Bei unregelmäßigen oder nicht rechteckigen Holzenden verwenden Sie eine Zweizackspitze, damit die Zacken gleichmäßig eindringen. Bei kleinen Teilen (bis zu 25 mm Durchmesser) nehmen Sie eine kleine Vierzackspitze oder eine gefederte Mehrzackspitze. Am Reitstockende verwenden Sie eine normale mitlaufende Körnerspitze bei Hartholz und eine normale mitlaufende Spitze mit Druckring bei Weichholz.

Langholzbohren

Im Folgenden wird beschrieben, welche Spitzen man für das Langholzbohren montiert. Am Reitstockende verwenden Sie für Weich- wie für Hartholz eine Spitze mit Druckring mit ausbaubarem Dorn. Nach dem Schruppen des Rohlings nehmen Sie den Dorn aus der Spitze heraus und bohren das Loch. Ersetzen Sie die Antriebsspitze durch einen Ansenker, und setzen Sie den Dorn in die Druckringspitze wieder ein. Drehen Sie das Teil um, und führen Sie das Loch auf den Bolzen des Senkers. Ziehen Sie den Reitstock fest an, sodass der Rand der Druckringspitze einen deutlichen Abdruck auf dem Holz erzeugt. Nehmen Sie nun den Dorn aus der Druckringspitze wieder heraus und spannen das Holz anhand des Randabdrucks wieder auf. Bohren Sie durch den durchbohrten Reitstock.

Planscheibe

Die Oberfläche des Rohlings muss eben sein. Nehmen Sie mindestens vier starke Schrauben, wie Kreuzschlitzschrauben, die je nach Rohlingsdimension tiefer als 13 mm eindringen. Markieren Sie die Lochmitten mit einem Vorstecher, und schrauben Sie die Schrauben dann mit einem Akku-Schrauber fest. Bei Teilen mit einem Durchmesser von mehr als 305 mm sollten Sie für besonders festen Halt Schlossschrauben mit Sechskantkopf verwenden.

Planscheibe

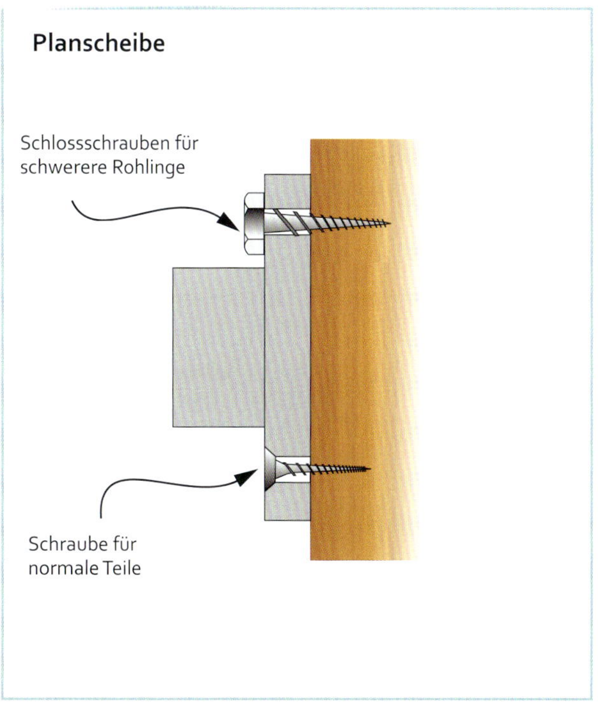

Schraubfutter

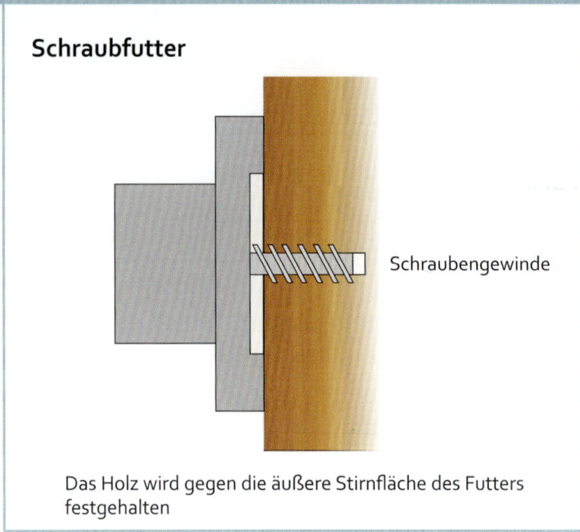

Das Holz wird gegen die äußere Stirnfläche des Futters festgehalten

Sich auf einem Zapfen zusammenziehende Klemmbacken

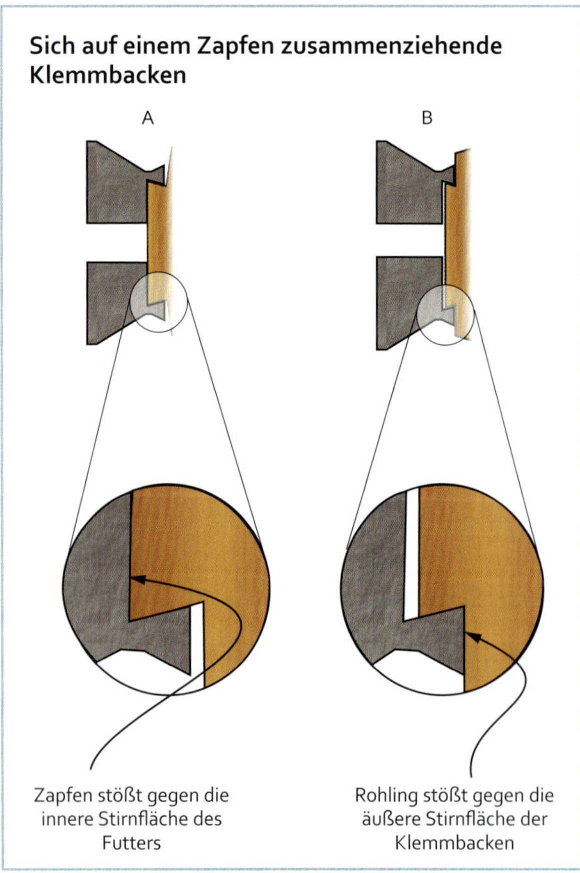

Zapfen stößt gegen die innere Stirnfläche des Futters

Rohling stößt gegen die äußere Stirnfläche der Klemmbacken

Schraubfutter

Achten Sie darauf, dass die an das Futter anschlagende Oberfläche des Rohlings hinreichend eben ist. Bohren Sie ein Loch von der Stärke der Futterschraube und etwas tiefer als deren Länge. Verriegeln Sie das Futter auf dem Spindelkasten, und schrauben Sie den Rohling fest auf das Futter.

Spannfutter mit Spannbacken

Spannbacken greifen auf einem Zapfen. Sie benötigen den Kontakt zu einer ebenen Oberfläche, um dem Werkstück Stabilität zu geben. Dieser Kontakt kann auf der Stirnfläche eines Zapfens gegeben sein, wenn der Zapfen länger ist als die Spannbacken (A) oder auf einer Abstufung am Zapfen, falls dieser kürzer ist als die Spannbacken (B). Die Form der Zinken am Zapfen ist wichtig. Idealerweise sollten sie zu den Spannbacken passen oder etwas weniger gezinkt sein. Sind sie stärker gezinkt, werden sie zunächst nur an der Zinkenkante gegriffen und brechen leicht aus. Das führt dazu, dass der Rohling im Futter Spiel erhält, aus der Flucht läuft oder sogar die Aufspannung insgesamt geschwächt wird.

Vorbereitung

Säubern Sie die Stirnfläche des Rohlings und reißen Sie den Durchmesser des Zapfens mit einem Bleistift an. Mit einer Schalendrehröhre schneiden Sie bis etwa 6 mm oberhalb des Zapfendurchmessers (C). Setzen Sie die Fase entweder parallel oder leicht schwalbenschwanzförmig (jedoch nicht stärker als die Backe des Futters) an. Schneiden Sie den Zapfen in zwei Schnitten. Versäubern Sie dann mit einem leichten Schnitt

Drechseln eines Zapfens mit verschiedenen Werkzeugen

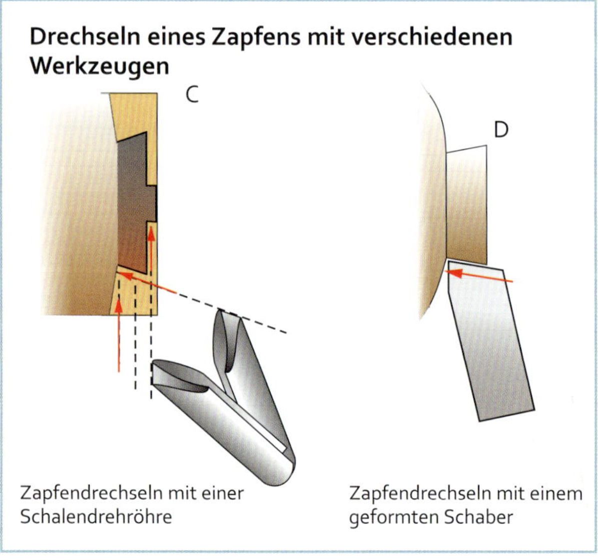

Zapfendrechseln mit einer Schalendrehröhre

Zapfendrechseln mit einem geformten Schaber

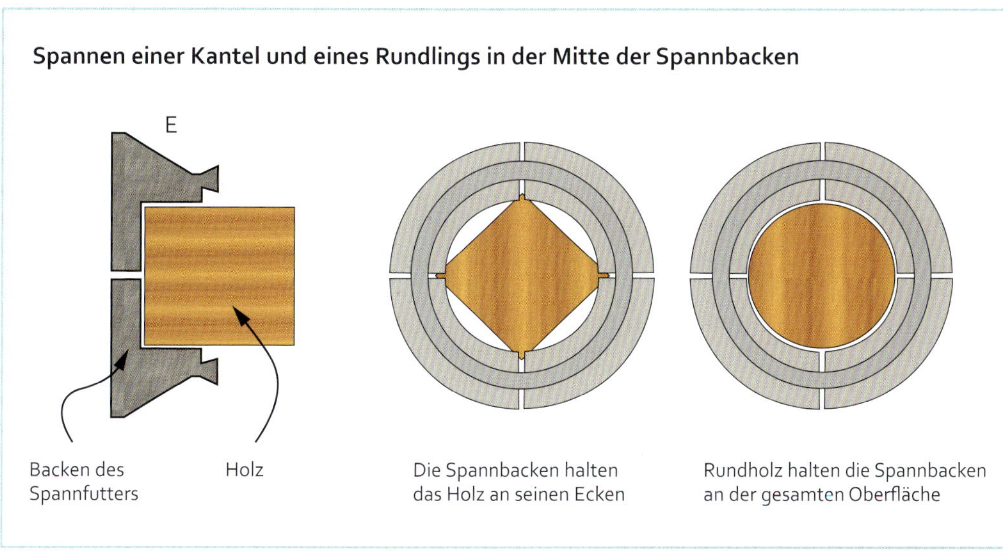

Unten *Einpassen eines Zapfens in ein Spannfutter*

die hintere Stirnfläche, falls der Zapfen kürzer als die Spannbacken ist. Alternativ formen Sie einen Schaber mit zwei Schneidseiten auf den Zinkenwinkel (D).

Einspannen

Die Spannbacken öffnen, bis der Zapfen leicht hineinpasst und mit seiner Stirnfläche anliegt. Drücken Sie ihn mit der rechten Hand weiter mittig hinein und schließen mit der linken Hand die Spannbacken. Abschließend das Futter mit beiden Händen festziehen.

Kurze Stücke Kant- oder Rundholz können auch direkt in ein Spannfutter mit langem Rezess eingespannt werden und benötigen keine besondere Vorbereitung. Dies ist ideal für Eierbecher, Türknäufe und Ähnliches (E).

Spreizfutter

Das Spreizfutter verwenden Sie bei Teilen mit einem großem Boden, wie Teller oder Tabletts, bei denen man aus Stabilitätsgründen um den Rezess viel Holz stehen lassen kann, ohne dass dadurch die Bodengröße bereits festgelegt wird.

Links *Rezess für ein Spreizfutter*

Detail eines Spannfutters, das mit dem Rücken gegen einen Rezess stößt

A

Spannbacken in einem Rezess

Rohling stößt gegen die Stirnfläche einer Spannbacke

Rezessdrechseln für Spreizbacken mit einem speziell geformten Schaber

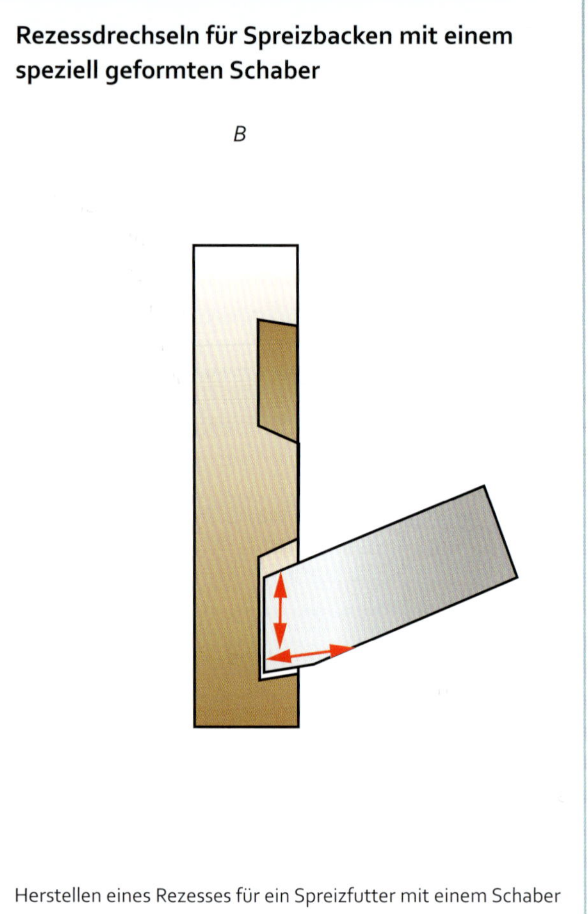

Herstellen eines Rezesses für ein Spreizfutter mit einem Schaber

Vorbereitung

Sobald der Boden ansonsten fertig bearbeitet ist, reißen Sie Außen- und Innendurchmesser der Spreizbacken an. Das Holz wird nur im Bereich zwischen diesen Markierungen abgetragen. Wiederum benötigen Sie Kontakt auf einer ebenen Fläche, um dem Werkstück Stabilität zu geben. In diesem Fall ist es die Stirnfläche der Spreizbacken am Boden des Rezesses (A).

Das Holz in dieser Nut lässt sich am besten mit einem speziell geformten Schaber entfernen, der an seinem Ende eine flache Kante und an der linken Seite einen Zinken hat (B). Diese Seite sollte etwas weniger gezinkt sein als die Spreizbacken, sodass das Futter am Boden des Rezesses greift. Schneiden Sie die Nut mit leichten Schnitten je nach Werkstückgröße bis zu 3–6 mm tief, und hinterschneiden Sie dann den Zinken.

Da dies wahrscheinlich schon der fertige Boden ist, sollten Sie die Ecke des Zinkens etwas brechen und den Mittenbereich des Teils etwas verzieren. Schleifen und Oberflächenmittel auftragen. Dann ist das Werkstück zum Aufspannen fertig.

Einspannen

Bringen Sie das Werkstück mit beiden Händen über den Spreizbacken in die richtige Lage. Halten Sie es dann mit einer Hand, während die andere die Spreizbacken öffnet. Spreizen Sie so lange, bis es fest sitzt, doch nicht zu sehr, da sonst das umgebende Holz bersten könnte.

Stiftfutter

Ich verwende für Naturrandschalen, bei denen es keine ebene Fläche zum Einspannen gibt oder für große, flache Schalen als Alternative zu einer Planscheibe ein Stiftfutter.

Vorbereitung

Nehmen Sie zum Bohren eines passgenauen Loches einen Sägezahn- oder Forstner-Bohrer. Prüfen Sie, ob der Bohrer scharf ist. Stellen Sie den Tiefenanschlag so ein, dass der Bohrer weit genug hineingeht und der Verriegelungsbolzen gegen massives Holz stößt. Bohren Sie in einem Bohrgang und mit langsamer Geschwindigkeit ein sauberes, genaues Loch.

Einspannen

Verriegeln Sie den Spindelkasten so, dass die ebene Fläche des Stiftfutters nach oben zeigt und horizontal liegt. Setzen Sie den Verriegelungsbolzen in die Mitte. Drücken Sie den Rohling über die Bolzen, ohne ihn zu verdrehen. Sobald er an seinem richtigen Platz ist, drehen Sie den Rohling so lange gegen die Drehrichtung der Drechselbank, bis er fest auf dem Futter sitzt.

Um das Werkstück wieder abzunehmen, müssen Sie die Spindel wieder arretieren und es dann so weit in die Drechselrichtung drehen, bis es lose ist und sich abnehmen lässt.

Spundfutter

Spundfutter verwendet man, um eine Schale innen (oder außen) am Rand aufzuspannen und es so zu ermöglichen, den Boden zu drechseln und fertig zu bearbeiten. Das Futter muss genau auf die Schale angepasst werden. Drechseln Sie einen Zapfen mit einem leichten Führungskonus vorne. Halten Sie den Rand der Schale an den Konus. Sobald sie nahezu auf den geraden Zapfenteil passt, genügt ein kleiner Schlag, um den Rand auf den Zapfen zu drücken. Sollte die Schale etwas locker sitzen, wickeln Sie etwas Papier oder Stoff um den Zapfen, damit die Passung enger sitzt.

Verriegeln eines Rohlings auf einem Stiftfutter

Das Holz gegen die Laufrichtung der Drehbank drehen, um den Bolzen zu verriegeln

In die Laufrichtung der Drehbank drehen, um zu entriegeln

Einschlagfutter

Das Werkstück wird in einer konisch geformten Fläche gehalten. Das Futter muss nicht genau passen, es spannt über einen kleinen Durchmesserbereich. Ich verwende diese Art Futter zum Einspannen von Äpfeln aus Holz. Das Werkstück wird mit der Handfläche in das Futter gedrückt. Dadurch, dass das Futter etwas nachgibt, erhöht sich die Spannkraft zusätzlich. Zum Herausnehmen des Apfels benötigen Sie meist eine Auswurfstange (achten Sie darauf, dass das Futter ein Loch hat).

Klotz aus Abfallholz

Dieser wird auf den Rohling geleimt und zum Einspannen verwendet. So muss man nichts vom guten Holz opfern. Spannen Sie einen Schalenrohling mittels einer Planscheibe an seiner Oberseite auf. Formen Sie grob die Schalenkontur und erzeugen Sie am Boden einen flachen Bereich. Es ist egal, welchen Leim Sie benutzen, lassen Sie ihm jedoch Zeit zum Abbinden. Falls der Leim stark ist, macht es eventuell Sinn, etwas Packpapier zwischen die zu leimenden Flächen zu legen, damit man sie später leichter wieder trennen kann. Drechseln Sie in den Abfallklotz einen sehr kleinen Rezess, um die Planscheibe mittig setzen zu können, damit das Teil ziemlich rund läuft, wenn es wieder aufgespannt wird. Alternativ können Sie an den Abfallklotz einen Zapfen drechseln und das Teil dann in Klemmbacken spannen, auch dies, um teures Holz zu sparen. Nach dem Drechseln stechen Sie den Abfallklotz ab.

Spundfutter und Einschlagfutter

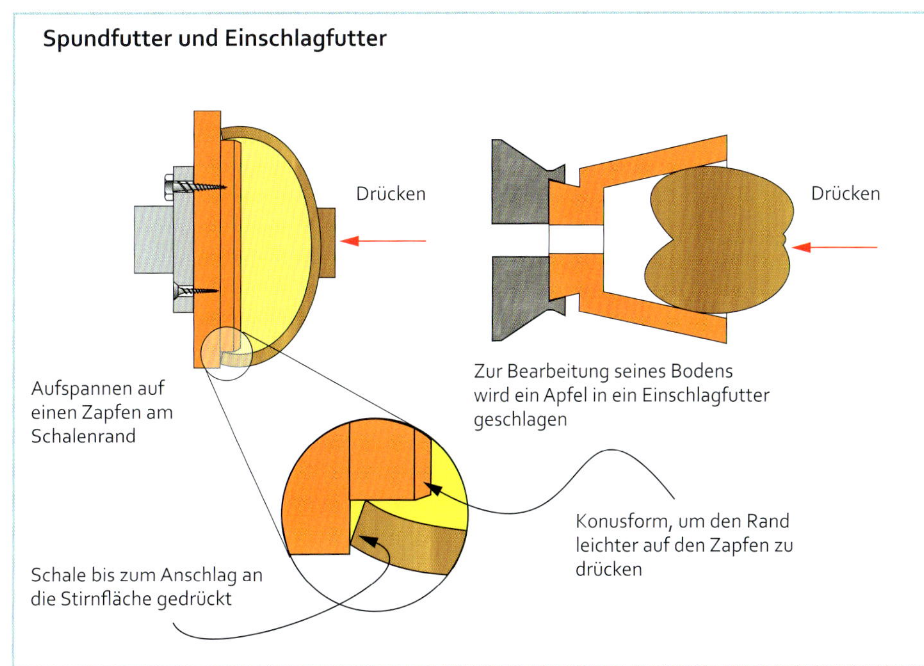

Unten rechts *Spundfutter: Schale auf einem Zapfen an ihrem Rand einspannen. Einschlagfutter: Apfel, zum Bearbeiten der Unterseite in das Futter hineingedrückt*

Werkzeug schärfen

Steht Ihr Schärfsystem neben der Drechselbank, ist die Arbeitshöhe bequem, sind die richtigen Schleifscheiben montiert und die richtige Schleifauflage, dann sind Sie bereit zum Schärfen Ihrer Werkzeuge.

Abrichten der Scheibe

Zunächst gilt es, die Oberfläche der Scheibe zu prüfen und gegebenenfalls abzurichten. Tun Sie dies regelmäßig, damit die Scheibe sauber, scharf und in Form bleibt. Ich richte meine Hochgeschwindigkeitsscheiben jeden Tag ab.

Hochgeschwindigkeitsschleifer

Ob mit einem Arkansas-Stein, einem Abdrehrad, einer Diamantplatte oder einem Einkorndiamant, der Prozess ist immer gleich: Fahren Sie mit dem Abrichtwerkzeug über die rotierende Scheibenoberfläche hin und her, bis sie sauber und eben ist. Vergessen Sie nicht, Augen- und Atemschutz zu tragen.

Nassschleifer

Langsam laufende, breite Scheiben richtet man mit einem großen Flächenabrichter ab. So geht es am schnellsten. Sie können den Tormek-Steinpräparierer oder einen Arkansas-Stein verwenden. Halten Sie den Abrichter waagerecht zur Scheibenachse, drücken Sie gleichmäßig, und bewegen Sie ihn langsam hin und her. Körperhaltung beim Schleifen

Aufgrund der Länge der Drechselwerkzeuge steht man beim Schärfen am besten neben der Schleifscheibe. Hier

Tipp

Ein Bandschleifer muss nicht abgerichtet werden. Man wechselt einfach das Band.

Oben links *Abrichten einer Hochgeschwindigkeitsscheibe mit einem Einkorndiamanten in einer Führung*

Links *Abrichten des Tormek-Nassschleifsystems*

sind Sie direkt am Tatort, haben die beste Position, um die Werkzeugbewegung zu führen und den Schärfprozess zu beobachten. Auch ist es die sicherste Position, da Sie aus der Funken- und der Fluglinie anderer Teile, die sich aus der Scheibe lösen, sind. Als Rechtshänder stehen Sie links von der Scheibe, als Linkshänder rechts. Bei einem Hochgeschwindigkeitsschleifer montieren Sie die Schärfscheibe (die feinere, die Sie wahrscheinlich häufiger benutzen werden) auf der Seite, auf der Sie stehen. So strecken Sie sich beim Schleifen nicht über die Maschine und riskieren nicht, mit Ihrem Arm die andere Scheibe zu berühren.

Arbeitsweise

Schleifsysteme erzeugen einen Grat an der Schneide, je kleiner der Schneidenwinkel, desto größer der Grat. Bei den Werkzeugen, bei denen es auf den Grat zum Schneiden des Holzes ankommt, wie bei manchen Schabern, müssen Sie den alten Grat vor dem Neuschärfen mit einer Diamantfeile oder einem ähnlichen Werkzeug abschleifen.

Wird der Grat nicht benötigt, können Sie nach dem

Oben *Schärfen eines Formwerkzeugs mit einer Diamantfeile*

Schleifen entgraten, wobei allerdings bei fast allen Werkzeugen der erste Schnitt den Grat von allein entfernt. Der folgende Ablauf gilt für den Einsatz einer einstellbaren Schleifauflage. Sofern Sie spezielle Vorrichtungen ver-wenden, halten Sie sich an die Anweisungen des Herstellers. Stellen Sie die Vorrichtung auf die gewünschte

Unten *Schleifen des pfeilförmig nach hinten gerichteten Anschliffs einer Schalendrehröhre auf dem Sorby-Bandschleifer mit einer Schleifvorrichtung*

Oben *Einrichten des Schleifauflagenwinkels mittels voreingestellter Stellungen beim Sorby-Bandschleifer*

Form ein und ändern niemals die Voreinstellungen, damit Sie immer wieder die gleichen Schleifergebnisse produzieren. Die Auflage auf den Fasenwinkel des Werkzeugs einstellen. Die Werkzeugklinge mit geraden Fingern der Stützhand (Fingergriff) auf die Schleifauflage halten. Den Werkzeuggriff halten Sie so im schmalsten Bereich mit den Fingern der Führungshand (flexibler Griff), dass Sie ihn zwischen den Fingern rollen können. Das Schleifen erfolgt zwar in einzelnen Bewegungen des Werkzeugs, die jedoch von einer Bewegung zur anderen in einem gleichmäßigen, ununterbrochenen Fluss erfolgen müssen.

Oben *Einrichten des Auflagenwinkels mit den voreingestellten Stellungen der O'Donnell-Schleifvorrichtung für Hochgeschwindigkeitsschleifer*

Unten links *Einstellen der Auflage des Tormek-Schleifers mit dessen Winkellehre*

Unten *Fingerhaltung beim Halten des Werkzeugs auf der Auflage*

Oben *Schärfen einer LSR auf der Tormek-Auflage in der Anfangsstellung. Die Scheibe dreht in Richtung auf das Werkzeug.*

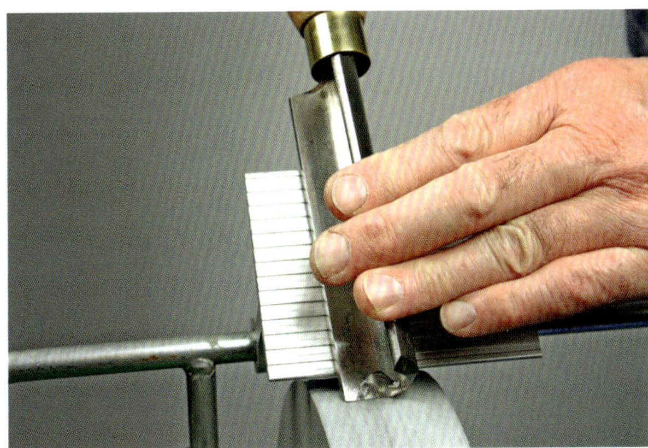

Oben *Schärfen der LSR auf der Tormek-Auflage in der Endstellung. Die Scheibe dreht in Richtung auf das Werkzeug.*

Langholzschruppröhre mit 45°-Fasenwinkel

Halten Sie eine Flanke der Röhre flach auf die Auflage, die Flute in Ihre Richtung. Halten Sie die Klinge mit der Stützhand mittels Fingergriff auf der Auflage. Richten Sie die Fase mit der Schleifscheibe aus und drücken Sie sie nach oben gegen die rotierende Scheibe. Schieben Sie das Werkzeug über die Scheibe hin und her. Rollen Sie es auf die andere Flanke und wiederholen Sie die Bewegungen (die Finger der Führungshand heben sich beim Rollen der Flute etwas). Wiederholen Sie diese Abfolge so lange, bis die ganze Schneidkante geschliffen ist.

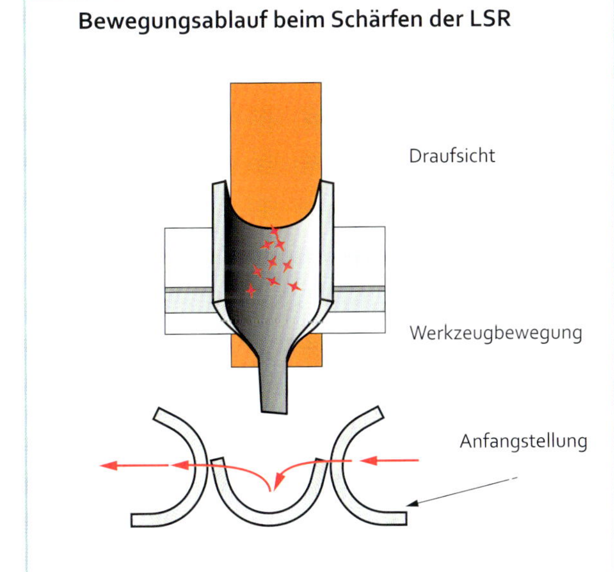

Abstech- und Plattenstahl mit Fasenwinkeln von 30° oder 45°

Halten Sie das Werkzeug mit dem Fingergriff der Stützhand vertikal flach auf der Auflage. Es steht im rechten Winkel zur Oberfläche der Schleifscheibe. Drücken Sie die Fase nach oben gegen die rotierende Scheibe. Schieben Sie das Werkzeug über die Scheibe hin und her, bis die Schneidkante geschliffen ist. Den Plattenstahl schärfen Sie nur an einer Fase, achten Sie darauf, beim nächsten Mal dann die andere Fase zu schleifen.

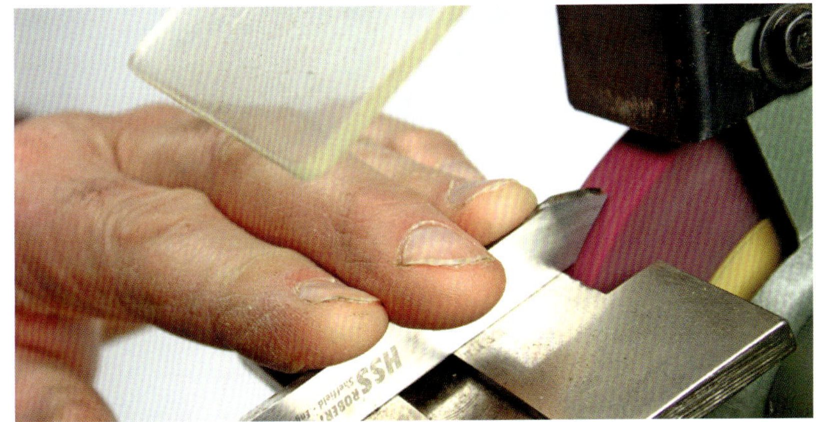

Rechts *Schärfen eines Abstechstahls an der unteren Fase*

Oben *Schwenken eines Schabers auf einer Tormek-Nassschleifmaschine*

Schaber mit 45°-Fasenwinkel

Halten Sie den Schaber mit der Stützhand im Fingergriff flach auf die Auflage.

Bei **Schabern mit gerader Schneidkante** richten Sie die Schneidkante mit der Oberfläche der Scheibe aus. Drücken Sie das Werkzeug auf die Scheibe. Gleiten Sie so lange über die Scheibe hin und her, bis die Schneidkante geschliffen ist.

Bei **Schabern mit gerundeter Schneidkante** drücken Sie das Werkzeug auf die Scheibe. Schwenken Sie den Griff hin und her und schleifen so die gesamte Schneidkante.

Oben *Flachmeißel und Führungsvorrichtung in der Auflage*

Flachmeißel mit 15°-Fasenwinkel

Halten Sie den Meißel mit der Stützhand im Fingergriff flach auf die Auflage (falls vorhanden, benutzen Sie eine Führungsvorrichtung).

Bei **Meißeln mit gerader Schneidkante** richten Sie die Schneidkante mit der Oberfläche der Scheibe aus. Falls vorhanden, benutzen Sie eine Führungsvorrichtung. Drücken Sie das Werkzeug auf die Scheibe. Gleiten Sie so lange über die Scheibe hin und her, bis die Schneidkante geschliffen ist.

Bei **Meißeln mit gerundeter Schneidkante** halten Sie den Meißel mit dem Daumen der Stützhand auf der Auflage, wobei die anderen Finger unter die Auflage greifen. Halten Sie die Finger von der Scheibe fern. Drücken Sie das Werkzeug so auf die Scheibe, dass es sie in der Mitte der Schneidkante berührt. Schwenken Sie den Griff so lange hin und her, bis die Schneidkante geschliffen ist. Schärfen Sie nur eine Fase, beim nächsten Mal schärfen Sie dann die andere Fase.

Links *Gerundeter Flachmeißel, mit dem Daumen gehalten*

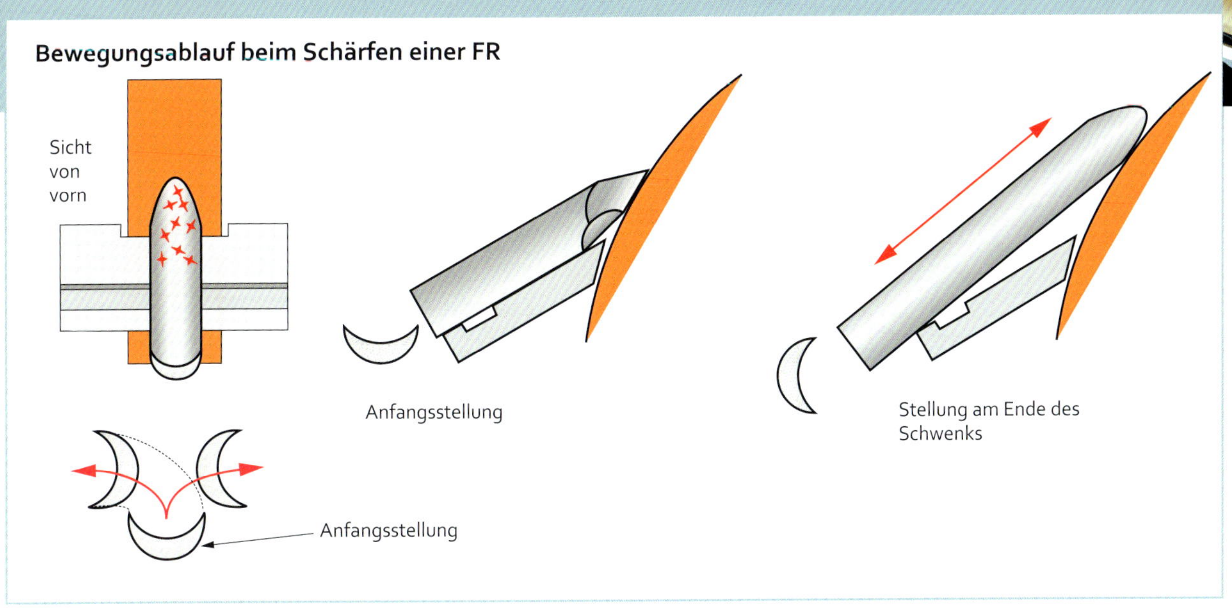

Flachröhre und 30°-Fasenwinkel

1. Halten Sie die Röhre mit der Stützhand im Fingergriff flach auf die Auflage eines Hochgeschwindigkeitsschleifers. Drücken Sie die Fase gegen die Scheibe.
2. Drehen Sie das Werkzeug etwas weniger als 90° auf sich zu, und drücken Sie es gleichzeitig etwa 19 mm die Scheibe hinauf, wobei Sie die Klinge auf der hinteren Kante der Schleifauflage halten. Machen Sie die gleiche Bewegung über die Auflage auch rückwärts. Wiederholen Sie Schritt 2 und enden wieder mit dem Werkzeug auf der Auflage.
3. Drehen Sie das Werkzeug etwas weniger als 90° von sich weg, und drücken Sie es gleichzeitig etwa 19 mm die Scheibe hinauf, wobei Sie die Klinge auf der hinteren Kante der Schleifauflage halten. Machen Sie die Bewegung über die Auflage auch rückwärts. Wiederholen Sie Schritt 3.
4. Bei flach auf der Auflage liegendem Werkzeug rollen Sie die Röhre, um das gerundete Ende zu schärfen.

Schalendrehröhre und 45°-Fasenwinkel

1. Halten Sie die Röhre mit der Stützhand im Fingergriff flach auf die Auflage. Drücken Sie die Fase gegen die Scheibe.
2. Drehen Sie das Werkzeug etwas weniger als 180° auf sich zu, und drücken Sie es gleichzeitig etwa 32 mm die Scheibe hinauf, wobei Sie die Klinge auf der hinteren Kante der Schleifauflage halten. Machen Sie die Bewegung über die Auflage auch rückwärts. Wiederholen Sie Schritt 2.

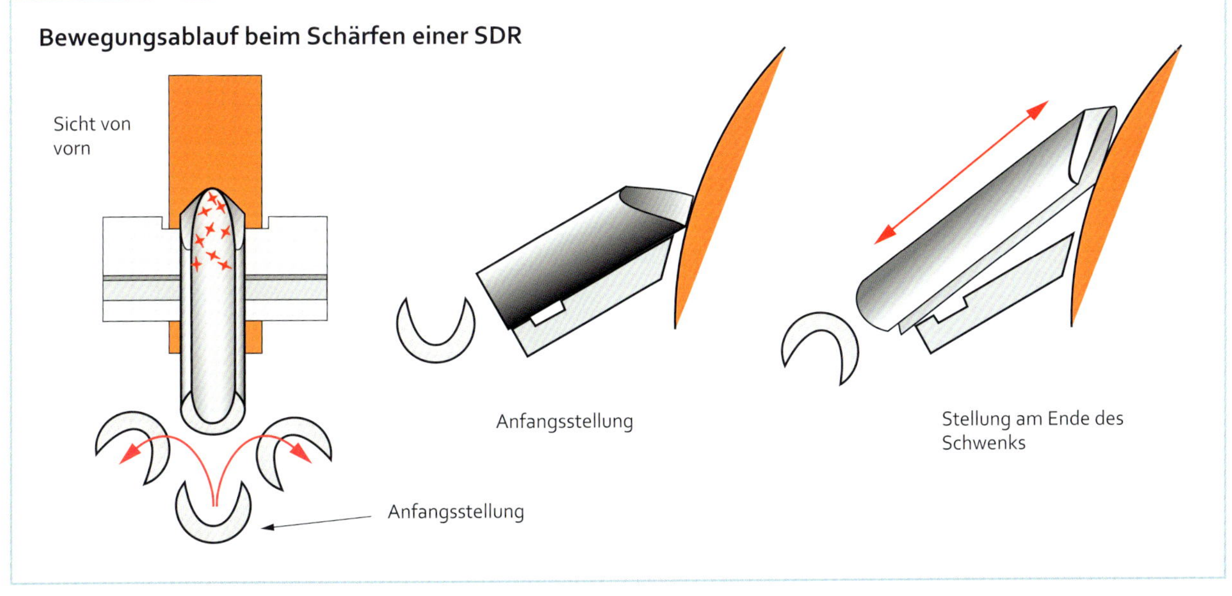

3. Drehen Sie das Werkzeug etwas weniger als 180° von sich weg, und drücken Sie es gleichzeitig etwa 32 mm die Scheibe hinauf, wobei Sie die Klinge auf der hinteren Kante der Schleifauflage halten. Machen Sie die Bewegung über die Auflage auch rückwärts. Wiederholen Sie Schritt 3.
4. Rollen Sie das Werkzeug auf der Auflage, um das gerundete Ende zu schärfen.

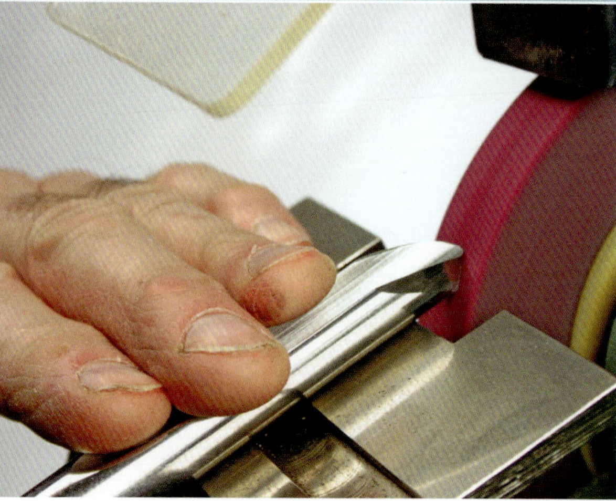

Oben *Anfangsstellung beim Schleifen einer SDR für einen pfeilförmigen Anschliff nach hinten*

Zweite Fase

Um eine Röhre mit einer zweiten Fase auszustatten, stellen Sie die Auflage auf einen um etwa 15° größeren Fasenwinkel als den Fasenwinkel der ursprünglichen Fase ein. Halten Sie die Röhre auf die Auflage, und führen Sie sie an die Scheibe heran. Rollen Sie die Röhre hin und her, und achten Sie darauf, nicht die Schneidkante zu schleifen.

Formwerkzeuge

Formwerkzeuge schärft man mit einem Formstein oder einer Diamantfeile auf der Stirnseite. Dies kann in einem kleinen Winkel erfolgen so dass ein negativer Anstellwinkel erzeugt wird. Das minimiert den zu schärfenden Bereich.

Oben *Mittenstellung beim Schleifen einer SDR für einen pfeilförmigen Anschliff nach hinten*

Rechts *Endstellung beim Schleifen einer SDR für einen pfeilförmigen Anschliff nach hinten*

Langlochbohren

Im ersten Drechselkurs, an dem ich damals 1972 teilnahm, drechselte der Teilnehmer an der Drehbank neben mir eine etwa 1,20 m hohe Stehleuchte, wofür er ein mittiges Loch für das Elektrokabel benötigte. Die Methode unseres Lehrers zur Herstellung dieses Lochs, ging so, dass er den Rohling in der Mitte durchsägte, jeweils in der Mitte der beiden Hälften eine Nut stemmte und die zwei Teile wieder zusammenleimte. Das funktionierte natürlich, und ich bin überzeugt, dass die Leuchte heute noch in Gebrauch ist, doch es gibt andere Arten, das Loch in die Mitte zu bekommen, mit denen man schneller ans Ziel kommt und bei denen man keinen Leim braucht.

Das Prinzip des Langlochbohrens besteht darin, einen langen Bohreinsatz oder einen Stangenbohrer durch einen durchbohrten Reitstock zu führen, der gleichzeitig das Holz hält und als Führung für den Bohrer dient. Ein Stangenbohrer ist ein langer Stab mit runder Flute und einer Schneidlippe an seiner Spitze. Diese Lippe dient auch dazu, die Späne beim Zurückfahren des Bohrers herauszuziehen.

Verwendung eines Standard-Stangenbohrers zum Bohren beider Seiten

1. Verwenden Sie eine Vierzack-Antriebsspitze im Spindelkasten und eine mitlaufende Körnerspitze mit Druckring mit herausnehmbarem Dorn im Reitstock. Der Durchmesser des Dorns muss der gleiche sein, wie der des Bohrers, sodass der Bohrer automatisch in die Mitte geführt wird.
2. Vor dem Bohren sollten Sie den Rohling nur rund schruppen. Manchmal laufen die Bohrer nicht gerade, was bedeuten würde, dass die schöne Arbeit an der Außenfläche vergebens war.
3. Nehmen Sie den Dorn an der Reitstockspitze heraus, und spannen Sie das Holz erneut auf. Reduzieren Sie die Geschwindigkeit der Drehbank auf etwa 200 – 300 U/min.

Unten *Stangenbohrer in durchbohrter Druckringspitze*

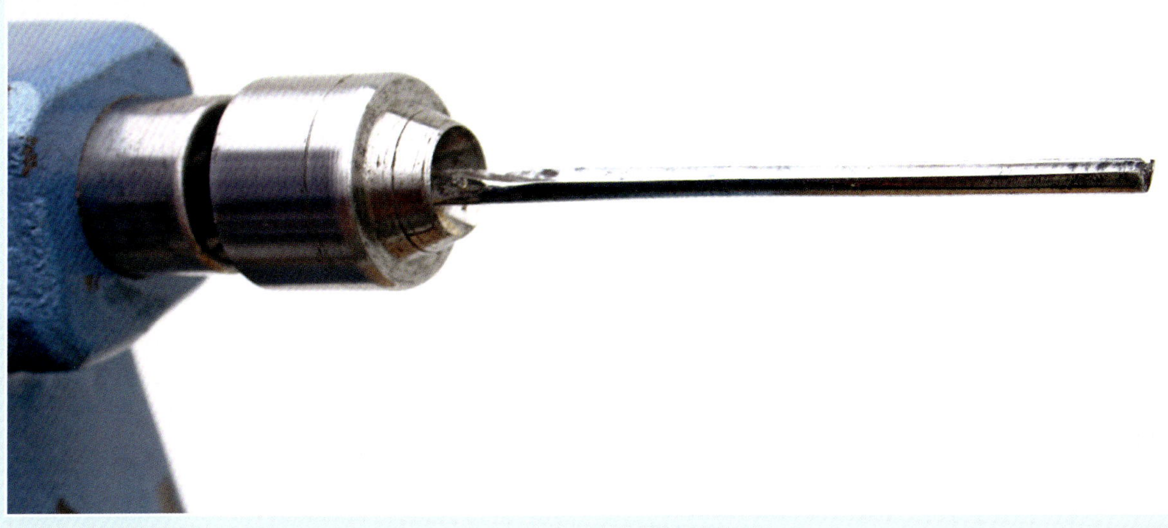

Rechts
Einführen des Stangenbohrers ins Holz durch den Reitstock

4. Legen Sie den Stangenbohrer mit seiner Spitze an der Maximaltiefe des Loches auf das eingespannte Holz. Bringen Sie am Reitstockende eine Kreidemarkierung am Bohrer an, damit Sie wissen, wann Sie zu bohren aufhören müssen.
5. Bohren Sie nun mit dem Stangenbohrer. Dabei muss die Flute nach oben zeigen, damit die Späne aus dem Loch befördert werden. Fallen die Späne in den Reitstock, kann dieser blockiert werden, und Sie können den Bohrer gegebenenfalls nicht mehr einführen.
6. Halten Sie den Bohrer waagerecht zur Drehbankachse und drücken ihn dann etwa 25 mm kraftvoll ins Holz. Entfernen Sie die Späne. Wiederholen Sie diesen Vorgang in 25-mm-Schritten, bis das Loch bis jenseits der Hälftenmarkierung im Holz gebohrt ist. Nehmen Sie das Holz aus der Drehbank, tauschen Sie die Antriebsspitze gegen eine Ansenkspitze, und setzen Sie den Dorn wieder in die Druckringspitze am Reitstock ein. Ziehen Sie den Reitstock an, bis der Druckring im Holz gut abgebildet ist. Nehmen Sie dann den Dorn am Reitstock wieder heraus, spannen das Holz wieder ein und bohren erneut. Mit etwas Glück treffen sich die Bohrlöcher in der Mitte.
7. Setzen Sie den Dorn im Reitstock so wieder ein, dass er bis ins Bohrloch ragt und dem Holz einen stabilen Halt gibt. Dann können Sie die Oberfläche fertig drehen und abschließend ein Oberflächenmittel auftragen.

Bohren von einer Seite

Ist die Länge von Holz und Reitstock kürzer als der Bohrer, dann können Sie in einem Arbeitsgang durchbohren. Entweder halten Sie das Holz in einem Spann- oder Spreizfutter im Spindelkasten, durch das der Stangenbohrer direkt hindurchgehen kann oder Sie lassen eine Zugabe am Rohling, die Sie dort abschneiden, wo das Bohrloch endet. Handelt es sich bei dem Teil um einen Lampenfuß oder etwas Ähnliches, bei dem der Boden einen größeren Durchmesser hat als die Spitze, dann bohre ich immer zuerst vom Boden aus. So erhalte ich den Maximaldurchmesser, selbst wenn der Stangenbohrer leicht aus der Flucht läuft.

Schleifen

Schleifpapier (Schleifmittel auf einem Untergrund) stellt das letzte Schneidwerkzeug dar, das Sie auf dem Holz zum Einsatz bringen. Achten Sie stets darauf, dass der Staubabsauger beim Schleifen läuft und dass Sie ein Visier tragen. Stellen Sie die Drechselbank auf die gleiche Geschwindigkeit ein wie beim Drechseln. Die Werkzeugauflage können Sie vom Holz wegziehen, Sie können sie allerdings als Stütze für den Arm verwenden. Bewegen Sie das Schleifmittel auf der Werkstückoberfläche hin und her, damit das Schleifkorn keine tieferen Kratzer erzeugt.

Glätten großer Formen

Verwenden Sie schweres Schleifpapier, damit das Papier nur Kontakt mit den hochstehenden Unebenheiten auf dem Holz erhält und diese glättet. Wenn Sie das Papier zwei- bis dreimal falten, erzeugen Sie zusätzliche Stabilität. Es ist aber viel besser, es um ein dem Profil des Holzes entsprechendes Füllmaterial zu wickeln. Als Füllmaterial können einige Holzspäne oder auch ein Stück Hartschaum oder Holz dienen.

Auf langem, geradem Langholz verwenden Sie ein etwa 50 – 100 mm breites schweres Schleifpapier. Spannen Sie es mit beiden Händen über das Holz und bewegen es hin und her. So entsteht schnell eine glatte Oberfläche. Wenn Sie es um einen Dübel passender Größe wickeln, ist eine Hohlkehle schnell geglättet.

Bei Verwendung feinerer Körnungen nehmen Sie die Fingerspitzen, um das Schleifpapier an das Holz zu pressen.

Rechts *Die Außenkontur einer Schale wird mit um Holzspäne gewickeltem Schleifpapier geglättet.*

Unten *Ein Leuchtenständer wird mit einem breiten Stück schweren Schleifpapiers geglättet.*

Oben *Die Finger passen das Schleifpapier an das Profil der Holzoberfläche an.*

Oben *Schleifen von Rundstäben mit geknicktem Schleifpapier*

Arbeiten Sie über die Oberflächenkontur und gehen Sie in jedes Detail, um die Schleifspuren der vorherigen Körnung zu entfernen. Kommen Sie an eine Kante, wie beispielsweise den Rand einer Schale, so schleifen Sie immer zur Kante hinauf, damit diese scharfkantig bleibt. Sollte sie zu scharf werden, können Sie zum Schluss mit einem leichten Schliff mit feiner Körnung die Kante wieder brechen.

Tipp
Überspringen Sie keine Schleifkörnung, da dann das Entfernen von Spuren der vorherigen Körnung nur viel länger dauert.

Details schleifen

Details zu schleifen erfordert eine vorsichtigere Vorgehensweise. Achten Sie darauf, die Konturen des Details nicht „wegzuschleifen". Verwenden Sie ein Untergrundmaterial, das den Konturen flexibel folgt und auch die Ecken erreicht. Für die Ecken können Sie das Schleifpapier knicken.

Bei Rundstäben schleifen Sie erst die eine und dann die andere Seite, indem Sie zunächst mit der Kante des Schleifpapiers unten in die Ecke fahren und es dann über die Wölbung führen. Zum Schleifen einer V-Form falten Sie das Schleifpapier und fahren mit der Kante unten in die Ecke. Dünne Stiele unterstützen Sie beim Schleifen mit den Fingern.

Oben *Schleifen eines Details mit geknicktem Schleifpapier*

Links *Der schlanke Stiel wird mit den Fingern gestützt.*

Oben *Maschinelles Schleifen des Schaleninneren*

Rechts *Maschinelles Schleifen der Schalenaußenseite*

Korngrößen

Bei einer Schale aus Grünholz beginnen Sie mit Körnung 80, arbeiten dann mit Körnung 120 und 180 und enden mit Körnung 240. Bei einer kleinen Dose oder einer Spule beginnen Sie mit Körnung 150 oder 180 oder gar mit 240 und enden mit Körnung 400 oder 600.

Maschinelles Schleifen

Maschinelles Schleifen ist ideal zum Glätten von Schalen und großen Gefäßen mit langen, einfach geformten Oberflächen. Bei konkaven Oberflächen, wie der Innenkontur einer Schale, müssen Sie die Werkzeugauflage ein Stück weit vom Holz entfernen. So kann der Unterarm Ihrer Stützhand bequem darauf liegen. Halten Sie den Einschalter der Bohrmaschine in der Führungshand. Und halten Sie die Spannfutteraufnahme der Bohrmaschine mit der Stützhand. Dies bildet den Hebelpunkt, um den die Bohrmaschine schwenkt, sodass die Schleifscheibe über die Holzoberfläche läuft.

Stehen Sie dynamisch, schalten Sie die Drehbank ein und bringen Sie die Schleifscheibe mit dem Holz in Kontakt. Achten Sie darauf, dass die Kante der Scheibe nicht das Holz berührt, da dies einen aggressiven Schnitt hervorrufen und die Schleifscheibe eventuell vom Schleifteller fliegen würde. Es ist egal, ob Sie am Holz hinauf- oder herabarbeiten, dies hängt mehr davon ab, mit welcher Hand Sie die Bohrmaschine halten. Die Schleifscheibe muss auf der Oberfläche immer in Bewegung bleiben. Arbeiten Sie sehr vorsichtig auf die Kanten zu.

Beim Schleifen konvexer Flächen, wie der Außenseite einer Schale, sind Körperhaltung und Unterstützung andersartig. Stehen Sie wieder dynamisch und halten die Bohrmaschine wie bei einer konkaven Fläche. Diesmal halten Sie aber die Ellbogen zur Stabilisierung gegen den Oberkörper. Arbeiten Sie auf der vorderen Seite der Drechselbank, halten Sie die Bohrmaschine in der linken Hand, damit Sie in der Nähe des Spindelkastens an den Boden der Schale gelangen können. Bewegen Sie sich mit dem ganzen Körper, damit die Schleifscheibe über die gesamte Schalenoberfläche läuft.

Tipp

Der verwendete Schleifteller sollte in Größe und Härte zu der zu schleifenden Oberfläche passen. Arbeiten Sie in der Mitte besonders vorsichtig, da man dort sehr leicht ein Loch schleift. Seien Sie auch am Rand vorsichtig, und schleifen sie stets nach oben auf den Rand zu, damit die Kontur nicht Schaden nimmt. Bisweilen verwende ich eine 51-mm-Schleifscheibe auf einem 76-mm-Schleifteller, weil man damit gut um enge Kurven gelangt.

Grundierungen

Grundierungen machen das Schleifen einer Oberfläche und schwieriger Bereiche einfacher und schneller. Sie helfen auch dabei, eine bessere Oberfläche zu erzeugen und dienen als Grundierung für das eigentliche Oberflächenmittel. Für welche Grundierung Sie sich entscheiden, hängt davon ab, wie es sich mit dem Oberflächenmittel verträgt, das Sie verwenden wollen.

Einlassgrund

Ein Einlassgrund ist ein Lack, der zum Füllen und Versiegeln offener Poren im Holz und zum Erzeugen einer glatten Oberfläche etwa 20 % feste Partikel, üblicherweise Holzstaub, enthält. Lose oder aufgerissene Fasern werden ausgehärtet und lassen sich so leichter wegschleifen. Die grundierte Oberfläche gibt die Basis für das endgültige Oberflächenmittel.

Schleifen Sie das Werkstück mit Körnung 180 oder 240. Dann drehen Sie das Teil auf der Drehbank von Hand (oder lassen es bei 15 – 20 U/min laufen) und bringen gleichzeitig mit dem Pinsel schnell und dünnflüssig den Einlassgrund auf. Überschüssiges Mittel erzeugt Läufer. Warten Sie etwas, damit der Einlassgrund natürlich in die Fasern eindringen kann. Dann können Sie ihn bei langsamer Drehzahl (50 U/min), damit der Einlassgrund nicht wieder herausgedrückt wird, mit einem weichen Tuch durch Reibung trocknen. Bewegen Sie es ständig auf der Oberfläche und wechseln es aus, wenn es schmutzig ist. Sobald der Grund trocken ist, können Sie die Geschwindigkeit der Drehbank zum weiteren Schleifen hoch regeln. Schleifen Sie abermals mit Körnung 240 und gegebenenfalls mit noch feinerer Körnung.

An besonders schwierigen Stellen verwenden Sie den Einlassgrund schon in einem früheren Schleifstadium. Sie können ihn dann beim Schleifen mit feinerer Körnung erneut auftragen. Achten Sie jedoch darauf, den Einlassgrund genügend trocknen zu lassen, da er ansonsten das Schleifmittel schnell zusetzt.

Andere Oberflächenmittel

Es gibt andere Oberflächen- und Befeuchtungsmittel, die man als Grundierung verwenden kann, wie z.B. Wachs, Politur, Lack, Firnis und Wasser. Man kann sie entweder lokal oder auf der gesamten Oberfläche einsetzen.
Öle muss man vor dem Schleifen nicht trocknen lassen. Im Gegenteil ist es besser, sie noch nass weiter zu bearbeiten, da sie auf diese Weise schmierend und kühlend wirken. Allerdings wird die beim Schleifen entstehende Reibungshitze den Trocknungsprozess beschleunigen. Halten Sie daher die Oberfläche feucht, indem Sie das Schleifmittel in Öl eintauchen. Nehmen Sie dafür einen separaten Ölbehälter, damit kein Schleifkorn in das Öl gerät, das Sie als Finish auftragen wollen. Wischen Sie Ölrückstände mit einem sauberen Tuch ab und reinigen Sie die Oberfläche mit einem feuchten Tuch.
Wasser ist ein gutes Grundiermittel, da Sie es unabhängig vom endgültigen Oberflächenmittel verwenden können. Es trocknet rückstandsfrei. Verwenden Sie Wasser lokal bei schwierigen Faserverläufen in jeder Phase des Schleifprozesses. Das Aufstellen von Fasern ist kein Problem. Drechseln Sie Grünholz und haben es während der Arbeit feucht gehalten, können Sie in dem Eimer Wasser auch den Schleifabrieb vom Schleifmittel abwaschen und es sauber halten.

Reinigen

Nach dem Schleifen sind die Fasern wahrscheinlich voller Staub. Zum Säubern verwenden Sie entweder eine weiche Bürste oder wischen die Oberfläche mit einem leicht feuchten Tuch ab. Die Holzoberfläche ist nun für das abschließende Oberflächenmittel vorbereitet.

Olivenöl eignet sich für den Kontakt mit Lebensmitteln.

Oberflächenmittel auftragen

Dies ist der letzte Arbeitsgang an Ihrem Werkstück und kann dramatische Wirkung hervorrufen. Ein Oberflächenmittel bringt die natürliche Farbe und Maserung des Holzes sofort zur Geltung und verleiht dem Teil fühlbare Qualität.

Auswahl des Oberflächenmittels

Die Auswahl des geeigneten Oberflächenmittels hängt stark von persönlicher Vorliebe ab. Trotzdem sollten Sie berücksichtigen, wie Sie das Finish pflegen wollen, wie seine Dauerhaftigkeit mit Blick auf die Verwendung des Teils und wie seine Verträglichkeit mit anderen Mitteln ist.

Pflege

Ein Werkstück mag wirklich sehr gut aussehen, wenn Sie es aus der Drechselbank nehmen, doch ist dies ja erst der Beginn seiner Existenz. Hat es erst eine gewisse Zeit im Haushalt hinter sich, wird bereits die erste Nachbehandlung notwendig sein. Vielleicht ist nur ein wenig Staub mit einem Tuch abzuwischen oder etwas Wachspolitur aufzutragen oder ein Abwischen mit einem geeigneten Öl erforderlich. Was auch immer nötig ist, es muss sich leicht bewerkstelligen lassen und nicht den Kauf spezieller Materialien erfordern. Ist dem so, besteht die Aussicht, dass man sich wirklich um das Teil kümmert.

Stücke, die regelmäßig und eng mit Lebensmitteln in Berührung kommen, wie Nudelhölzer, Brotbretter oder Holzlöffel, benötigen eigentlich kein Oberflächenmittel. So gibt es kein Risiko, das Lebensmittel zu verunreinigen, und durch Spülen und Eintauchen in Wasser würde wahrscheinlich das meiste Oberflächenmittel ohnehin schnell abgetragen. Verkaufen Sie das Teil jedoch über einen Kunstgewerbeladen, in dem es wahrscheinlich von Kunden in die Hand genommen wird, ist ein leichtes Oberflächenmittel unerlässlich, um schmutzige Fingerabdrücke zu verhindern. Ein leichtes „lebensmittelechtes" Oberflächenmittel gibt hier den richtigen Schutz (siehe unten). Ist das Stück erst in der Küche angekommen, braucht es nur mit warmem Wasser gespült zu werden, wenn es auch nicht schaden würde, ab und zu etwas Öl aufzutragen.

Am anderen Ende der Skala sind die Teile, die nur dekorativen (oder künstlerischen) Zwecken dienen. Hier reicht einfaches Abstauben. Alles andere könnte die Natur und Farbe der Oberfläche verändern und von der Absicht des Künstlers ablenken. Ein hartes Finish, welches die Oberfläche vollständig versiegelt und füllt, ist wohl am einfachsten zu pflegen. Es muss kein Hochglanz sein, die Art der Oberfläche wird vom verwendeten Produkt und ihrer letztlichen Behandlung abhängen. Ich verwende hauptsächlich Craftlac Melamine.

Zwischen diesen beiden Polen ist fast alles möglich und ein Teil mit schöner Patina hat auch seinen Reiz. Schauen Sie sich eine Sendung über Antiquitäten im Fernsehen an, und Sie werden sehen, wie viel Wert Experten auf Patina legen.

Eignung

Für Salat- oder Obstschalen sollten Sie nur ein Mittel verwenden, das auf der Verpackung als „lebensmittelgeeignet" gekennzeichnet ist. Dasselbe gilt für Spielsachen, verwenden Sie hier nur „spielwarengeeignetes" Mittel, und lesen Sie bei allen Artikeln auch das Kleingedruckte auf den Behältern. Es kann sein, dass das Produkt erst nach 30 Tagen lebensmittel- oder spielwarengeeignet ist, weil dann alle flüchtige, organischen Substanzen verflogen sind.

Oben *Auftragen eines Oberflächenmittels auf der langsam laufenden Drehbank mit dem Pinsel*

Oben rechts *Trocknen mit Reibungswärme und Polieren einer Oberfläche*

Zwar werden heute Blei und Quecksilber in Produkten nicht mehr verwendet und man könnte meinen, dass deshalb alle Produkte lebensmittel- und spielwarengeeignet sind. Trotzdem ist es ratsam, nur solche Produkte zu verwenden, die ausdrücklich so bezeichnet sind.

Verträglichkeit

Es kann beim Auftragen verschiedener Oberflächenmittel zu Unverträglichkeiten untereinander kommen, die unerwünschte Reaktionen hervorrufen. Beizen Sie ein Teil zunächst, so achten Sie darauf, danach ein Mittel auf einer anderen Basis einzusetzen, damit Sie die Beize nicht reaktivieren und das Beizergebnis verändern. Die Oberfläche muss trocken sein, bevor Sie die nächste Schicht des gleichen Mittels auftragen. Wiederum kann es andernfalls zur Reaktivierung kommen, was bei aggressiven Mitteln noch verschlimmert wird.

Tragen Sie keine Wachspaste mit Stahlwolle auf einem Zellulosefinish auf, da die Stahlwolle eine besonders starke Vermischung bewirkt und durch das Terpentin vielleicht die gesamte Zellulose abgewischt wird. Öle trägt man am besten direkt auf das Holz auf. So können sie eindringen und Teil des Holzes werden. Wachs kann man sowohl auf jedes andere Mittel auftragen als auch auf das unbehandelte Holz.

Auftragtechniken

Mit Ausnahme von Hartwachs werden die meisten Oberflächenmittel am besten auf Holz aufgetragen, das in der Drehbank von Hand oder bei sehr langsamer maschineller Drehgeschwindigkeit gedreht wird. Das Finish muss langsam ins Holz eindringen können. Bei solchen Gelegenheiten liebe ich meine Vicmarc Drehbank, da ich die Geschwindigkeit auf bis etwa 20 U/min herunterregeln kann und beide Hände zum Auftragen des Mittels frei habe.

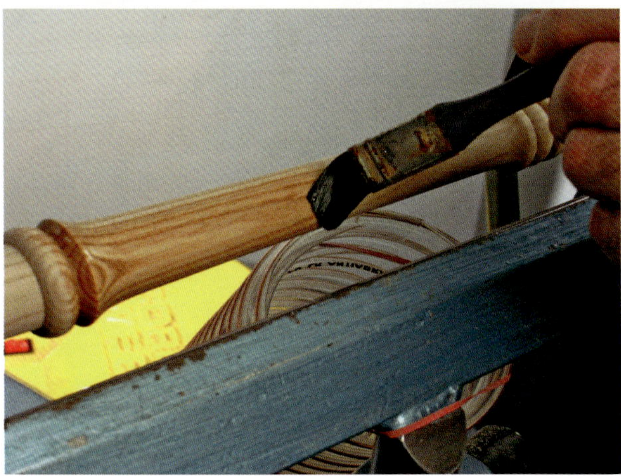

Oben *Auftragen eines Oberflächenmittels auf Langholz mit dem Pinsel*

Lacke und Öle

Lacke und Öle kann man mit einem Pinsel oder einem Tuch auftragen. Ich bevorzuge einen Pinsel für die sehr schnell trocknenden Lacke. Auf einem Tuch trocknen sie zu schnell und hinterlassen dann auf dem Holz eine streifige Oberfläche. In kleine Details kommen Sie gut mit einer Zahnbürste hinein. Nach dem Auftragen entfernen Sie überschüssiges Oberflächenmittel mit einem Tuch, bis die Oberfläche sauber und glatt ist und lassen dann alles trocknen. Als Drechsler benötigen Sie vor allem ein schnell trocknendes Oberflächenmittel. Das steht häufig in Konflikt mit den Trocknungsanweisungen auf der Verpackung der Mittel. Die Bandbreite reicht von fünf Minuten bei einzelnen Lacken bis zu 12 Stunden bei Ölen. Selbst dann ist die Oberfläche vielleicht trocken, aber immer noch nicht ausgehärtet. Das kann noch eine Nacht bis eine Woche dauern. Bei einem Auftrag in mehreren Schichten müssen Sie daher sorgfältig arbeiten, damit Sie die Oberfläche nicht verderben. Sie können die Trocknungszeit durch Erzeugen von Hitze mittels

Reibungswärme mit einem Tuch deutlich verkürzen. Drücken Sie anfangs nur leicht und erhöhen Sie die Drehzahl nach und nach auf Drechselgeschwindigkeit. Bewegen Sie das Tuch immer auf der Oberfläche des Teils, um zu starken Hitzeaufbau und Überhitzen einzelner Bereiche zu vermeiden.

Sobald eine Schicht trocken ist, kann auf die gleiche Art eine zweite aufgetragen werden. Ist ein Zwischenschliff erforderlich, so tun Sie dies vorsichtig mit einem gebrauchten, hochfeinen Schleifmittel. Stahlwolle ist gut geeignet, doch müssen Sie danach die Oberfläche sorgfältig reinigen, um abgebrochene Teile zu entfernen. Drei Schichten reichen für eine glatte Oberfläche. Nach der letzten Schicht warten Sie eine Nacht bis zum abschließenden Polieren.

Sprühmittel

Sprühen Sie nur in gut belüfteter Umgebung. Bringen Sie drei Schichten auf, lassen Sie dann das Oberflächenmittel trocknen und aushärten und polieren dann.

Wachspaste

Tragen Sie Wachspaste mit einem Tuch auf. Drehen Sie dabei das Holz von Hand. Lassen Sie das Wachs einige Minuten aushärten und polieren dann die Oberfläche bei langsamer Geschwindigkeit. Bauen Sie so zwei oder drei Schichten auf. Sobald die Oberfläche trocken ist, bringen Sie das Holz auf Drechselgeschwindigkeit und polieren leicht.

Stahlwolle können Sie verwenden, um Wachs auf einer lackierten Oberfläche aufzutragen. Dadurch wird die lackierte Fläche weiter verbessert. Verwenden Sie hierzu hochfeine Stahlwolle und nur sehr wenig Anpressdruck. and repeat the process. Once the surface is dry, bring the wood up to turning speed and lightly burnish.

Hartwachs

Wachsen Sie auf der Drehbank bei Drechselgeschwindigkeit (oder langsamer, das Wachs muss allerdings schmelzen). Halten Sie dazu das Hartwachs gegen das Holz und bewegen es über die gesamte Oberfläche, sodass das Wachs schmilzt und auf das Holz übergeht. Sobald eine hinreichende Schicht aufgebaut ist, nehmen Sie ein sauberes Tuch, um das Wachs weiter zu schmelzen und zu einer gleichmäßigen Schicht zu verteilen sowie die Oberfläche zu polieren. Bringen Sie je nach Bedarf zwei oder drei Schichten auf.

Tipp
Ist Ihnen die Wachspaste im Behälter hart geworden, fügen Sie etwas Terpentin hinzu, um sie wieder weich zu bekommen.

Oben *Auftragen von Carnaubawachs mittels Reibung*

Rechts *Polieren von Wachs auf einem Langholz*

Michael O`Donnel: Drechseltechniken
© Vincentz Network GmbH & Co. KG, Hannover, Germany
ISBN 978-3-86630-939-5

Teil Drei Drechseln

Nun können wir das über Werkzeug, Ausrüstung und Holz erworbene Wissen verknüpfen und zu drechseln beginnen. Wiederholung ist die beste Form der Übung. Je öfter Sie etwas tun, desto besser werden Sie. Gehen Sie systematisch vor, überlegen Sie jede Bewegung. Vergessen Sie nicht, dass sich jeder Schnitt aus drei Phasen zusammensetzt: Einstechen, Formen und Ausstieg. Auf diese Weise bekommt Ihre Arbeit ein Schema und einen Rhythmus und wird erquicklich. Uns geht es um Freude und gute Ergebnisse.

Langholzschrupppröhre

Die Langholzschrupppröhre (LSR) ist häufig das erste Werkzeug, das man bei einem Langholzprojekt (Längsholz) benutzt. Mit ihr schruppt man eine Kantel rasch zu einem Zylinder und erzielt eine glatte Oberfläche. 32 mm sind eine gute Standardgröße und mit einer Grifflänge von 457 mm kann man schon schwerere Arbeiten erledigen. Nicht geeignet ist die LSR für Querholz.

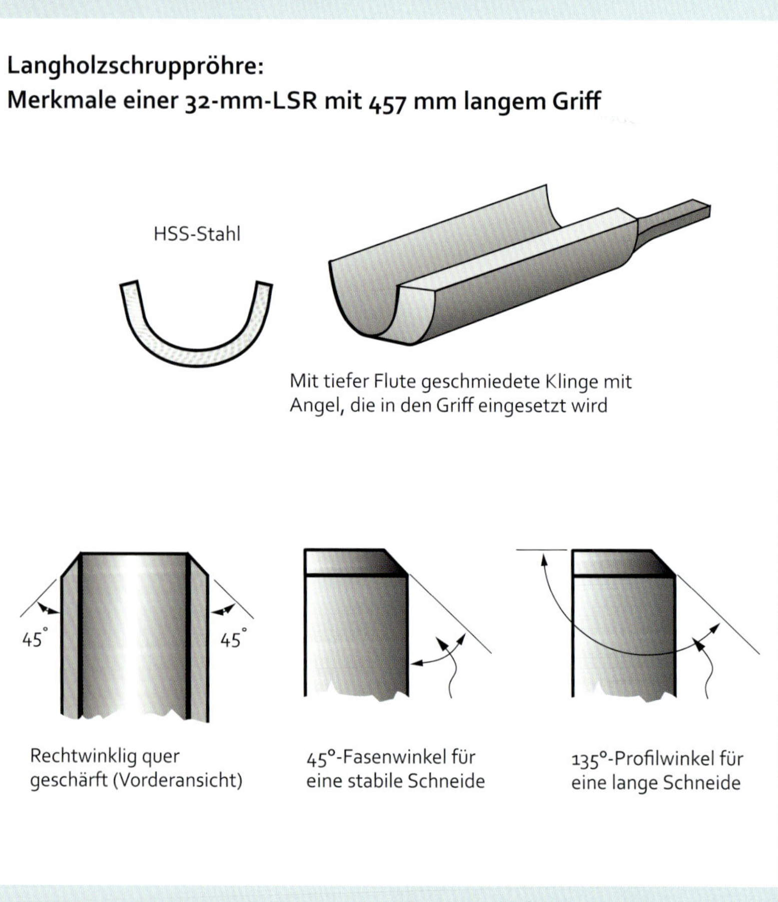

Oben *Langholzschupppröhre*

Drechseln

Man benutzt die LSR zum Herunterschruppen auf einen Zylinder und zur Feinbearbeitung einer langen Fläche. Stellen Sie die Drehbankgeschwindigkeit auf 1800 U/min ein. Spannen Sie ein 254 mm langes und 63 x 63 mm großes Stück Weichholz (oder Rundholz mit 89 mm Durchmesser) zwischen den Spitzen auf. Stellen Sie die Oberkante der Werkzeugauflage so ein, dass sie 4 mm unter der Spitzenhöhe liegt und 12 mm von den Holzkanten entfernt ist.

1

Kantel auf Zylinder herunterschruppen

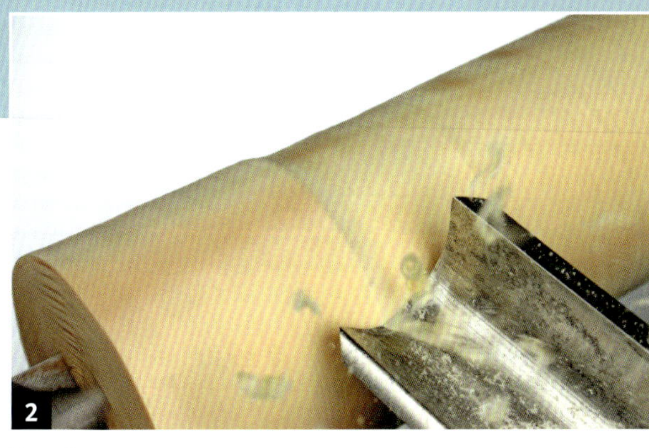
2

Vorschruppen

3

Astholz vorschruppen, selbst solches mit Rinde

4

Heranführen der LSR zur Feinbearbeitung vom Reitstock aus

5

Vom Spindelkasten aus arbeitend. Die Fase berührt hinter der Schneide das Holz, die Oberfläche wird perfekt.

6

Einfache Rundungsschnitte hinterlassen eine gute Oberfläche.

7

Linkshändiges Schruppen, fester Griff an der Führungshand und Fingergriff an der Stützhand

8

Rechtshändig ausgeführter Glättschnitt, Arm auf dem Spindelkasten. Fester Griff an der Führungshand, Fingergriff an der Stützhand

Schruppschnitt

Benutzt wird eine 25–31 mm große LSR. Der Einstich erfolgt unterstützt.

1. Das Werkzeug am Spindelkastenende im rechten Winkel zur Drehbankachse auf die Auflage legen, die Flute nach oben richten.
2. In dynamischer Körperhaltung, d.h. den rechten Fuß nach vorne und den linken Fuß 90° hinter den Spindelkasten gesetzt, hinter dem Werkzeug stehen (Spindelkastenseite).
3. Werkzeuggriff mit der rechten Hand mit festem Griff greifen.
4. Klinge mit den Fingern greifen (Auflage nicht berühren).
5. Um zu prüfen, ob die Körperhaltung über den gesamten Schnitt bequem ist, führt man das Werkzeug wie bei einem Schnitt auf der Auflage hin und her. Je nachdem, welche Drechselbank Sie haben, kann es komfortabler sein, den linken Arm auf dem Spindelkasten abzustützen. Linkshänder wie ich sind im Vorteil, ich stehe beim Schruppen am Reitstockende und halte das Werkzeug mit der anderen Hand.
6. Ohne die Schrittstellung zu verändern, das Werkzeug von der Auflage nehmen und die Drehbank einschalten.
7. Nun das Werkzeug mit der Schneide über dem Holz mittig auf die Auflage legen. Die Fase (oder den Werkzeugrücken) mit dem Holz in Kontakt bringen, dann das Werkzeug langsam am Holz herunterführen, bis feine Späne entstehen. Das Werkzeug in dieser Stellung halten.
8. Die LSR muss so ausgerichtet sein, dass sie abschälende Schnitte macht, dabei hat die Fase unter der Schneide Kontakt mit dem Holz. Das Werkzeug mit beiden Händen über die Auflage führen, die Fase an das Holz halten und den ersten Schnitt ausführen.
9. Am Ende des Schnitts das Werkzeug über das Holz zurückführen und in entgegengesetzter Richtung schneiden, ohne das Werkzeug vom Holz wegzunehmen. Weiter rhythmisch hin und her schruppen. Bei fortschreitendem Arbeitsprozess kann es nötig sein, die Auflage etwas zu erhöhen, damit die Schneide mit dem Holz in Berührung bleibt. Erreicht das Werkzeug die Horizontale, schiebt man die Auflage näher an das Holz, um den Werkzeugwinkel wiederum zu erhöhen und den Abstand zwischen Holz und Auflage zu verringern.

Schruppen mit der Langholzschrupppröhre

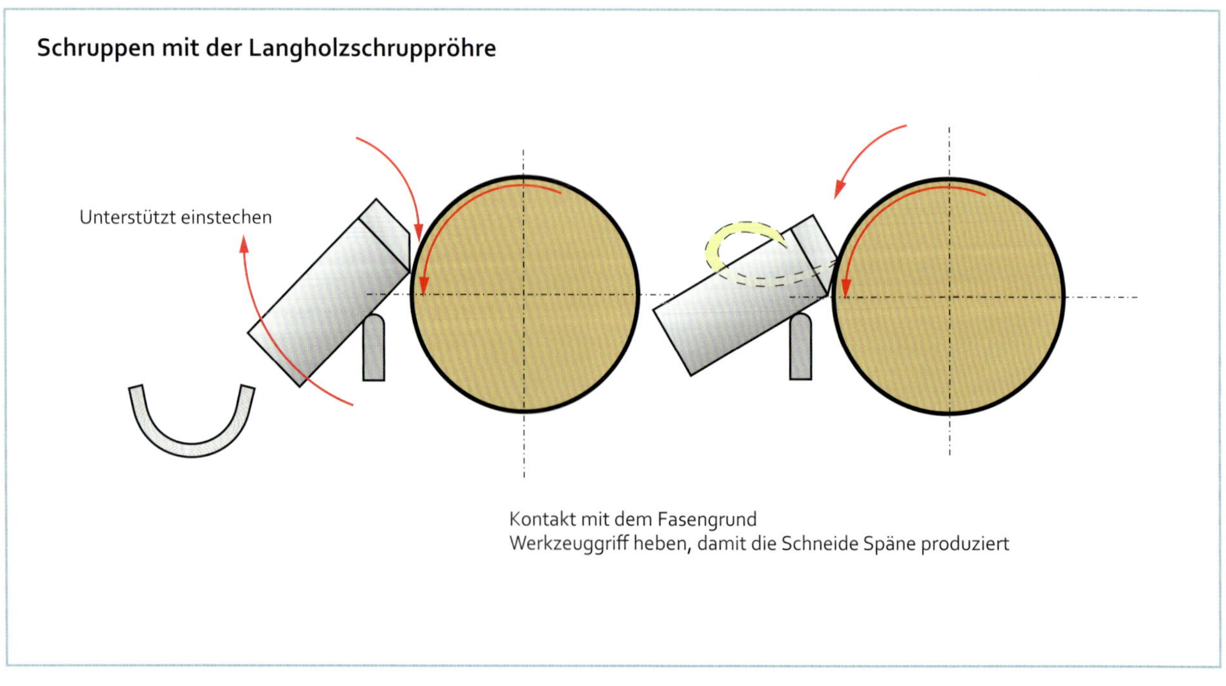

Schruppschnitt

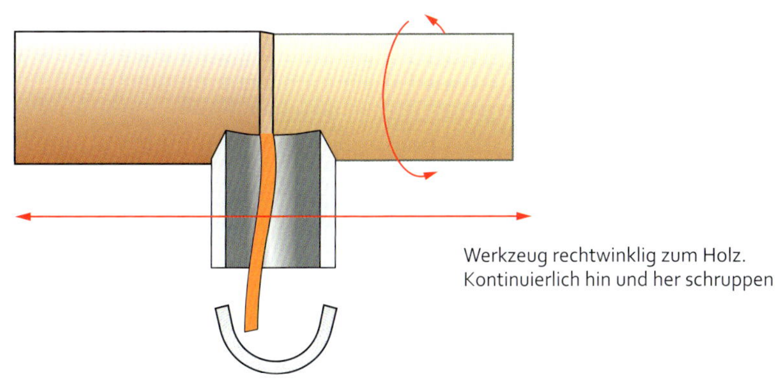

Werkzeug rechtwinklig zum Holz. Kontinuierlich hin und her schruppen

10. Wird ein Teil der Schneide stumpf, dreht man das Werkzeug, damit ein scharfer Bereich des Werkzeugs auf das Holz trifft. Die Kantel sollte nun vollkommen rund sein. Da man quer zur Faser schruppt, wird die Oberfläche nicht sehr glatt, aber man trägt rasch und effizient Holz ab.

Tipp
Zeichnen Sie um die Mitte der Kantel einen breiten Bleistiftstrich. Beim Drechseln verschwindet die Linie allmählich; ist sie ganz verschwunden, ist das Holz vollkommen rund.

Feinbearbeitungsschnitt

1. Die Auflagenhöhe auf 16 mm unter der Spitzhöhe einstellen.
2. Das Werkzeug in Richtung Spindelkasten um 45° zur Achse schwenken, sodass die Fase parallel zur Achse liegt. Bei nach vorne gerichteter Flute zeigt das Werkzeug in einem Winkel von ca. 20–30° nach oben. Dies ist eine Stellung zum „schneidenden Abschälen".
3. Die gleiche Körperhaltung wie beim Schruppen einnehmen. Sollte Ihr Arm noch nicht auf dem Spindelkasten liegen, ist es nun an der Zeit.
4. Das Werkzeug vom Holz wegziehen und die Drehbank einschalten. Den Fasengrund mit dem Holz in Berührung bringen und die Schneide vom Holz weg halten.
5. Der unterstützte Einstich erfolgt nun, indem Sie den Werkzeuggriff vorwärts schwenken, bis die Werkzeugspitze einen Span abträgt. Dann das Werkzeug weiter langsam über die Auflage führen und über den ganzen Schnitt einen feinen Span abtragen.
6. Am Ende des Schnittes aufhören und das Werkzeug für den nächsten Schnitt zum anderen Ende führen, dabei die Fase am Holz belassen. In dieser Weise so lange verfahren, bis das Holz die gewünschte Größe hat. Die Oberfläche wird sehr glatt und gerade. Während der ganzen Zeit berührt die Hand die Auflage nicht, führt aber permanent die Fase.

Feinbearbeitungsschnitt

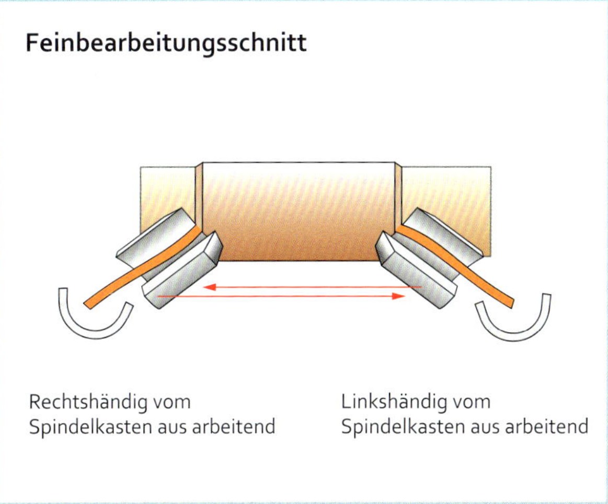

Rechtshändig vom Spindelkasten aus arbeitend

Linkshändig vom Spindelkasten aus arbeitend

Schalendrehröhre

Mit der Schalendrehröhre (SDR) kann man eine Menge Holz abtragen und gleichzeitig eine sehr glatte Oberfläche erzeugen. Sie gehört zu den vielseitigsten und am einfachsten zu benutzenden Drechseleisen. Ihre große Stärke liegt im Drechseln von Querholzschalen, aber auch bei Längsholz kann sie zaubern. Mit der SDR kann man viele verschiedene Formen drechseln. Man beginnt, indem man direkt oder unterstützt einsticht.

Vorgehen beim direkten Einstechen

Stellen Sie die Drehbankgeschwindigkeit auf 2000 U/min ein. Spannen Sie ein 254 mm langes und 63 x 63 mm großes Stück Weichholz (oder Rundholz mit 89 mm Durchmesser) fliegend in ein Spannfutter. Stellen Sie die Werkzeugauflage so ein, dass sie 19 mm unter der Spitzenhöhe liegt, 12 mm vom Holz entfernt ist und am Reitstock 50 mm über das Holzende hinausragt

Schalendrehröhre:
Merkmale einer 13-mm-SDR mit 457 mm langem Griff

Runde HSS-Klinge

Tiefe V-förmige Flute mit geringer Materialstärke

Geringe Materialstärke

45°-Fasenwinkel für eine stabile Schneide

85°-Profilwinkel für den Zugang in rechtwinklige Ecken

Anschliff pfeilförmig nach hinten ermöglicht leichtes Arbeiten bei Langholz und beim Ausdrehen

Oben *Eine 12-mm-SDR hat einen Klingendurchmesser von 15 mm. Ein 457 mm langer Griff ermöglicht leichtes Führen und verringert den erforderlichen Druck.*

1 Drechseln eines Zapfens an der Hirnseite einer Kantel mit der SDR. Es entsteht eine saubere Kante ohne Werkzeugausbruch. Stets beste Ergebnisse.

2 Spiegelglatte Oberfläche und saubere Kanten einer Anfasung – selbst bei Weichholz.

3 Bei einem 85°-Profilwinkel sind rechtwinklige oder gezinkte Zapfen schnell und leicht gedrechselt.

4 Eine Spitzkehle von 90° oder darüber hinaus ist mit einer SDR in nur drei Schnitten gemacht.

5 Ausdrehen von Hirnholz in Faserrichtung von der Mitte zum Rand.

6 Drechseln der Innenseite einer Querholzschale vom Rand zur Mitte. Um eine perfekte Rundung zu erhalten, arbeitet man in Faserrichtung.

7 Drechseln einer Querholzschale vom Boden zum Rand an der Außenseite. Die SDR fließt in Faserrichtung schneidend über das Holz und hinterlässt eine glatte Oberfläche.

8 Dünne Stiele drechseln. Selbst bei dünnem Langholz lässt sich die SDR gut führen.

Fester Griff der Führungshand. Finger der Stützhand gegen die Auflage, Daumen liegt oben.

Schneide langsam in das Holz führen, indem Sie mit dem Daumen der Führungshand gegen die Klinge drücken.

Zapfen drechseln

1. Reißen Sie beidseitig zwei Linien im Abstand von 6 mm an.
2. SDR auf die Auflage legen, die Fase an der ersten Linie in Schnittrichtung bringen. Flute im 90°-Winkel halten und die Röhre auf die Drehachse richten.
3. Stehen Sie in Schnittrichtung dynamisch hinter dem Werkzeug. Werkzeug wie folgt halten: fester Griff der Führungshand, der Daumen der Stützhand liegt oben und die Finger der Stützhand gegen die Auflage. (i)
4. Drehbank einschalten.
5. Schneide langsam in das Holz führen, indem Sie mit dem Daumen der Stützhand und mit der Führungshand in Fasenrichtung drücken. (ii)
6. Sowie die Fase – ca. 6 mm neben der Kante der Holzkantel - das Holz berührt hat, das Werkzeug um 45° in Schnittstellung (halb geöffnet) drehen.
7. Den Schnitt bis auf einen Restdurchmesser von 12 mm fortsetzen.
8. Das Werkzeug über die gedrechselte Fläche zum Anfang zurückführen und den Schnitt an der nächsten Linie wiederholen.
9. Schritte 5–8 auf der anderen Seite der Kantel wiederholen. Sie werden feststellen, dass Sie Stütz- und Führungshand wechseln. Unterbinden Sie das nicht, denn es ist absolut notwendig, beidhändig geschickt zu sein.

Rechtwinkliges Abstechen

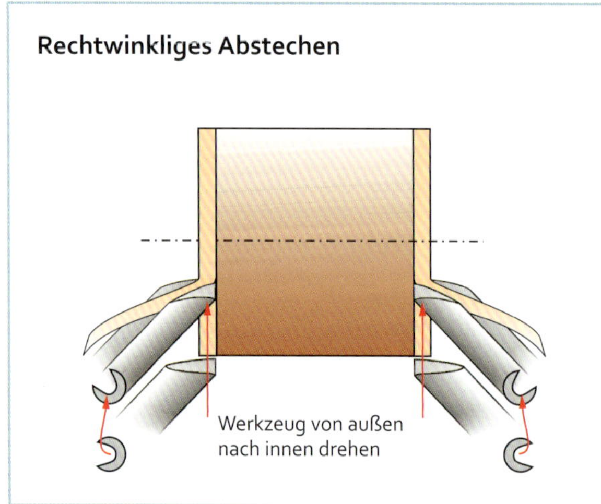

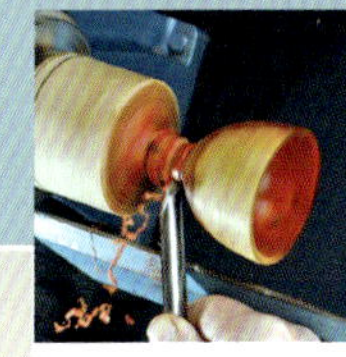

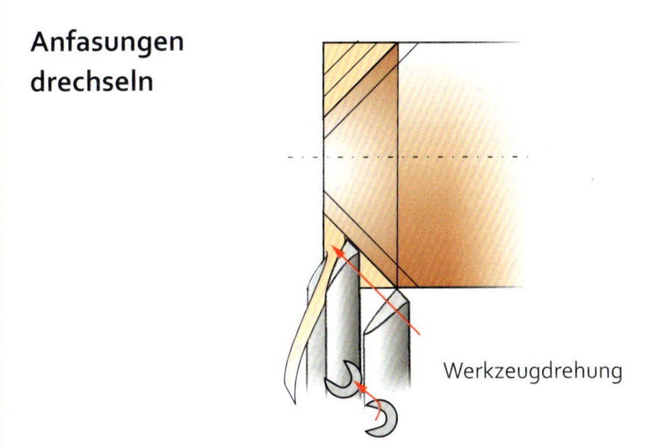

Schnitt 2 genau wie Schnitt 1 zur Mitte der Spitzkehle hin ausführen.

45°-Anfasung drechseln

1. Verfahren Sie wie beim rechtwinkligen Abstechen am Ende eines Langholzes. Richten Sie dieses Mal die Fase jedoch im 45°-Winkel zur Drehachse aus.
2. Machen Sie mehrere fließende Schnitte. Die Oberfläche wird vom Anfang bis zum Ende glatt und sauber und erhält scharfe Kanten.

Drechseln einer 90°-Spitzkehle in drei Schnitten

Bei einer Spitzkehle endet der Schnitt uneinsehbar in einer Spitze. Ziel ist es, eine saubere Spitze zu bekommen. Mit der Röhre ist das nur möglich, wenn die Flute in der 90°-Stellung steht (geschlossen). Für die Werkzeugstellung gilt folgende Sequenz: 90° beim direkten Einstechen, 45° während des Schnitts und 90° am Ende des Schnitts.

1. Für die Spitzkehle drei Linien mit je 12 mm Abstand auf dem Holz anreißen. An einer der äußeren Linien die Fase im 45°-Winkel zur Achse ausrichten, und zwar so, dass die Fase zur Mitte der Spitzkehle zeigt. Schnitt 1 wie bei einer Anfasung beginnen. Hat der Schnitt die Tiefe fast erreicht, das Werkzeug in die 90°-Stellung (geschlossen) drehen.
2. Ohne sich zu bewegen, halten Sie das Werkzeug auf die gleiche Art, drehen es um 180° und beginnen den zweiten Schnitt auf der anderen Seite der Spitzkehle. Dieses Mal wechseln Sie Stütz- und Führungshand nicht, da ein Wechsel bei derart kurzen Detailschnitten unnötig ist. Schnitt 2 genau wie Schnitt 1 zur Mitte der Spitzkehle hin ausführen. Auf der anderen Seite etwas Holz zum Nachputzen stehen lassen und darauf achten, nicht in die fertige Oberfläche zu schneiden. (i)
3. Für Schnitt 3 das Werkzeug um 180° zurückdrehen und den winzigen Holzrest am Boden plan drehen. Es lohnt sich, diese schnelle und einfache Schnittsequenz in drei Schritten zu trainieren. Machen Sie nie einen vierten Schnitt – üben Sie, damit es gleich richtig wird.

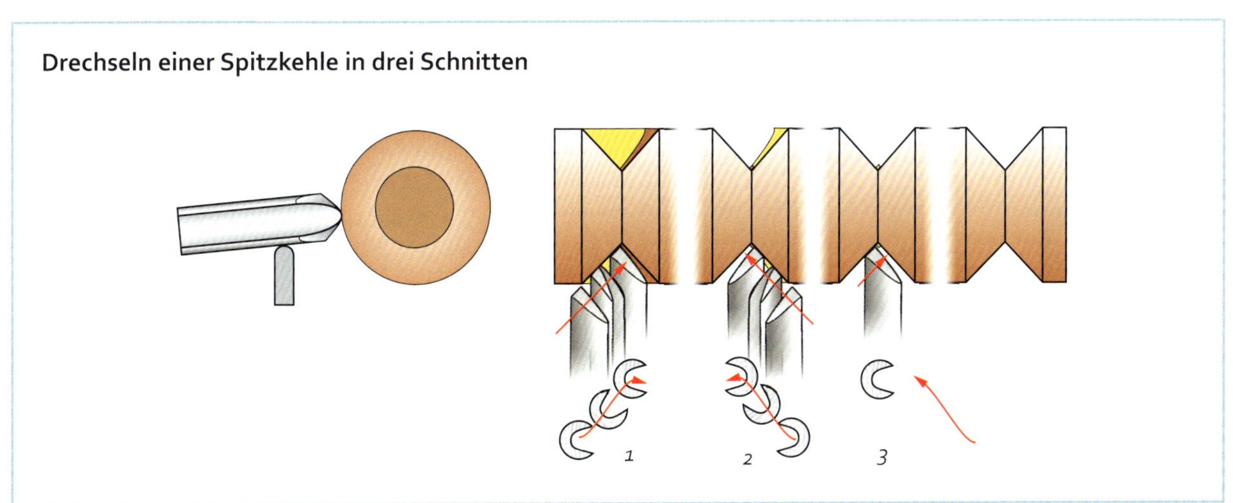

Querholzschalen

1. Auch hier direkt einstechen. Sowie die Schneide Holz abträgt, greift die Stützhand entweder von unten oder mit den Fingern, die nicht die Auflage berühren.
2. Die Schnittform wird dann von der Führungshand bestimmt, die den Werkzeuggriff im weiteren Schnittverlauf hin und her schwenkt. Anfänglich drechselt man das auf dem Schraubfutter aufgespannte Werkstück linkshändig (i), später die Innenseite rechtshändig. (ii)

Drechseln einer Querholzschale

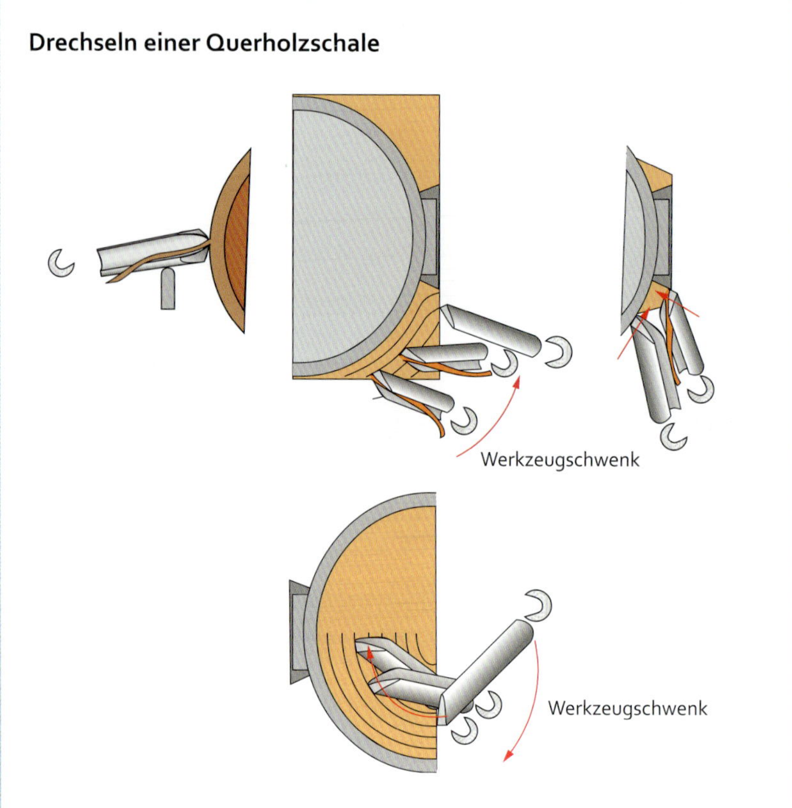

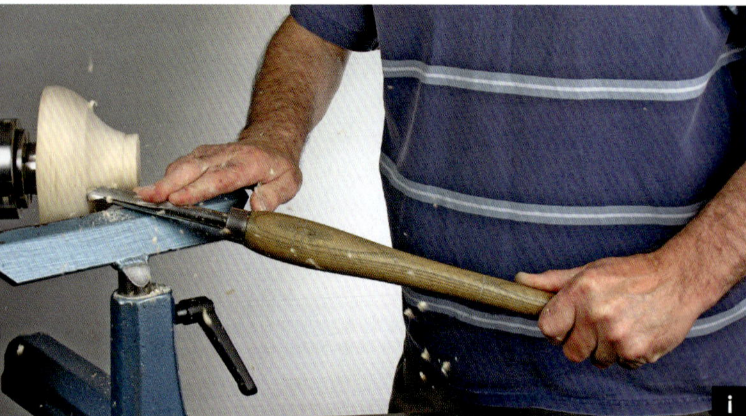

Links *Drechseln der Außenseite einer Querholzschale. Die linke Hand ist die Führungshand.*

Hirnholzschalen

1. Um im Schaleninneren in Faserrichtung zu schneiden, muss der Schnitt von der Mitte nach außen verlaufen. Machen Sie einen einfachen, direkten Einstich. Das Werkzeug fest zwischen den Fingern und dem Daumen der Stützhand greifen (der Daumen liegt oben). Die Stützhand fest gegen die Auflage drücken.
2. Das Werkzeug in den Fingern so kippen, dass der Schnitt vom Boden über die Seite nach oben verläuft (iii). Es handelt sich um einen groben Schnitt für großen Holzabtrag, der zur Feinbearbeitung von Oberfläche und Kontur jedoch wenig geeignet ist. Je nach Holz kann man die Feinbearbeitungsschnitte gegen die Faserrichtung führen (so, als würde es sich um Querholz handeln) und so eine saubere Kontur und Oberfläche erhalten.

Links *Drechseln des Schaleninneren; die rechte Hand ist die Führungshand.*

Drechseln einer Hirnholzschale

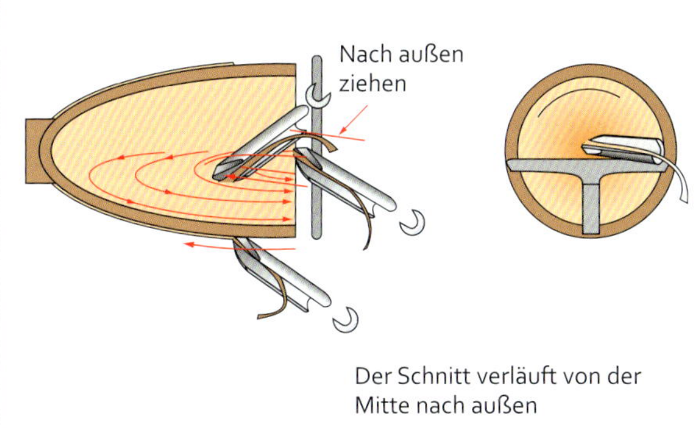

Das Werkzeug in den Fingern so kippen, dass der Schnitt vom Boden über die Seite nach oben verläuft.

Unterstütztes Einstechen

Kontakt mit dem Werkzeugrücken. Sodann das Werkzeug vorschieben und schwenken, bis ein Span abgetragen wird, dann den Schnitt fortsetzen

Tipp

Ob Sie direkt oder unterstützt einstechen, die Richtungssteuerung erfolgt in der gleichen Weise. Sobald das Werkzeug in das Holz einsticht, schwenkt man sowohl bei Langholz- als auch Querholzarbeiten zur Richtungssteuerung den Werkzeuggriff.

Unterstütztes Einstechen

Unterstützt sticht man dort ein, wo es auf der Holzoberfläche einen langsamen Richtungswechsel gibt. Lange Schnitte wie diese sind gut zum Üben der Werkzeugführung, obgleich sie eher bei Schalen vorkommen.

Vorgehen beim unterstützten Einstechen

1. Das Werkzeug ca. 25 mm vom Holz entfernt auf die Auflage legen. Das Werkzeug zeigt etwa in Schnittrichtung mit der Flute in 45°-Stellung (offen).
2. Stehen Sie dynamisch hinter dem Werkzeug. Greifen Sie das Werkzeug mit der Führungshand mit festem Griff. Die Finger der Stützhand drücken das Werkzeug und halten die Fase gegen das Holz.
3. Halten Sie den Fasenrücken an das Holz. Das Werkzeug mit der Führungshand und den Fingern der Stützhand nach vorn schieben. Gleichzeitig den Werkzeuggriff nach vorne schwenken, bis die Schneide einen Span abträgt. Diese Schnittrichtung ins Holz beibehalten, bis die Schnitttiefe 3 mm beträgt. Dann den Griff zurückschwenken, bis die Fase parallel zur Achse verläuft. So bis zum Ende verfahren.
4. Den Arbeitsvorgang beenden und das Werkzeug über die Oberfläche zum Anfang zurückführen. Den Vorgang wiederholen. Versuchen Sie, im Rhythmus zu schneiden und für den nächsten Schnitt wieder an den Anfang zurückzukommen. Das ist das A und O für diesen Arbeitsablauf.
5. Ist noch Holz verblieben, wiederholen Sie den Schnitt. Nehmen Sie dieses Mal jedoch die Finger der Stützhand allmählich weg, und schieben Sie mit der Führungshand, sodass der Schnitt lediglich mit der einen Hand fortgesetzt wird. Nehmen Sie die Finger der Stützhand auf den letzten 25 mm des Schnitts wieder hinzu, und beenden Sie den Schnitt langsam. Einhändiges Drechseln ist kein Partyknüller, sondern es ist wichtig, um zu verstehen, was jede Hand zu diesem Prozess beiträgt. Trainieren Sie Vorschub, Ziehen und Anpressdruck auf das Werkzeug zur Stabilisierung – was gerade nötig ist, um den Schnitt zu verbessern. Wenn Sie in der Lage sind, bei einigen Schnitten die Stützhand wegzunehmen, dann haben Sie den Dreh raus.

Flachröhre

Die Flachröhre (FR) ist ein leichteres Werkzeug für feine Arbeiten, vornehmlich zum Langholzdrehen und Erzeugen von Rundstäben, Spitzkehlen und Hohlkehlen.

Da sie eher für kurze, gerade Schnitte und Kurven als für lange Schnitte geeignet ist, kann man sie auch für Feinbearbeitungsschnitte an einer flachen Schale verwenden. Ihr 30°-Fasenwinkel bringt den Werkzeuggriff mehr in Schnittrichtung als bei der SDR der 45°-Fasenwinkel. Ihr 45°-Profilwinkel ermöglicht das Schneiden enger Spitzkehlen.

Vorgehen bei einfachen Schnitten

Mit der FR direkt eingestochene einfache Schnitte sind ähnlich wie mit einer SDR ausgeführte Schnitte: die Fase in Schnittrichtung ausrichten, dann die Schneide in das Holz führen. Stellen Sie die Drehbankgeschwindigkeit auf 2000 U/min ein. Spannen Sie ein 254 mm langes und

Oben *12-mm-FR mit 381 mm langem Griff*

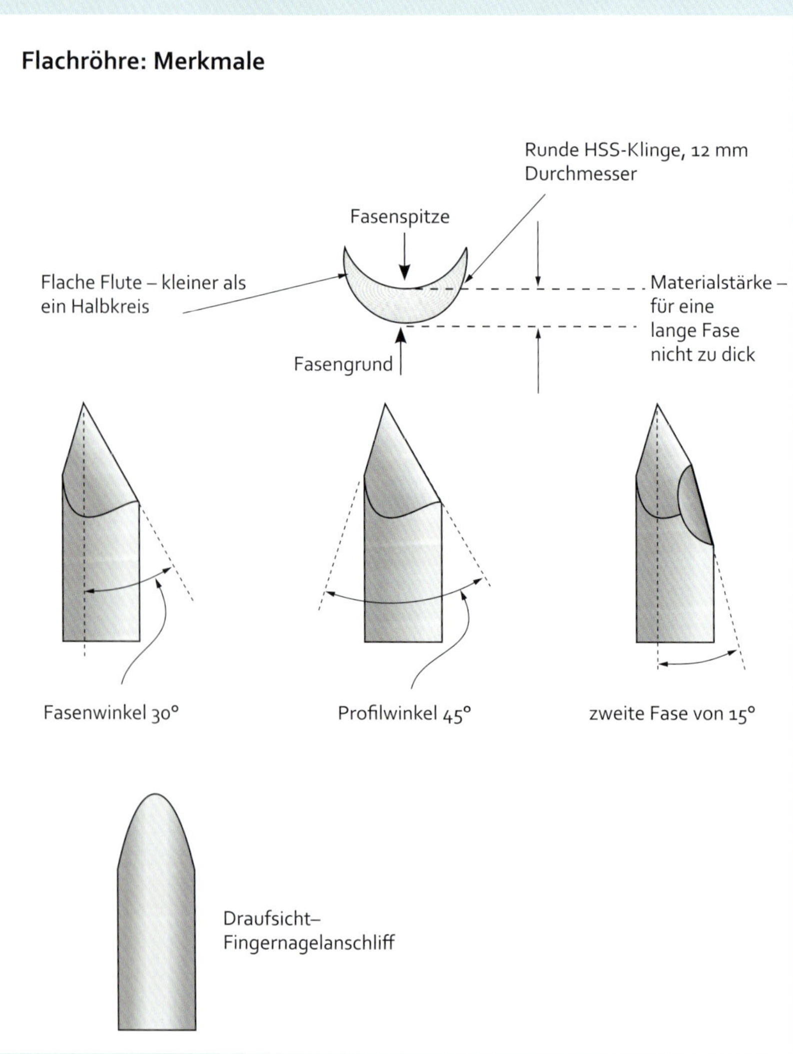

Drechseln von Kanteln

Anfasungen schneiden

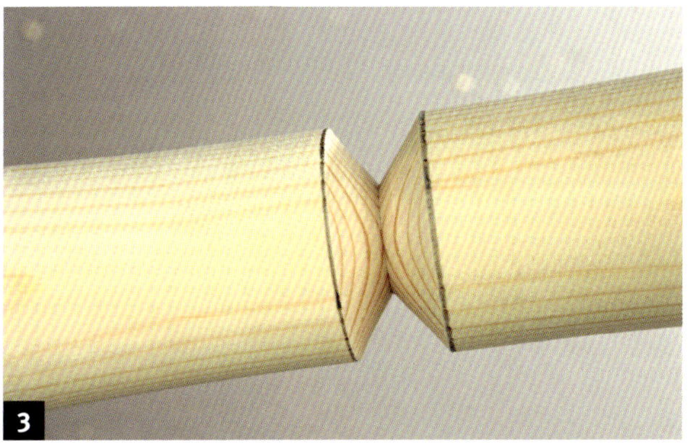

Spitzkehlen drechseln

Rundstäbe schneiden

Abstechen

Zapfen drechseln

Hohlkehlen schneiden

Hirnholz ausdrehen

63 x 63 mm großes Stück Weichholz (oder Rundholz mit 89 mm Durchmesser) zwischen den Spitzen auf. (Kürzere Holzstücke kann man in einem Spannfutter aufspannen). Stellen Sie die Werkzeugauflage so ein, dass sie 9-12 mm unter der Spitzenhöhe liegt und 12 mm von den Holzkanten entfernt ist. Die für den jeweiligen Schnitt erforderlichen Linien auf dem Holz anreißen.

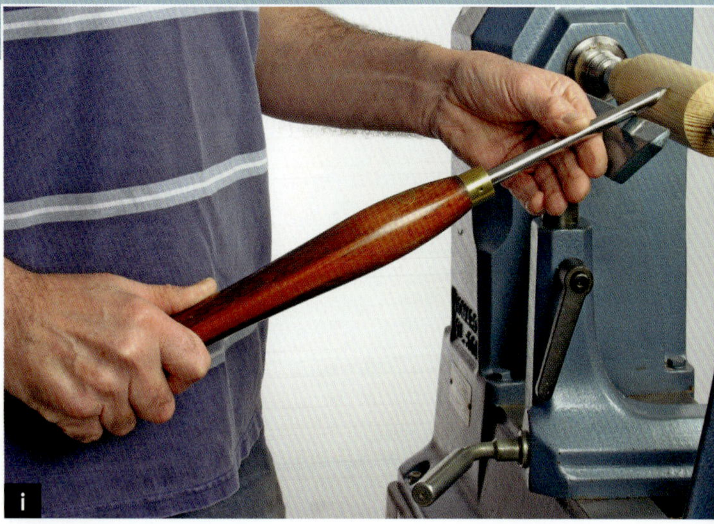

Fester Griff und oben liegender Daumen.

Vorgehen bei einem einfachen Schnitt

1. Das Werkzeug mit vertikaler Schneidenspitze (Flute geschlossen) auf die Auflage legen. Die Fase mit der Schnittrichtung ausrichten und die Mitte der Flute Richtung Drehbankachse zeigen lassen.
2. Stehen Sie dynamisch hinter dem Werkzeug. Den Werkzeuggriff mit dem festen Griff und die Klinge mit dem Daumen nach oben greifen. Die Spitze zur Drehbankachse richten. (i)
3. Die Schneide langsam aber kräftig mit dem Daumen der Stützhand in das Holz führen. Sowie das Werkzeug schneidet, die Röhre um etwa 10° drehen (die Flute öffnen). Endet der Schnitt in einer Ecke, bringt man das Werkzeug am Ende des Schnitts wieder in die geschlossene Stellung, damit eine saubere Ecke entsteht.

Bei den anschließend beschriebenen Schnitten ist der Ablauf der gleiche, jedoch mit folgenden Ergänzungen.

Das Ende eines Langholzes rechtwinklig abdrehen.

Enden rechtwinklig abdrehen

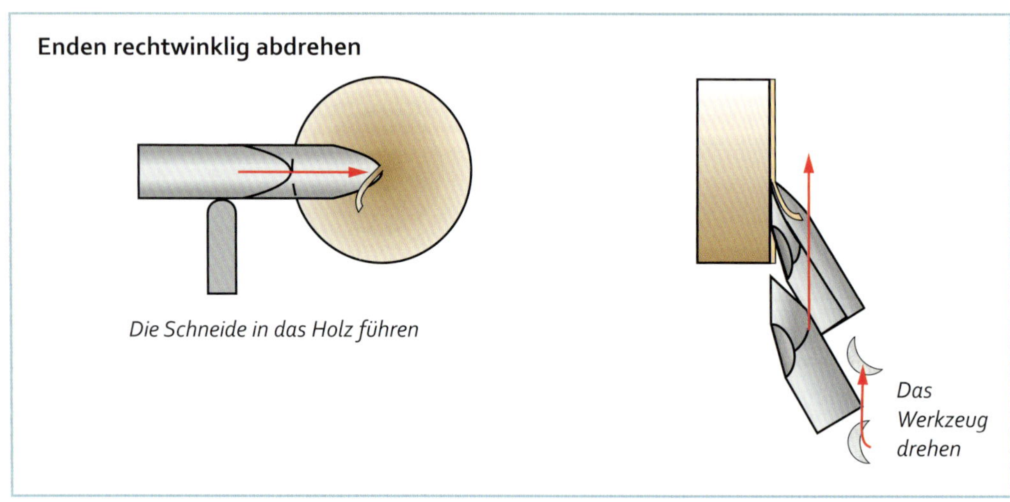

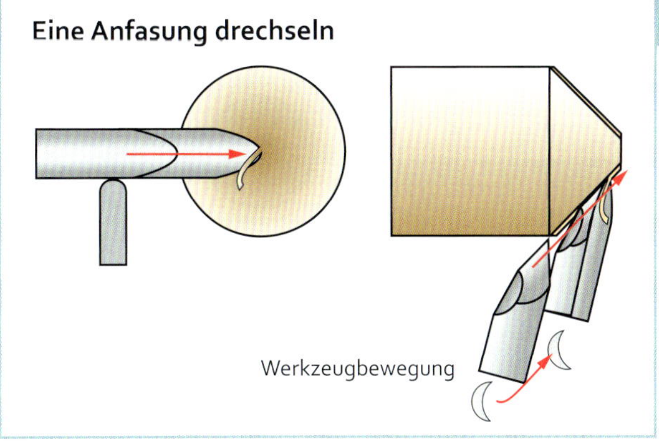

Eine Anfasung schneiden

Rechtwinklige Schnitte

1. Linien im Abstand von maximal 3 mm anreißen.
2. Fase im 90°-Winkel zur Achse ausrichten. (ii)

Anfasungen

1. An einem Ende des Holzes einige Linien im Abstand von je maximal 3 mm anreißen.
2. Die Fase im 45°-Anfasungswinkel mit der ersten Markierung ausrichten. (i)

Spitzkehlen oder V-förmige Schnitte

1. V-förmige Schnitte bestehen aus einer Reihe abwechselnd beidseitig ausgeführter Anfasungsschnitte. Pro Spitzkehle drei Linien im Abstand von je 6 mm anreißen sowie Zwischenlinien im Abstand von je 3 mm.
2. Auf einer Seite der Spitzkehle die Fase im 60°-Winkel zur Drehachse mit der ersten Markierung ausrichten. Fast bis zur Mittellinie einen feinen Schnitt ausführen (der Werkzeuggriff befindet sich ungefähr rechtwinklig zur Achse). (II)
3. Das Werkzeug um 180° drehen und die Fase mit der ersten Markierung auf der gegenüberliegenden Spitzkehlenseite ausrichten. Einen zweiten feinen Schnitt zur Mittellinie ausführen. Den Vorgang etliche Male wiederholen, bis die Spitzkehle die gewünschte Breite hat. Der letzte Schnitt ist kurz und dient dem Versäubern der Spitze.

Drechseln einer Spitzkehle

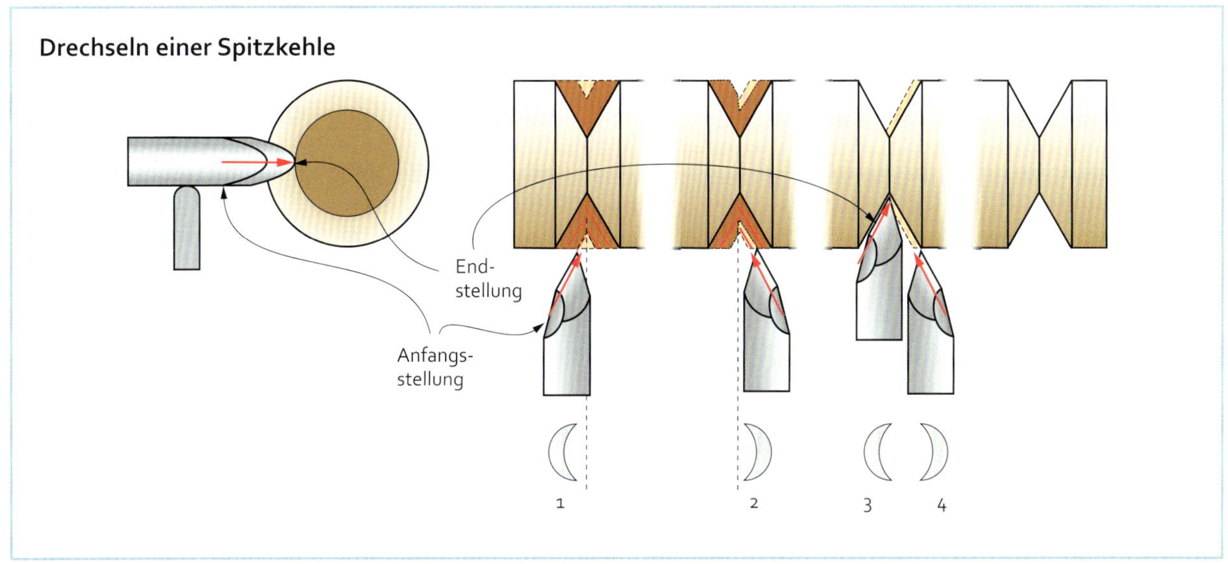

Rundstäbe und Hohlkehlen drechseln

Bei Rundstäben oder Hohlkehlen muss man das Werkzeug drehen und schwenken, um die Form in ihrer Gesamtheit drechseln zu können. Es gibt eingeschnittene und erhabene Rundstäbe.

Eingeschnittene Rundstäbe

1. Die Auflage 12 mm unterhalb der Drehbankachse einstellen. Für die Rundstäbe fünf Linien anreißen.
2. Das Werkzeug rechtwinklig zur Achse halten, dabei leicht in Schnittrichtung gedreht. Kontakt mit dem Holz etwa 3 mm unterhalb der Werkzeugspitze auf Höhe der Drehbankachse.
3. Stehen Sie auf einer Seite – rechts, wenn Sie Rechtshänder sind. Flexibler Griff am Werkzeuggriff und Hakengriff an der Klinge. (i)
4. Die Röhre beim Heben des Werkzeuggriffs mit beiden Händen drehen. Am Ende des Schnitts unten angekommen muss sich die Werkzeugspitze mit ihrer Flute in der 90°-Stellung befinden.
5. Das Werkzeug in die Anfangsstellung zurückrollen und den Schnitt auf der anderen Seite wiederholen. Beidseitig einen V-förmigen Schnitt ausführen. Diesen mit einem kurzen Schnitt auf der Seite des Rundstabs versäubern. (ii)

Einen eingeschnittenen Rundstab drechseln

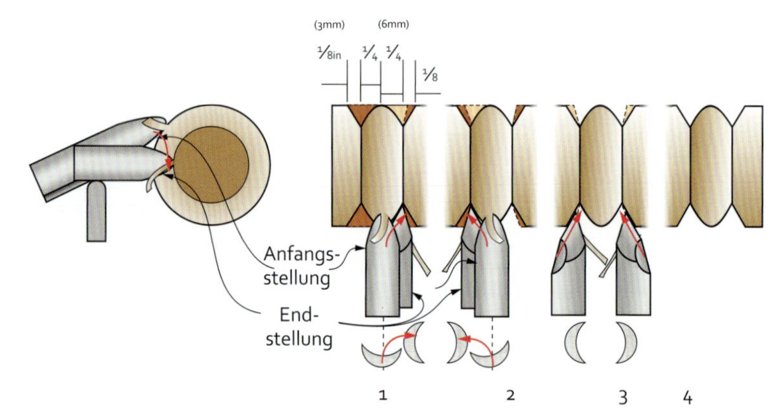

Flexibler Griff und Hakengriff

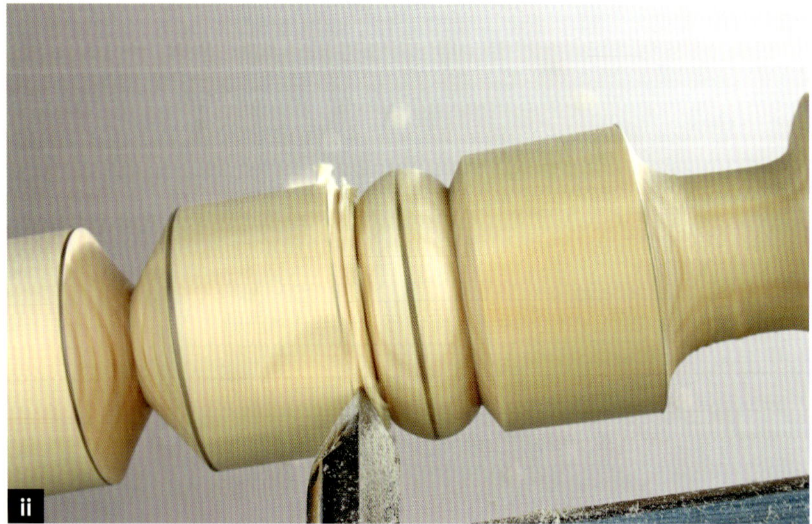

Drechseln eines eingeschnittenen Rundstabs

Einen erhabenen Rundstab drechseln

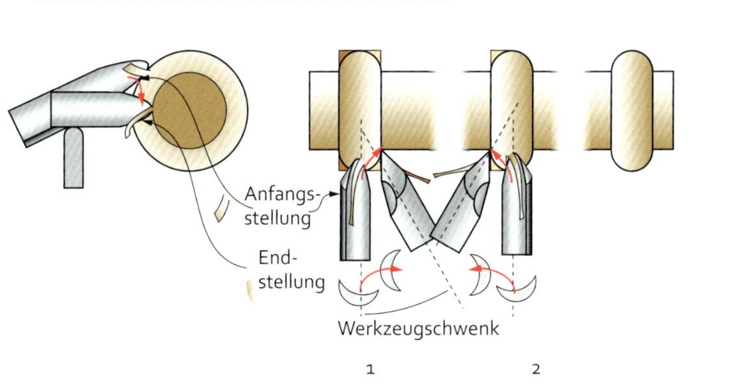

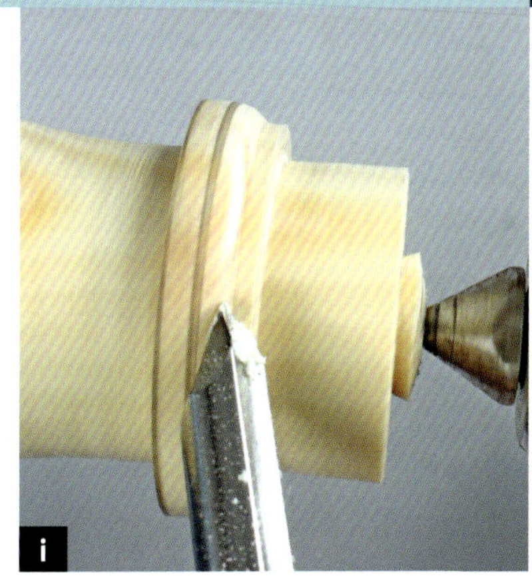

Drechseln eines erhabenen Rundstabs

Erhabene Rundstäbe

1. Schaffen Sie zunächst auf beiden Seiten Platz. Die Röhre wie bei einem eingeschnittenen Rundstab ausrichten, den Werkzeuggriff jedoch um 30° schwenken, sodass die Fase schließlich rechtwinklig zur Achse ist und einen halben Rundstab schneidet. (i)

Hohlkehlen

1. Eine Hohlkehle kann man in drei Schnitten herstellen. Man sticht wie bei einem geraden Schnitt direkt ein. Die Lage der Hohlkehle mit drei Linien anreißen.
2. Das Werkzeug in Endstellung rechtwinklig zur Achse halten. Fasenkontakt mit dem Holz an der Röhrenspitze auf Höhe der Drehbankachse.
3. Stehen Sie auf einer Seite – rechts, wenn Sie Rechtshänder sind. Flexibler Griff am Werkzeuggriff und die Klinge von unten greifen, dabei die Hand gegen die Auflage drücken.
4. Das Werkzeug in die Anfangsstellung schwenken, Werkzeugspitze vertikal (feiner, dünner Schnitt). Die Fase muss im rechten Winkel in Richtung Achse zeigen.
5. Das Werkzeug mit einer Bewegung in das Holz schieben, es schaufelnd hochschwenken und hochdrehen, bis die maximale Tiefe der Hohlkehle erreicht ist und es sich in der Endstellung befindet. Die Röhre muss rechtwinklig zur Achse sein, Fasenkontakt mit dem Holz an der Röhrenspitze auf Höhe der Drehbankachse. Danach wiederholen Sie den Vorgang auf der anderen Seite.
6. Der dritte Schnitt beginnt auf der ersten Seite auf halbem Wege und verläuft hinunter zur Endstellung, um die Schnitte zu vereinigen. Üben Sie die drei Schnitte, damit Sie es gleich richtig machen. Jeder weitere Schnitt ruiniert die Hohlkehle, es sei denn sie ist besonders groß. (ii)

Eine Hohlkehle drechseln

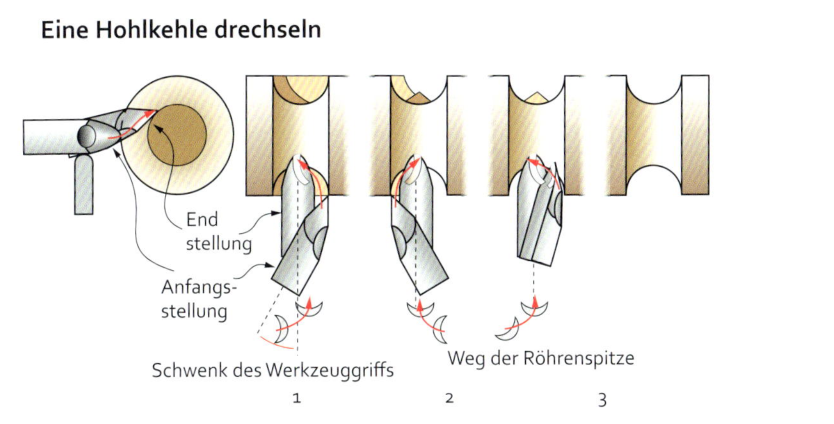

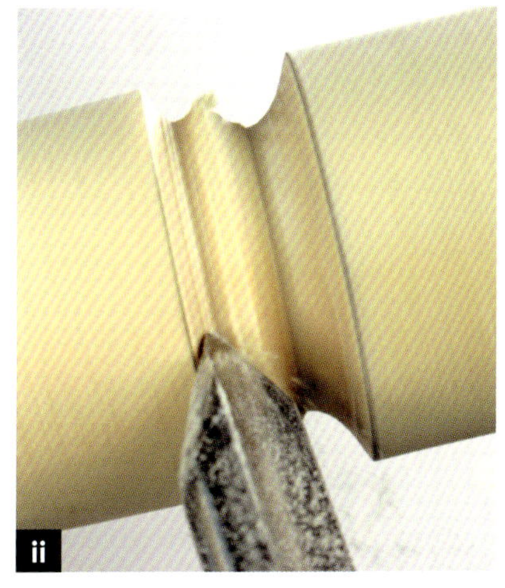

Drechseln einer Hohlkehle in drei Schnitten

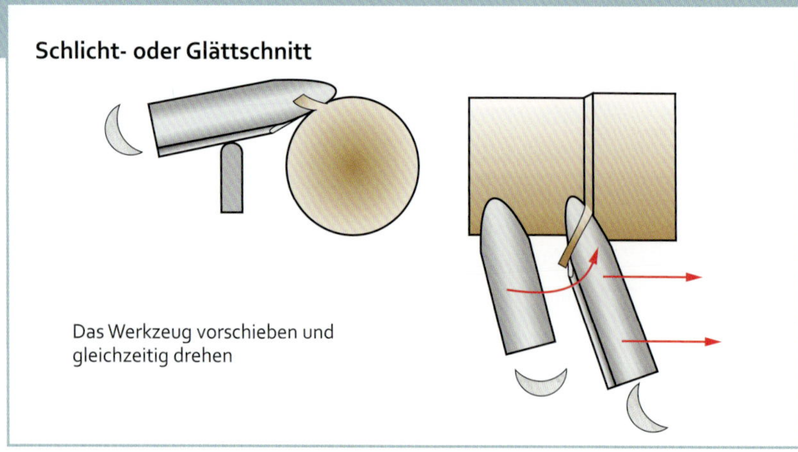

Oben *Schlicht- oder Glättschnitt*

Schlicht- oder Glättschnitt

Auf kurzen Längen hinterlässt die FR eine perfekte Oberfläche. Verwenden Sie Rundholz mit 50 mm Durchmesser, stellen Sie die Auflage 9 mm oberhalb der Drehbankachse und im Abstand von 12 mm zum Holz ein.

1. Die Fase zum unterstützten Einstechen an das Holz legen. Flexibler Griff am Werkzeuggriff, die Klinge von unten greifen. Den Werkzeuggriff um etwa 15° vorschwenken. (i)
2. Das Werkzeug vorschieben und gleichzeitig drehen, bis ein Span abgetragen wird. In dieser Weise arbeitend eine glatte Oberfläche erzeugen.

Große Rundungen

Rundungen, die zu groß sind, als dass man sie lediglich durch Drehen des Werkzeugs wie bei einem Rundstab drechseln könnte, drechseln Sie wie folgt. Die Technik eignet sich auch für direkt eingestochene feine Schnitte an Schalen.

1. Die Auflage 9 mm oberhalb der Drehbankachse und im Abstand von 12 mm zum Holz einstellen. Das Werkzeug auf die Auflagenhinterkante legen und an das Holz heranführen. Fester Griff am Werkzeuggriff, die Klinge von unten greifen.
2. Stehen Sie dynamisch hinter dem Werkzeug, die Flute ist um etwa 10° geöffnet. Das Werkzeug langsam vorschieben und gleichzeitig den Werkzeuggriff nach vorne schwenken, bis der Schnitt beginnt. Weiter vorwärts schwenken, um die Rundung zu erzeugen. (ii)

Unten *Drechseln einer großen Rundung.*

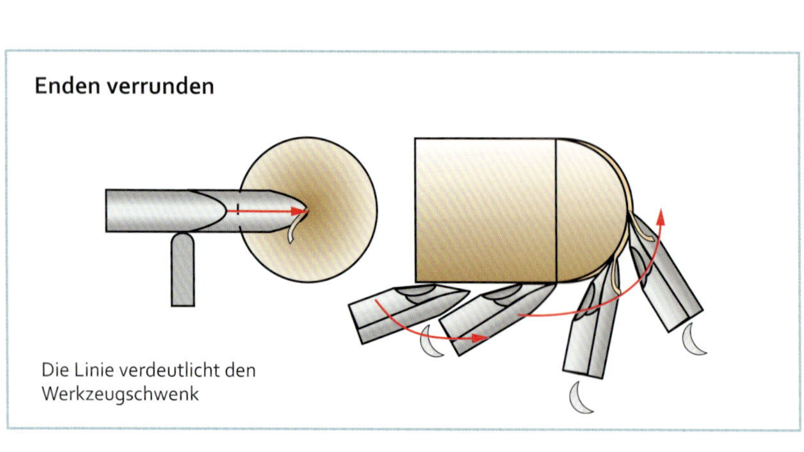

Flachmeißel

Der Flachmeißel unterscheidet sich insoweit von den anderen Werkzeugen, als er über drei Schneidzonen verfügt, die in der Abfolge eines Schnitts jeweils einzeln oder aufeinander folgend verwendet werden. Es sind dies: die obere Spitze, die lange Schneidkante und die untere Spitze. Das Werkzeug ist ungeheuer vielseitig einzusetzen, und viele Langholzprojekte kann man alleine mit dem Flachmeißel vollständig bearbeiten. Er ist der einzige Meißel im Werkzeugarsenal des Drechslers. Seine spitzen Fasenwinkel erlauben den Zugang an Stellen, an die andere Werkzeuge nicht heranreichen (Nun ja, ich behaupte zwar „der einzige Meißel", aber ein Rundstabeisen und ein Abstechstahl sind natürlich auch Meißel).

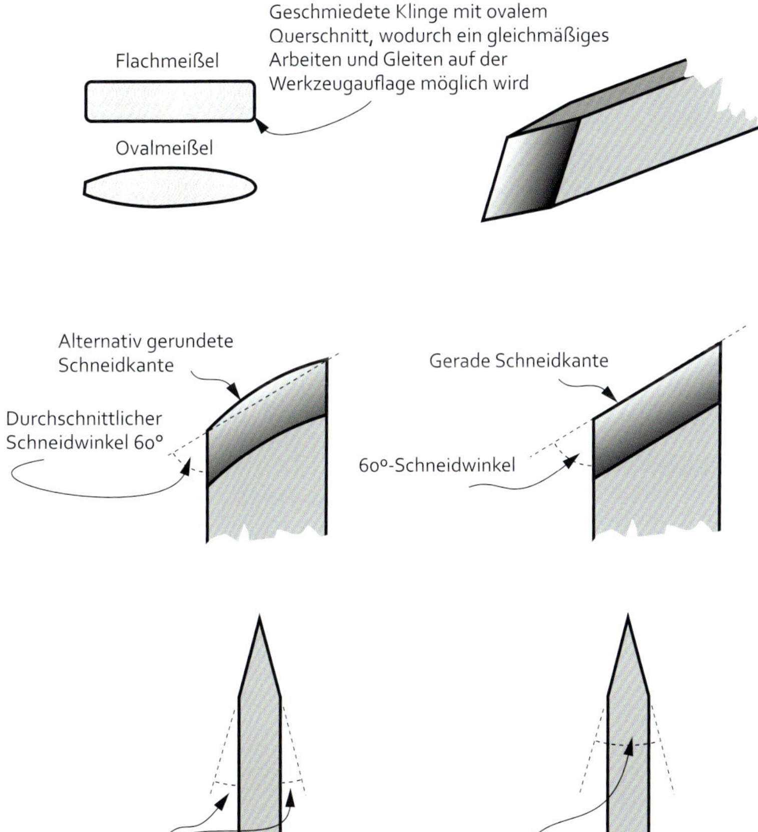

Oben *Flachmeißel*

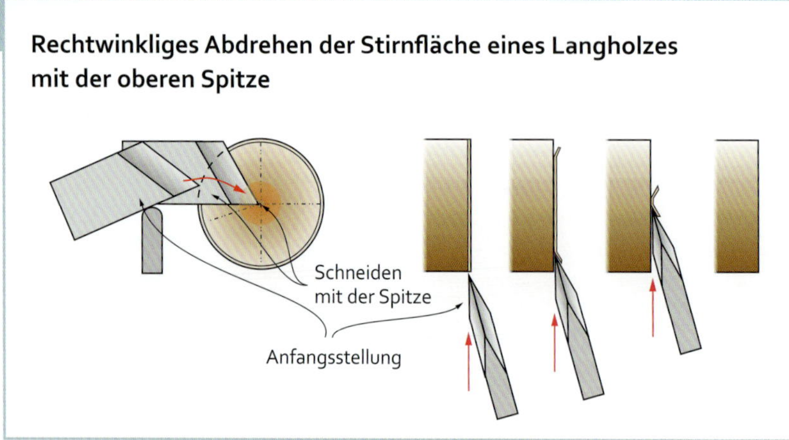

Abdrehen der Stirnfläche mit der oberen Spitze

Obere Spitze – Schnitt mit der Spitze

Man verwendet die Spitze zum rechtwinkligen Abdrehen von Langholz, für Anfasungen und für Spitzkehlen oder V-förmige Schnitte. Bei diesen Schnitten schneidet nur die Spitze des Werkzeugs.

Nehmen Sie ein 102–152 mm langes, rundes Stück Weichholz mit 51 mm Durchmesser, einen 25 mm breiten, rechteckförmigen Flachmeißel, und stellen Sie die Drehbank auf 2000 U/min ein. Die Werkzeugauflage stellen Sie auf die Höhe der Spitzen, 13 mm vom Holz entfernt und so, dass sie mindestens 51 mm über die zu schneidende Fläche hinausragt. Bei aufrechtem Werkzeug legen Sie nun die obere Meißelspitze (flach) auf die Auflage. Die Schräge des Meißels stellt sicher, dass zwischen der langen Schneidkante und der fertigen Werkstückoberfläche Abstand besteht.

Richten Sie die Unterkante der Fase in Schnittrichtung aus, damit der Schnitt möglichst schmal wird. Stehen Sie dynamisch hinter dem Werkzeug und schauen Sie in Schnittrichtung. Halten Sie den Werkzeuggriff mit festem Griff. Unterstützen Sie den Griff der Stützhand, indem Sie sie den Handrücken gegen die Werkzeugauflage lehnen oder verwenden Sie alternativ den Hakengriff. Heben Sie die Spitze um etwa 20-30° an, und drücken Sie die Spitze dann fest und langsam in einer Linie mit der Fase ins Holz. Halten Sie dabei die Fasenunterkante gegen die Schnittfläche. Folgen Sie einer geraden Schnittlinie mit der Spitze in Richtung auf die Drehbankachse. Falls nötig, ziehen Sie das Werkzeug entlang der Schnittfläche wieder zurück und wiederholen den Ablauf.

Stirnfläche rechtwinklig abdrehen

Allgemein gilt: Man richtet die Fase im rechten Winkel zur Drehbankachse aus.

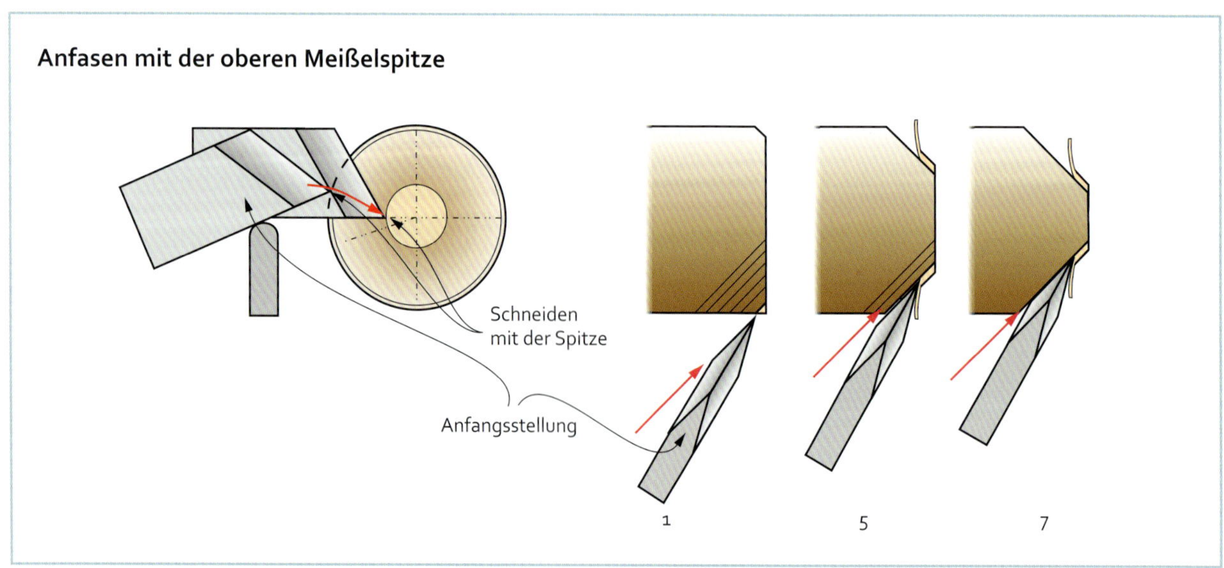

Erzeugen einer Spitzkehle mit der oberen Spitze

Fester Griff und Hakengriff beim Drechseln einer Spitzkehle

Anfasung von 60°

Richten Sie die Fasenunterkante mit dem Winkel der Anfasung aus, und führen Sie einen sehr feinen Schnitt durch (sowohl der Winkel der Anfasung als auch der Schneidwinkel des Meißels gewährleisten, dass zwischen der langen Schneidkante und der fertigen Werkstückoberfläche Abstand besteht).

Spitzkehlen oder V-förmige Schnitte

Dies ist eine Abfolge von Schnitten mit der Meißelspitze, ähnlich wie bei der Anfasung, abwechselnd auf beiden Seiten der Spitzkehle. Allgemein verfährt man wie folgt:

1. Reißen Sie die Spitzkehle mit drei Linien im Abstand von jeweils 6 mm an. Dann reißen Sie weitere Linien dazwischen mit maximal 1 mm Abstand an.
2. Den Meißel im rechten Winkel zur Drehbankachse ausrichten, die Spitze (um etwa 20-30°) heben und dann das Werkzeug fest und langsam ins Holz drücken. Es entsteht kein Span, man schafft nur Platz für die weiteren Schnitte.
3. Für eine schmale Spitzkehle schwenken Sie nun zur nächsten Markierung auf einer Seite, machen einen zweiten Schnitt und schwenken dann zur nächsten Markierung auf der anderen Seite und machen einen dritten Schnitt. Wiederholen Sie diese Schnitte abwechselnd auf beiden Seiten (ohne die Hände zu wechseln), bis die Solltiefe erreicht ist.
4. Der letzte Schnitt beginnt nicht weit von der Spitze der Spitzkehle, um deren untere Ecke zu säubern.
5. Für breitere Spitzkehlen schwenken Sie das Werkzeug zum Schnitt mehr nach rechts und nach links.

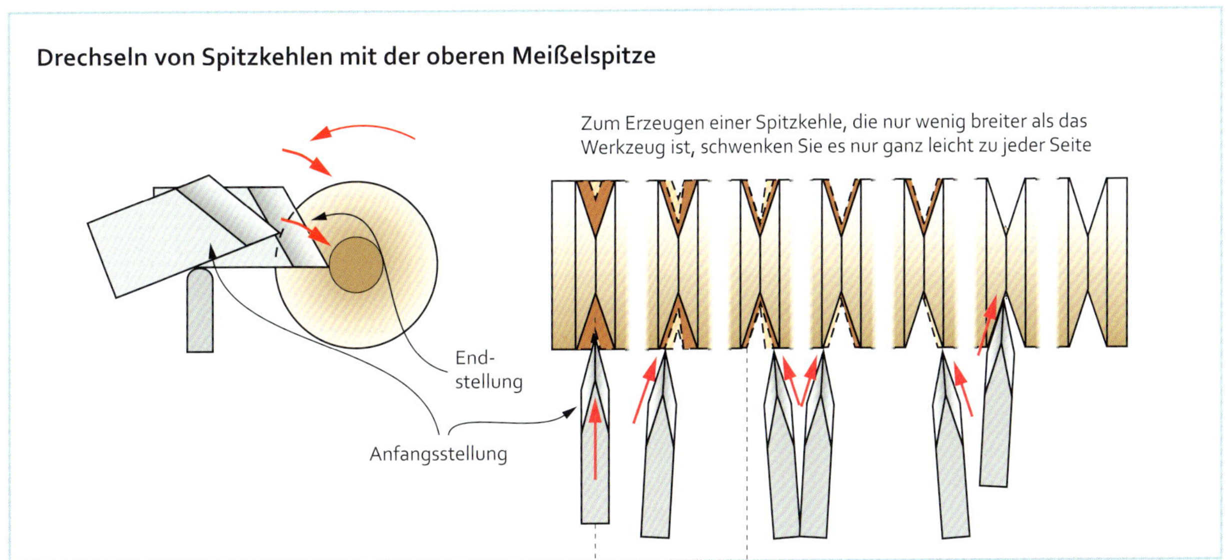

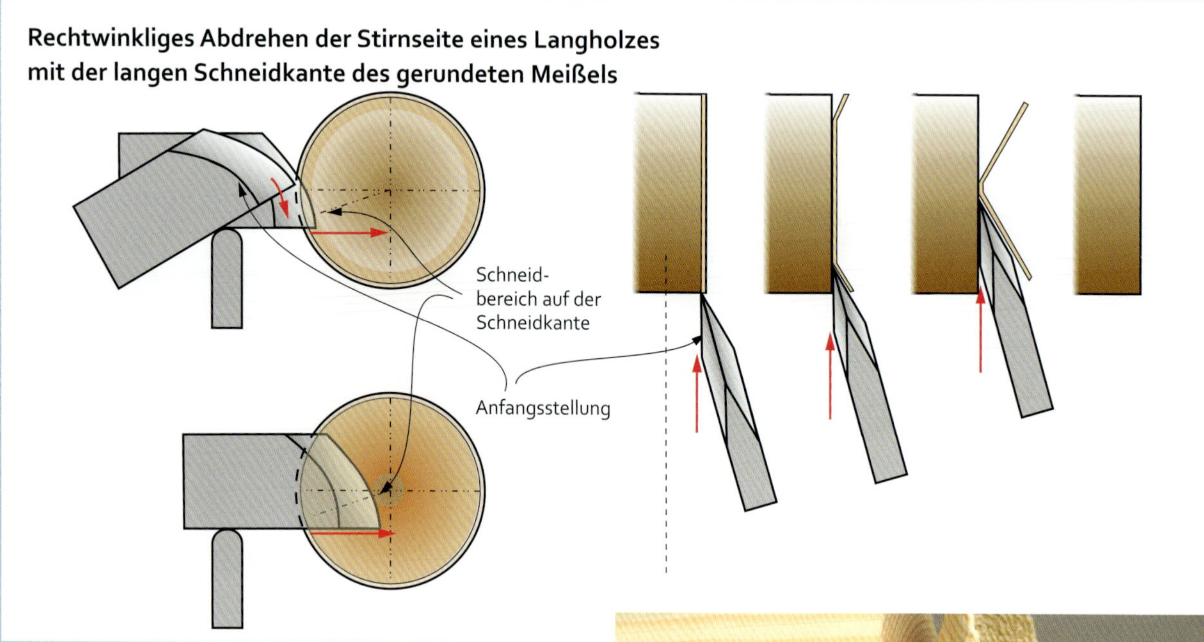

Rechtwinkliges Abdrehen der Stirnseite eines Langholzes mit der langen Schneidkante des gerundeten Meißels

Rechtwinkliges Abdrehen von Hirnholz mit der Schneide des gerundeten Meißels.

Lange Schneidkante

Allgemeine Vorgehensweise bei schneidendem Abstechen

Der Einstich ins Holz erfolgt mit einer der Spitzen, danach wird die Schneidkante eingesetzt. Bei einem Winkel zur Drehbankachse von weniger als 45° erfolgt der Einstich mit der unteren Spitze, über 45° mit der oberen Spitze. Nehmen Sie ein 102–152 mm langes, rundes Stück Weichholz mit 51 mm Durchmesser. Verwenden Sie einen 25 mm breiten, rechteckförmigen Flachmeißel, und stellen Sie die Drehbank auf 2000 U/min ein.

1. Die Werkzeugauflage stellen Sie 10–13 mm unterhalb der Höhe der Spitzen ein, 13 mm vom Holz entfernt und so, dass sie mindestens 51 mm über die zu schneidende Fläche hinausragt.
2. Bei aufrecht stehendem Werkzeug legen Sie nun die lange Schneidkante des Meißels (flach) auf die Auflage. Die Rundung des Meißels gewährleistet, dass nur ein schmaler Schneidkantenbereich das Holz schneidet.
3. Die Fase in Schnittrichtung ausrichten, damit der Schnitt sehr schmal (1 mm) wird.
4. Stehen Sie dynamisch hinter dem Werkzeug und schauen Sie in Schnittrichtung.
5. Halten Sie den Werkzeuggriff mit festem Griff. Unterstützen Sie den Griff der Stützhand, indem Sie sie gegen die Werkzeugauflage lehnen oder verwenden Sie alternativ den Hakengriff.
6. Heben Sie die Spitze um etwa 20-30° an und drücken sie dann fest und langsam ins Holz. Nachdem Sie etwa 3 mm eingedrungen sind, heben Sie den Griff, sodass das Werkzeug horizontal liegt und der Schnittbereich von der Spitze zur Mitte der Schneidkante übergeht. Drücken Sie das Werkzeug nach vorn, und folgen Sie einer geraden Schnittlinie in Richtung auf die Drehbankachse.

Warnung

Führen Sie diesen Schnitt ausschließlich mit dem gerundeten Flachmeißel aus. Nur mit diesem Werkzeug können Sie den Schnitt mit der langen Schneidkante ausführen.

Anfasen mit der langen Schneidkante des gerundeten Meißels

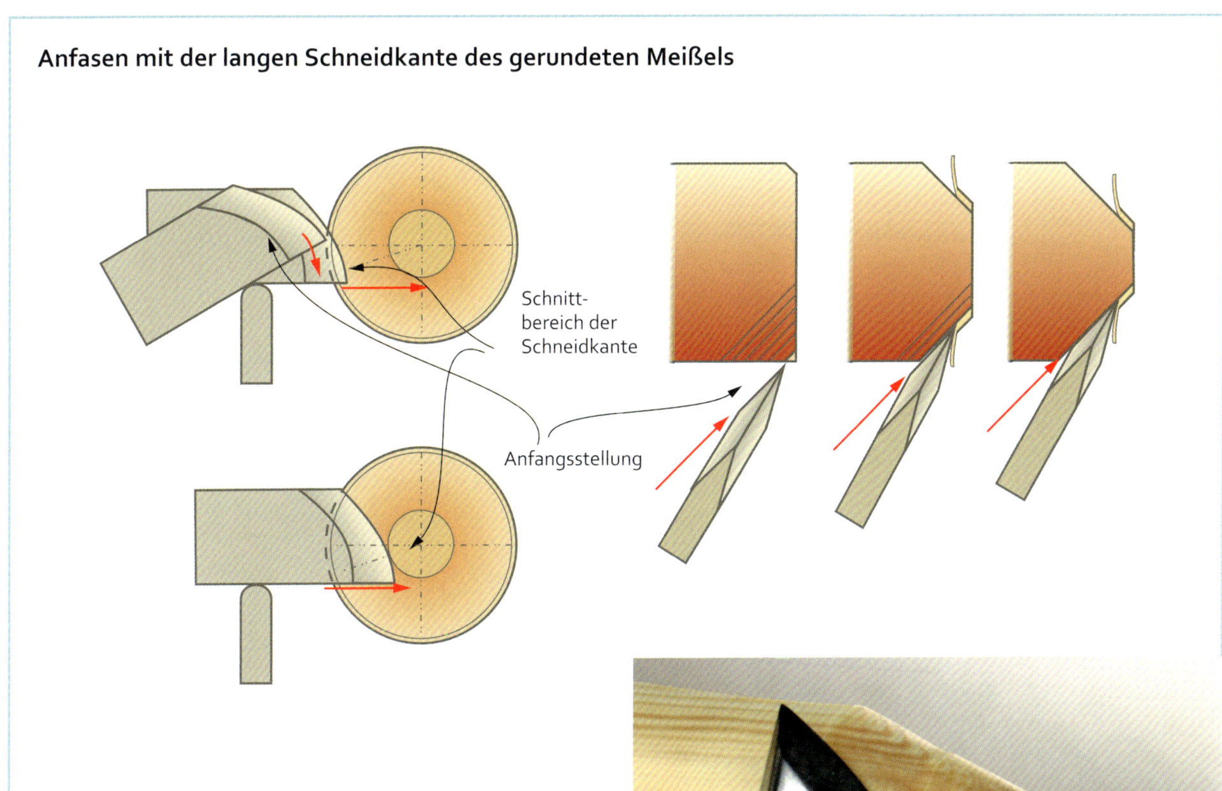

Anfasen mit dem Flachmeißel mit gerundeter Schneidkante

Rechtwinkliges Abdrehen der Stirnseite

Die Fase rechtwinklig zur Drehbankachse ausrichten.

Anfasung von 60°

Allgemein gilt: Man richtet die Fase mit dem Anschrägungswinkel aus.

Glätt- und Formschnitte

Mit diesen Schnitten erzeugen Sie bei Langholz, an Rundungen und Rundstäben eine glatte Oberfläche. Das gilt vor allem für Weichholz.

Warnung

Achten Sie darauf, dass der Anfasungswinkel weniger als 70° beträgt, wenn Sie für diesen Schnitt einen Flachmeißel mit gerader Schneidkante verwenden wollen.

Glättschnitt

Stellen Sie die Werkzeugauflage so ein, dass sie 6–13 mm oberhalb der Höhe der Spitzen und 13 mm vom Holz entfernt steht. Setzen Sie das Werkzeug im unteren Fasenbereich am Holz an und halten dabei die Schneidkante in einem Scherwinkel von 45°. Die Mitte der Schneidkante muss am nächsten am Holz sein, dabei zeigt die obere Spitze nach oben. Stehen Sie in dynamischer Haltung

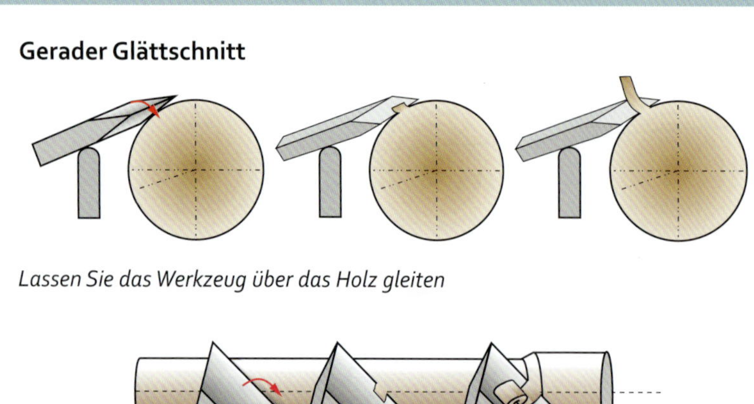

Glättschnitt entlang eines Langholzes

Fester Griff und Fingergriff, der Arm ist auf den Spindelkasten gestützt.

hinter dem Werkzeug, und blicken Sie am Holz entlang. Die Führungshand hält den Werkzeuggriff mit festem Griff. Die Stützhand drückt den Meißel im Fingergriff auf Holz und Werkzeugauflage.

Schalten Sie die Drehbank ein und führen das Werkzeug mit beiden Händen gleitend über das Holz. Das Werkzeug dabei mit der Führungshand langsam vorwärts drehen, bis die Schneidkante beginnt, einen Span abzutragen. Das Werkzeug weiter bis zum Ende des Werkstücks führen, dann zurück in die Anfangsstellung und den Schnitt gegebenenfalls wiederholen.

Rundungen und Rundstäbe

Rundungen

Zum Erzeugen einer Rundung dreht man den Flachmeißel bei fortschreitendem Schnitt, sodass sich die Richtung, in die die Fase zeigt, ändert. Zu Beginn des Schnitts liegt das Werkzeug auf seiner Seite, und die Fase zeigt parallel zur Drehbankachse. Am Ende des Schnitts liegt das Werkzeug auf seiner Kante, und die Fase liegt im 90°-Winkel zur Drehbankachse.

Anmerkung

Benutzen Sie die Schneidkante in ihrem Mittenbereich bis maximal 3 mm Entfernung von der oberen und unteren Spitze. Berührt die obere Spitze das Holz, kommt es zu einem „Nürnberger". Berührt die untere Spitze das Holz, verschlechtert sich die Oberflächenqualität geringfügig. Wird das Werkstück schlanker, können Sie das Holz mit den Fingern der Stützhand stützen und nur noch den Daumen auf dem Werkzeug belassen.

Vorgehensweise

Spannen Sie ein Rundholz von 51 mm Durchmesser an einem Ende in ein Spannfutter. Am anderen Ende schneiden Sie die Rundung.

Reißen Sie neben der Kante Linien im Abstand von 1 mm an. Die Werkzeugauflage steht etwa 6 mm unterhalb der Drehbankachse. Halten Sie das Werkzeug in der Endstellung des Schnitts, die obere Spitze nach oben, das Werkzeug vertikal und im 90°-Winkel zur Drehbankachse. Den Werkzeuggriff halten Sie mit festem Griff, die Werkzeugklinge im Hakengriff, dabei den Zeigefinger unter der Werkzeugauflage verhakt und die Klinge mit den Fingerspitzen oder dem Daumen. Drehen Sie das Werkzeug nun zurück in die Anfangsstellung, und es ist bereit für den Schnitt. Legen Sie den Fasenrücken bei einem Scherwinkel von 30-35° an das Holz an. Bringen

Sie am ersten Anriss das Holz in Kontakt mit der Schneidkante. Dabei den Meißel im rechten Winkel zur Drehbankachse halten.

Bewegen Sie das Werkzeug in einer mit beiden Händen ausgeführten Dreh-Schwenk-Bewegung vorwärts und erzeugen Sie eine gerundete Form. Die Stützhand hält auch die Fase gegen das Holz. Drehen und schwenken Sie weiter, bis das Werkzeug in der Endstellung angelangt ist. Wiederholen Sie die Vorgehensweise am nächsten Anriss, bis die Rundung fertig ist. Bei Rundstäben ist die Vorgehensweise nahezu gleich.

Hakengriff beim Abrunden eines Langholzendes

Drechseln einer Rundung mit gerundetem oder geradem Meißel

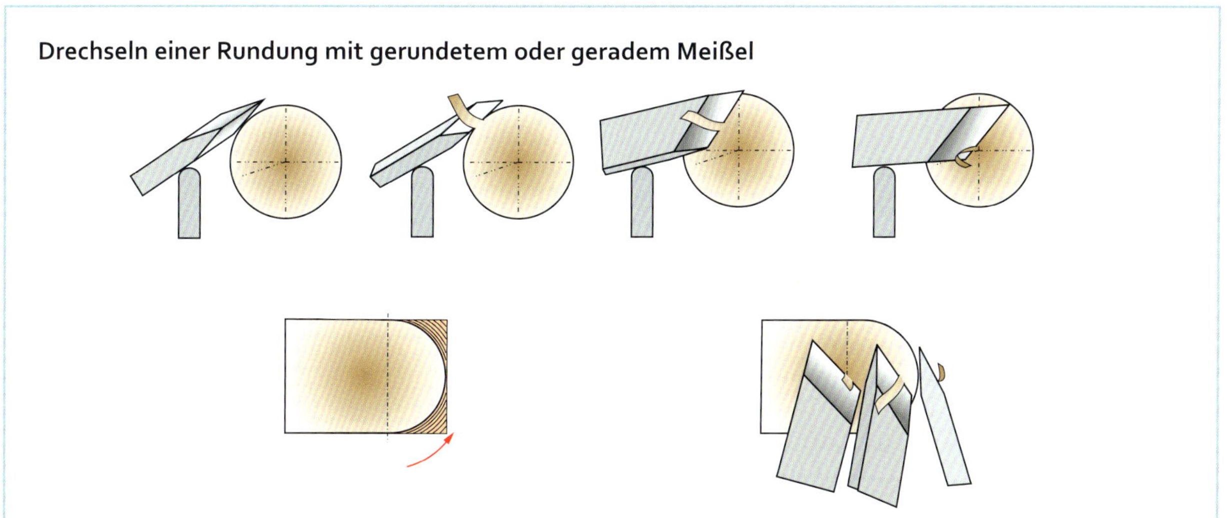

Abrunden der Kanten eines erhabenen Rundstabs

Erhabener Rundstab

Die erste Seite erzeugen Sie genau so, wie die oben beschriebene Rundung. Zur Erzeugung der zweiten Seite halten Sie das Werkzeug in den gleichen Händen und wiederholen den Ablauf in die entgegengesetzte Richtung. Bei einem kleinen Rundstab ist je Seite nur ein Schnitt erforderlich.

Drechseln eines erhabenen Rundstabs mit der langen Schneidkante

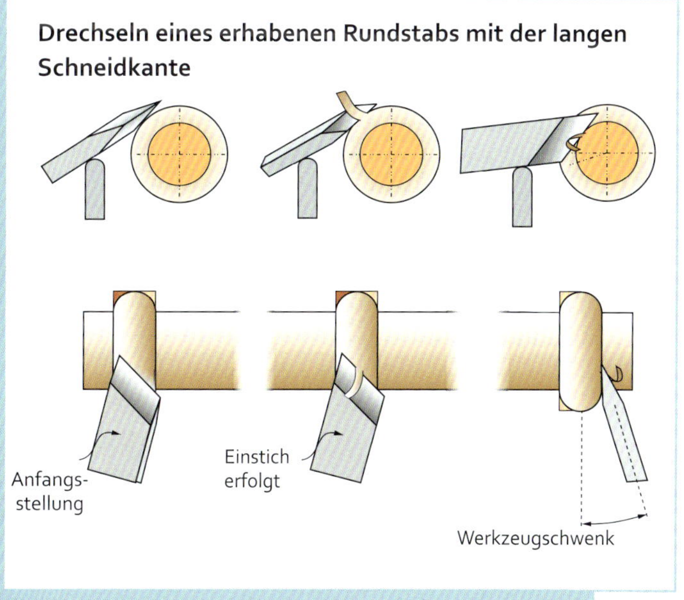

Drechseln eines eingeschnittenen Rundstabs in vier Schnitten

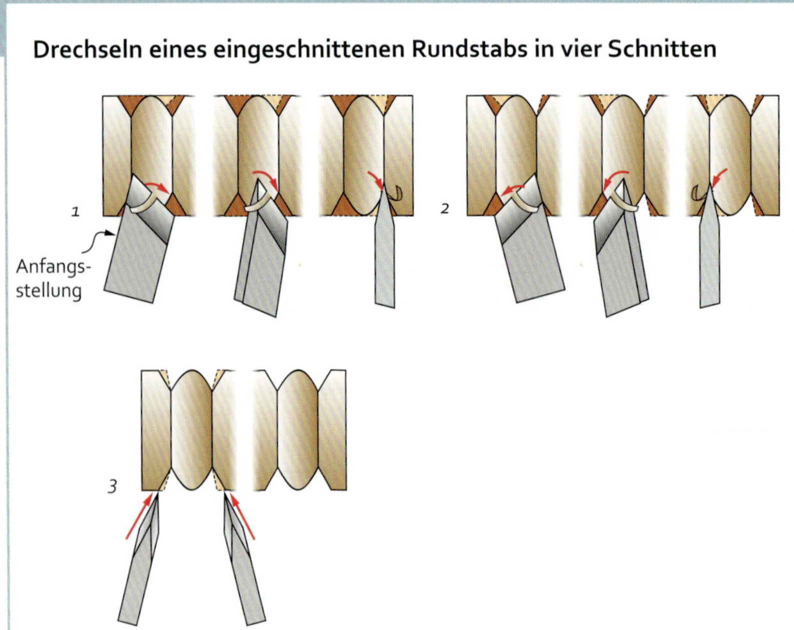

Eingeschnittene Rundstäbe in nur vier Schnitten.

Eingeschnittener Rundstab

Eingeschnittene Rundstäbe mache ich gern in nur vier Schnitten. Diese kombinieren Spitzkehle und Rundung.

1. Den Rundstab auf dem Holz mit fünf Linien im Abstand von 6 mm anreißen.
2. Erzeugen Sie auf der einen Seite des Rundstabs einen gerundeten Schnitt. Drehen Sie dabei das Werkzeug, schwenken Sie es aber nicht.
3. Den Schnitt auf der anderen Seite des Rundstabs wiederholen.
4. Machen Sie mit der oberen Spitze an jeder Seite einen V-förmigen Schnitt. Für größere Rundstäbe sind mehr Schnitte erforderlich.

Untere Spitze

Beim Drechseln eines runden Zapfens mit der langen Schneidkante gleitet die Schneidkante bei der Annäherung an die Zapfenecke am Holz hoch, bis die untere Spitze schneidet. Die untere Spitze kann als Alternative zur langen Schneidkante beim Drechseln von Rundstäben dienen.

Flachmeißel mit gerundeter Schneidkante

Verwenden Sie den Flachmeißel mit gerundeter Schneidkante für die gleichen Anforderungen wie den mit gerader Schneidkante sowie in zwei weiteren speziellen Situationen. Die eine ist das rechtwinklige Abdrehen der Stirnfläche eines Langholzes mit der langen Schneidkante, bei der die Rundung an der Schneidkante für Abstand vom Holz an beiden Seiten sorgt und den Schnitt so sicher macht. Die zweite ist der Glättschnitt in eine Ecke hinein, bei dem die Schneidkante so rund geschwenkt werden kann, dass die gerundete Kante den Schnitt abschließt.

Drechseln in eine Ecke mit gerundetem oder geradem Flachmeißel

Den geraden Meißel drückt man hoch, damit der Schnitt an der (unteren) Spitze erfolgt

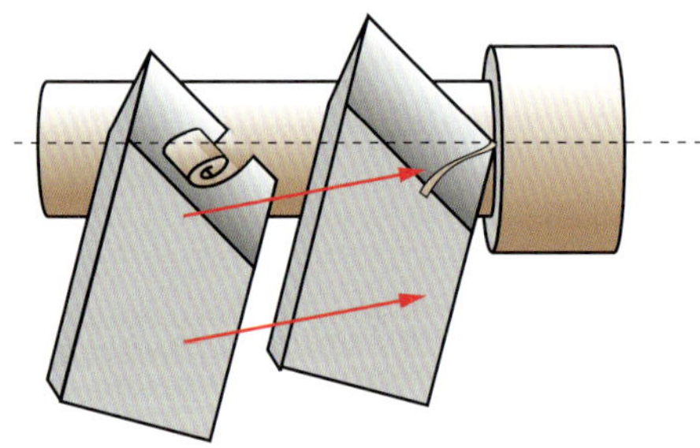

Den gerundeten Meißel schwenkt man rund und schneidet bis in die Ecke

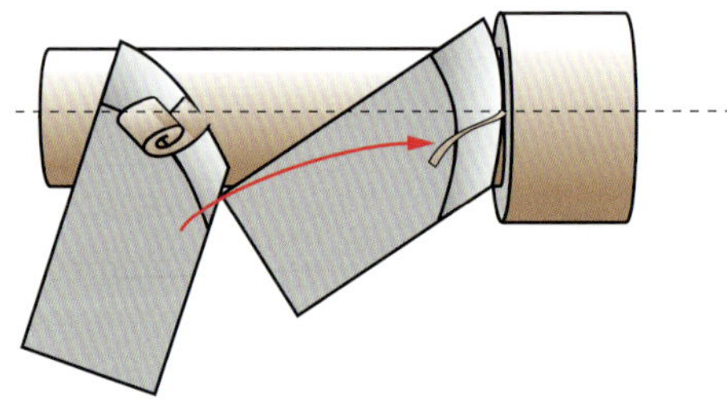

Schaber

Schaber werden vor allem zum Glätten der Oberfläche verwendet. Sie tragen zwar nur geringfügig Holz ab, doch diese geringe Menge macht am Ende den Unterschied bei der Qualität der Oberfläche. Und darauf kommt es an.

Schaber sind spezielle Werkzeuge. Sie schneiden Formen, die ihrer Schneidkante ähnlich sind. Einige sind reine Spezialwerkzeuge, wie ein Gewindestrehler, mit dem man ausschließlich die Form seiner Schneidkante erzeugt. Aus diesem Grund habe ich auch mehr Schaber als Röhren und Meißel.

Schaber müssen immer flach auf einer Werkzeugauflage aufliegen und das geht nur auf einer geraden Auflage. Gerundete Werkzeugauflagen machen den Schaber instabil und schwierig zu führen. Führt man die Schneidkante nach unten, hat der Schaber nur noch mit einem Punkt der Auflage Kontakt und beginnt zu schwingen. Auch wenn man die Spitze nach oben führt, hat man das Problem, dass der Kontakt zur Auflage nur an den beiden Randpunkten der Klinge besteht und der Schaber daher nicht leicht über die Auflage gleitet.

Kontaktpunkte eines Schabers bei gerundeter Werkzeugauflage

Rechts *Gewindestrehler, Formwerkzeuge.*

Schaber: Merkmale

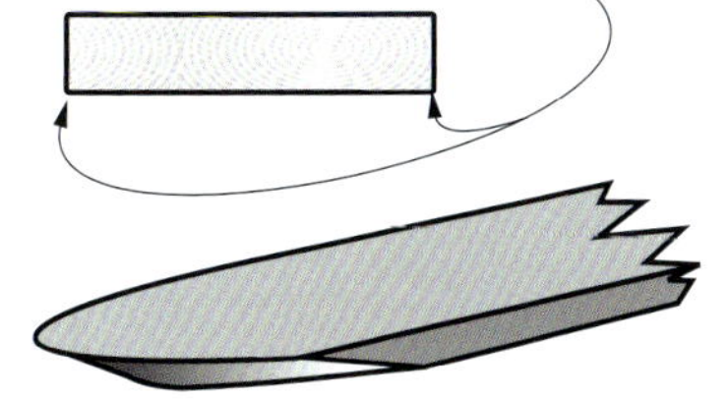

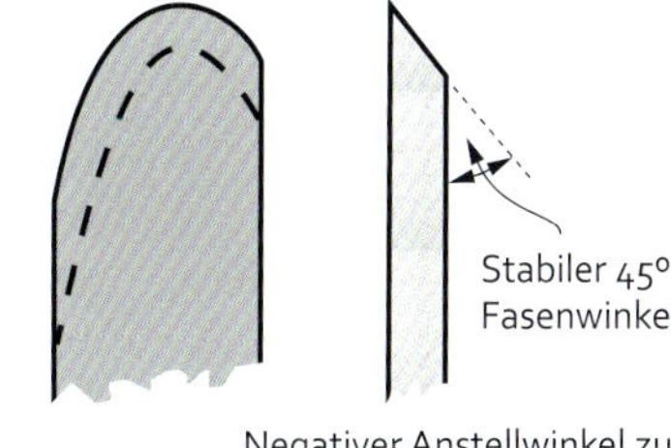

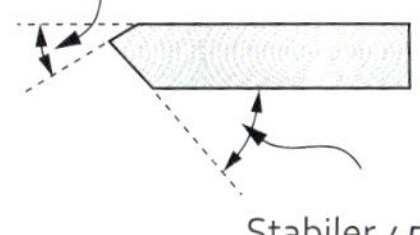

Auswahl nützlicher Formen

Linksseitig angeschrägter, gerader Schaber

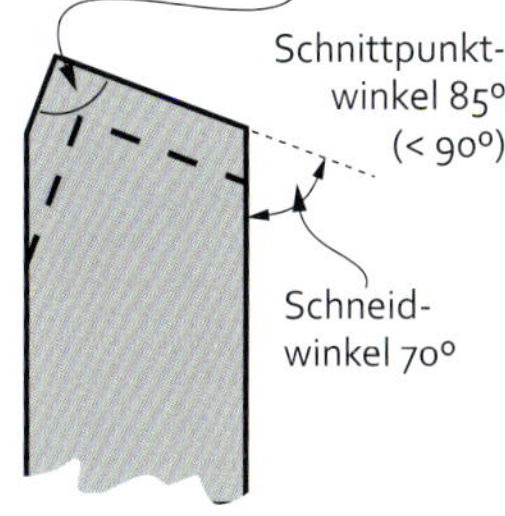

Rechtsseitig schräger Schaber

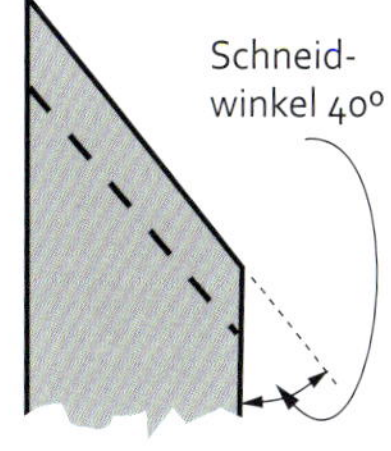

Halbrunder Schaber

Leicht gewölbter Schaber

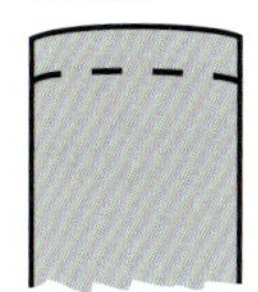

Empfohlene Grifflängen

Schaber *Breite*	**Griff** *Länge*
51 mm	610 mm
38 mm	457 mm
25 mm	356 mm
19 mm	305 mm
6 mm	229 mm

Fester Griff am Werkzeuggriff und Fingergriff auf der Werkzeugklinge

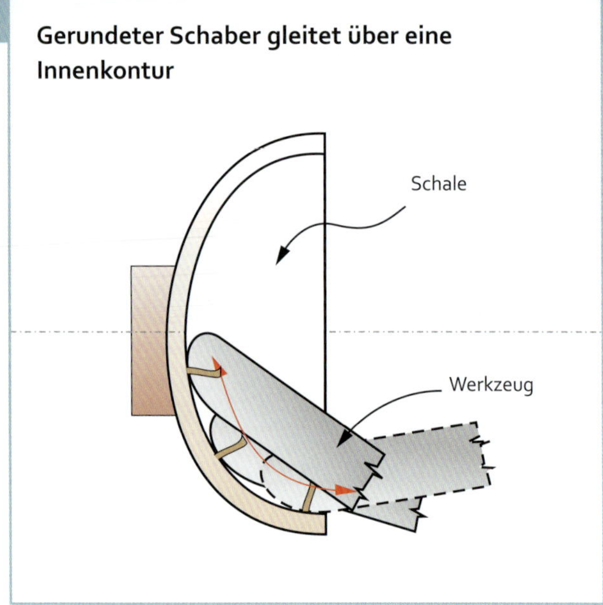

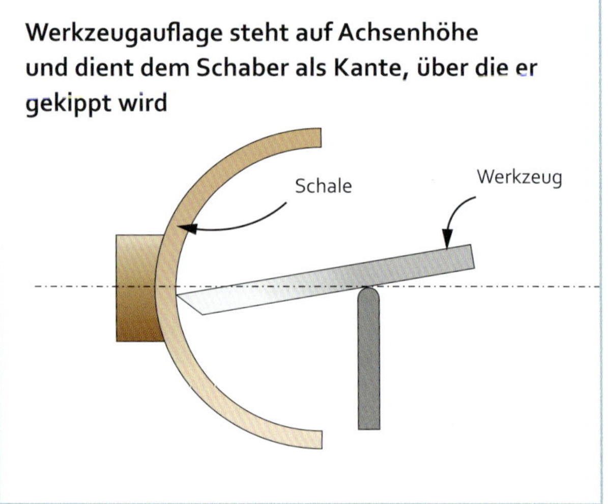

Allgemeines zum Gebrauch

Die Innenfläche der Stützhand liegt auf der Werkzeugauflage, die Fingerspitzen liegen mit Fingergriff oben auf dem Schaber. Die erste Berührung des Schabers mit dem Holz erfolgt mit einem fließenden Kontakt an die Holzoberfläche. Die Schneidkante berührt das Holz soeben, während das Werkzeug an der Oberfläche mit leichter, aber fester Berührung entlanggleitet. Das Gewicht des Werkzeugs ist dabei von großer Hilfe. Ist der Kontakt zum Holz hergestellt, müssen Sie das Werkzeug stets in Bewegung halten und es auf der Oberfläche hin und her bewegen. Am Ende des Schnitts ziehen Sie das Werkzeug vorsichtig von der rotierenden Oberfläche weg.

Welchen Schaber soll man verwenden? Den Werkzeugbeschreibungen können Sie entnehmen, dass ich große Schaber schätze, die schwer und stabil sind und sich nicht verbiegen. Nehmen Sie den, dessen Schneidkante der zu schneidenden Form am ähnlichsten ist.

Innen für den Boden einer Schale, eines Bechers oder Eierbechers nehmen Sie den linksseitig abgerundeten Schaber. Stellen Sie die Oberkante der Werkzeugauflage etwas über die Drehbankachse ein, und halten Sie die Schneidkante in Achsenhöhe, sodass Sie in der Mitte drechseln können. Dies führt zu einem negativen Anstellwinkel, sodass jedes Herunterreißen des Werkzeugs durch das Holz dazu führt, dass die Schneidkante vom Holz wegschwenkt und nicht ins Holz hineinfrisst. Der Werkzeugüberstand muss groß genug sein, dass der Werkzeugwinkel bequem ist und es in seiner vollen Breite auf der Auflage aufliegt und somit der Schneidkante Stabilität verleiht. Unterhalb der Schneidkante ist auf der Seite des Schabers viel Metall weggeschliffen. Liegt dieser Teil der Klinge auf der Auflage auf, hat die Schneidkante keine Unterstützung und das Werkzeug kippt leicht.

Ist das Holz dünn und rattert leicht, halten Sie Ihre Finger auf die Gefäßaußenseite und führen das Werkzeug mit dem Daumen. Die Finger folgen der Schneidkante und

Die Finger hinter der Schale stützen das Holz, der Daumen liegt auf dem Werkzeug.

stützen das Holz. Sobald der Schnitt die Reichweite der Finger verlässt, arbeiten Sie nicht unterstützt weiter.

An der Außenseite einer konvexen Rundung, wie einer Schale, verwenden Sie einen geraden Schaber mit entweder rechtwinkliger oder schräger Schneidkante. Stellen Sie die Werkzeugauflage 6–13 mm unter die Achsenhöhe und etwa 13 mm vom Holz entfernt. Unterstellt, dass der Schalenfuß im Spindelkasten aufgespannt ist, halten Sie den Werkzeuggriff mit der linken Hand mit flexiblem Griff und heben ihn dabei etwas an, sodass ein negativer Anstellwinkel entsteht. Halten Sie die rechte Hand gegen die Werkzeugauflage und die Fingerspitzen auf den Schaber.

Eine relativ junge Entwicklung ist das Schärfen eines Schabers auf einen negativen Anstellwinkel. Damit gemeint ist das Schleifen eines negativen Anstellwinkels von etwa 30° auf der Schaberoberseite und das anschließende Schärfen der Fase. Es heißt, dass ein negativer Anstellwinkel beim Schaber verhindert, dass das Holz auf das Werkzeug heruntergerissen wird und das Werkzeug daher auch bei sehr dünnen Werkstücken leichter zu handhaben ist.

Glätten einer Außenkontur mit links- und rechtsseitig abgeschrägten, geraden Schabern

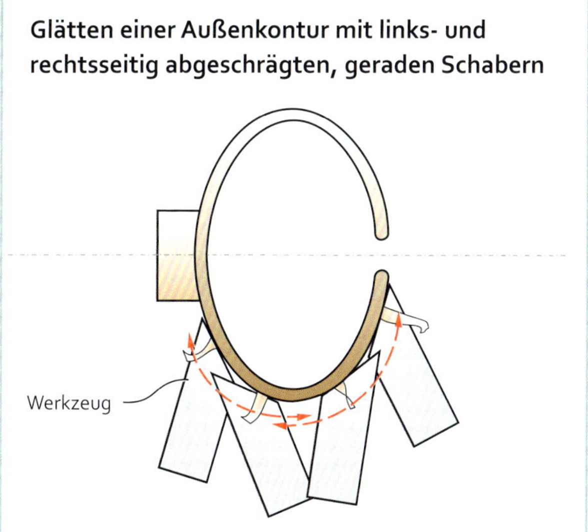

Schneidendes Schaben ist eine spezielle Art zu schaben, die eine besonders glatte Oberfläche erzeugt. Auf der Außenseite einer Querholzschale nehmen Sie einen rechtsseitig abgeschrägten Schaber mit gerader Schneidkante und drehen ihn in einem Scherwinkel von 45-80°, sodass er vom Boden bis zum Rand schlichtet.

Schneidendes Schaben der Außenkontur einer Querholzschale

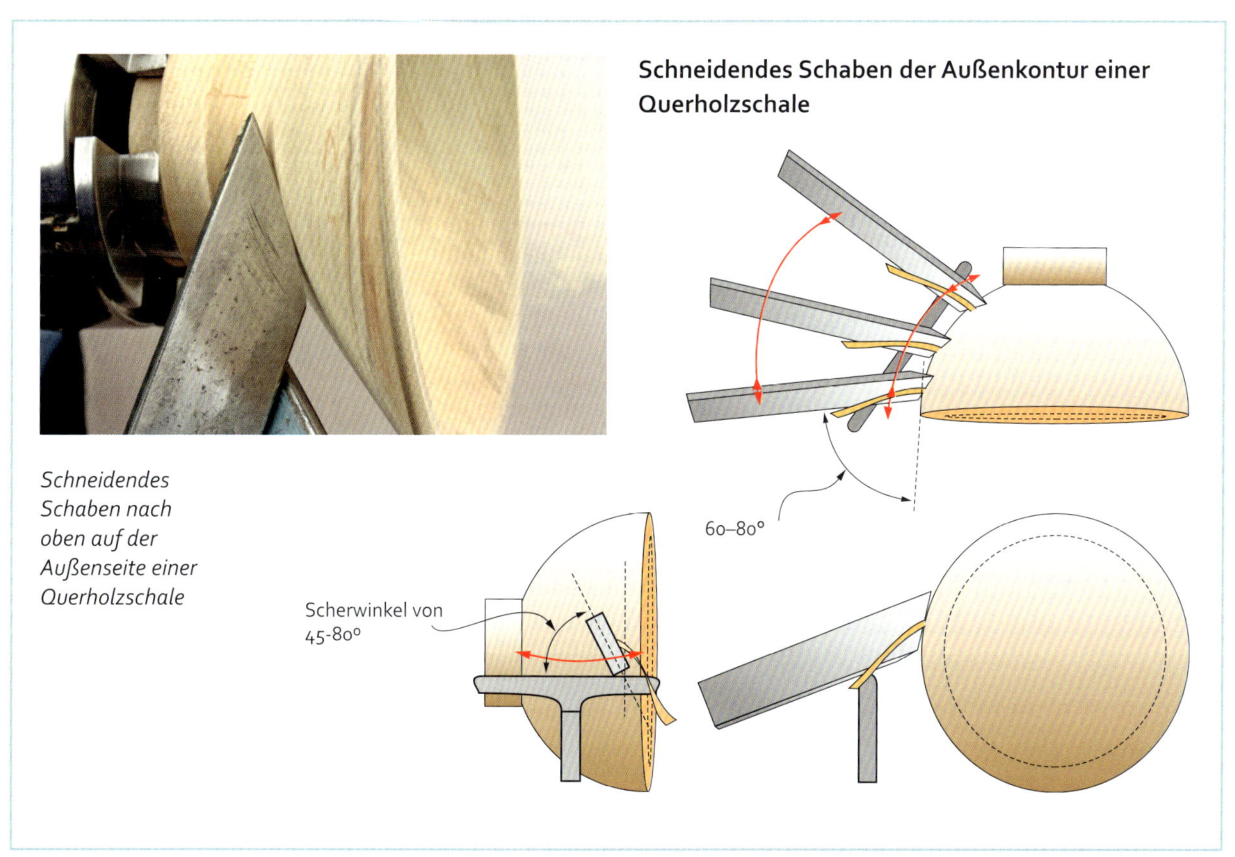

Schneidendes Schaben nach oben auf der Außenseite einer Querholzschale

Schneiden eines Rundstabes mit dem Rundprofileisen

Einsatz eines speziellen Formwerkzeugs für Hohlkehlen

Heben oder senken Sie den Werkzeuggriff, bis die Mitte der Schneidkante das Holz berührt. Den Griff schwenken, bis der Winkel zwischen der Stirnfläche der Klinge und dem Holz weniger beträgt als in 90°-Stellung der Schneidkante (negativer Schneidwinkel). Stehen Sie sehr dynamisch mit Blick auf die Werkzeugoberseite. Halten Sie den Werkzeuggriff mit ausgestreckten Armen mit festem Griff, stützen Sie den Unterarm auf die Werkzeugauflage und halten die Klinge mit den Fingern. Der ganze Körper macht bei dieser Bewegung mit. Führen Sie die Schneidkante mit fließendem Einstich in das Holz und schwenken sie dann zur Fortsetzung des Schnitts hin und her. Die Schneidkante muss über das Holz fließen und immer in Bewegung sein. Die entstehenden Späne sind sehr fein und lang, und es macht Spaß, sie zu drechseln.

Einsatz eines speziellen Formwerkzeugs für Spitzkehlen und V-förmige Schnitte

Formwerkzeuge

Formwerkzeuge sind ebenfalls Schaber. Sie sind speziell zur Herstellung von Rundstäben, Spitzkehlen oder Hohlkehlen geformt und geschärft. Das Werkzeug wird mit leichter Wellenbewegung gerade ins Holz gedrückt, damit nicht die gesamte Schneidkante gleichzeitig Kontakt hat. Machen Sie nur sehr leichte Schnitte, und schärfen Sie das Werkzeug nach jedem Einsatz mit der Diamantfeile nach.

Drechseln eines Rezesses für ein Spreizfutter

Drechseln eines Zapfens für ein Spannfutter

Abstechstahl, Plattenstahl und Rundstabeisen

Mitsamt dem Bedan sind dies vier vom Querschnitt her sehr ähnliche Werkzeuge, die nahezu austauschbar und auch sehr ähnlich geschärft sind. Leichte Abwandlungen verleihen ihnen aber ganz spezifische Eigenschaften.

Abstechstahl

Abstechen ist das Trennen zweier Teile oder das Abtrennen eines Teils vom Restholz. Dabei will man auch entweder nur auf der einen oder auf beiden Flächen eine saubere Oberfläche erzeugen. Ferner ist der Abstechstahl für Fälle geeignet, in denen man möglichst wenig Holz entfernen möchte, beispielsweise wenn es sich um teures Holz handelt. Oder für Fälle, in denen nur noch wenig Holz vorhanden ist, um das Objekt zu vollenden. Er spielt auch eine wichtige Rolle bei Deckeldosen mit fluchtender Maserung.

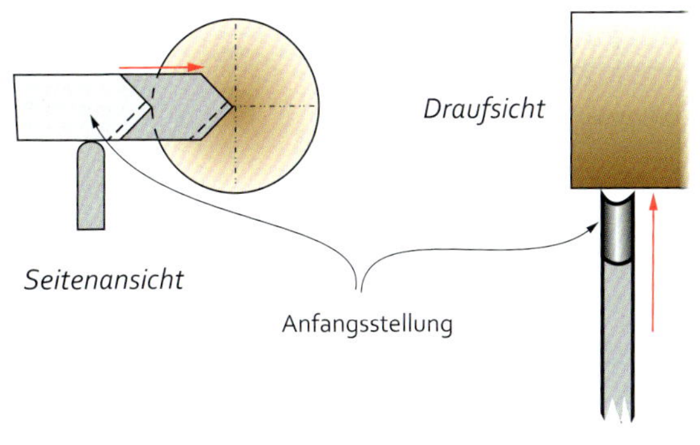

Halten des Abstechstahls: Führungshand mit festem Griff, Stützhand greift die Klinge von unten

Abstechen

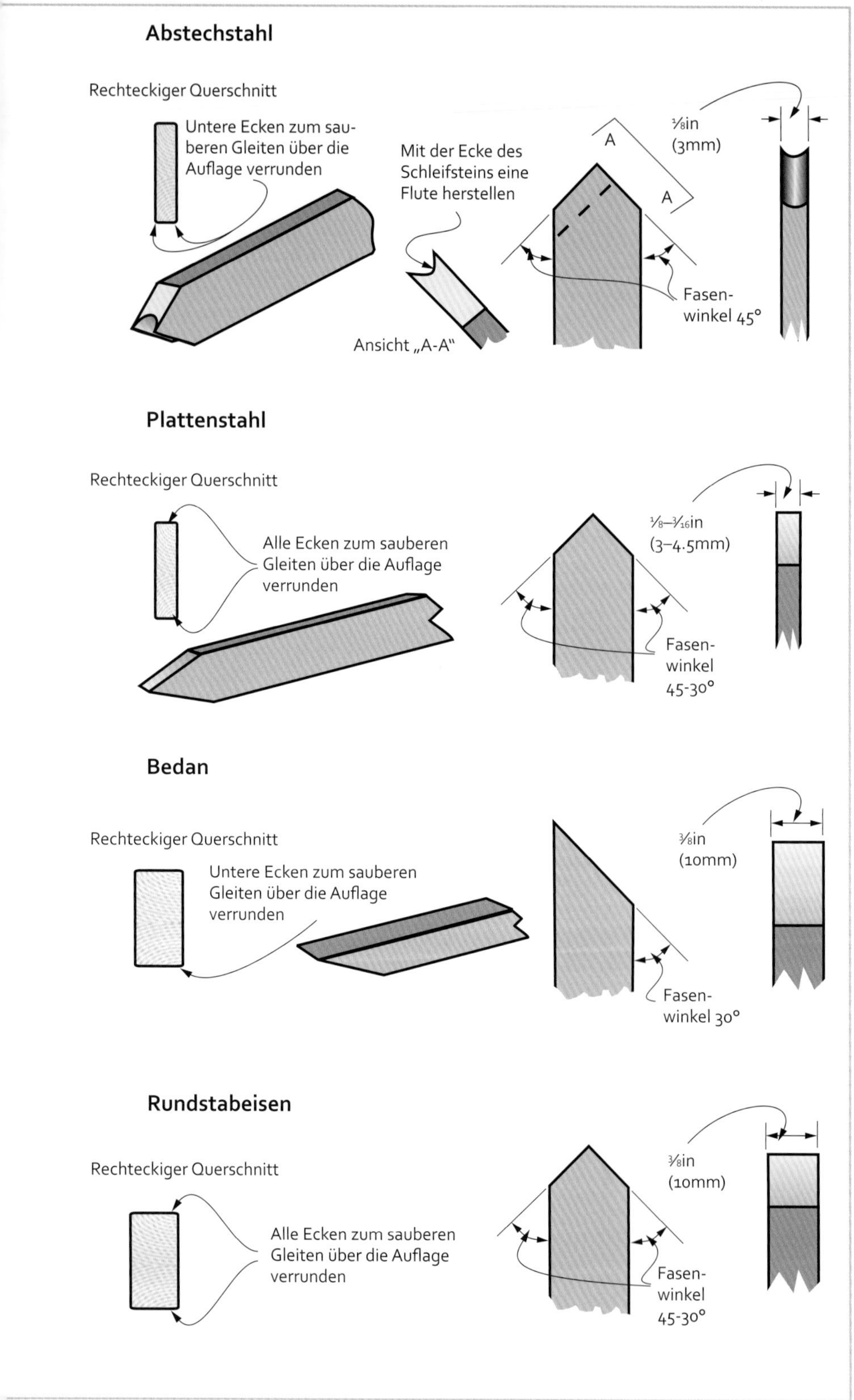

Benutzung des Abstechstahls

Lassen Sie die Drehbank in Drechselgeschwindigkeit weiterlaufen. Stellen Sie die Auflage im Abstand von 13 mm parallel zur Drehbankachse ein und so tief, dass sich die Spitzen des Abstechstahls auf der Spitzenhöhe der Drehbank befinden. Halten Sie das Werkzeug im 90°-Winkel zur Achse, und schieben Sie die Werkzeugspitzen in das Holz.

Bei zwischen den Spitzen aufgespanntem Holz gibt es in der Anfangsphase des Abstechens kein Problem, da genügend Holz vor dem Werkzeug vorhanden ist, das dem Druck vom Reitstock standhält. Mit sich verringerndem Durchmesser wird das verbliebene Holz zusammengedrückt, wodurch die Lücke kleiner und das Werkzeug in der Nut gefangen wird. Um dem beizukommen, hat man zwei Möglichkeiten: Zum einen kann man mit fortschreitendem Arbeitsablauf das Handrad am Reitstock lockern, um den Druck zu verringern; zum anderen kann man mit einem weiteren Schnitt die Lücke breiter als Klingenbreite machen. Häufig ist es am besten, beide Vorgehensweisen zu kombinieren.

Stoppen Sie, bevor sich das Holz biegt und bricht, was wahrscheinlich zu einem Faserausriss aus dem fertigen Werkstück führt oder das Werkstück durch Biegen vielleicht ruiniert. Schneiden Sie das Werkstück zum Schluss bei ausgeschalteter Drehbank oder auf der Werkbank mit einem Messer oder einer Handsäge ab. In einem Spannfutter aufgespanntes Holz und kleine Werkstücke hält man in der Hand und sticht sie komplett ab. Das Restholz verbleibt im Futter.

Plattenstahl

Benutzt man den Plattenstahl in Kombination mit einem Außentaster, empfehle ich, die Spitzen des Tasters zu verrunden, damit sie glatt über das Holz laufen und sich nicht einfressen. Halten Sie den Plattenstahl wie den Abstechstahl horizontal.

Auflage im Abstand von 13 mm unterhalb der Achse.

Das Werkzeug mit der Führungshand mit festem Griff, den Taster mit der Stützhand greifen. Beginnen Sie den Schnitt, indem Sie das Werkzeug in das Holz führen, und legen Sie den Taster, lange bevor der Schnitt die gewünschte Schnitttiefe hat, behutsam so in die Nut, dass er allein durch sein Eigengewicht über das Holz fällt, sobald die Schnitttiefe erreicht ist.

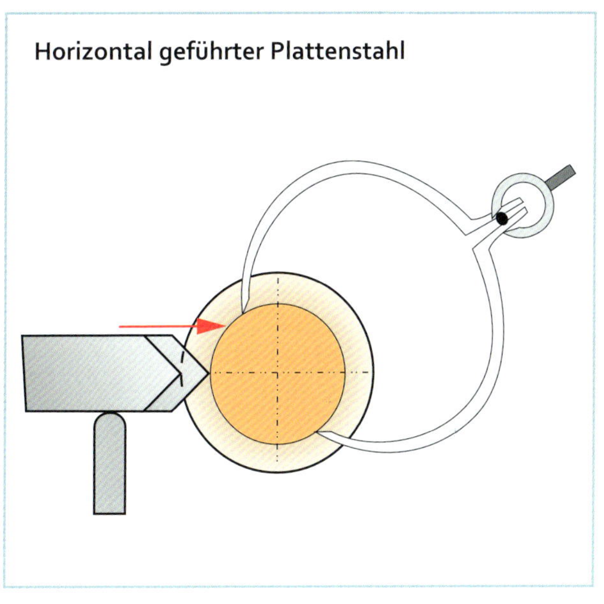

Links *Wie man Plattenstahl und Außentaster hält*

Unten *Abgreifen mit dem Außentaster*

Bedan mit Tastwerkzeug

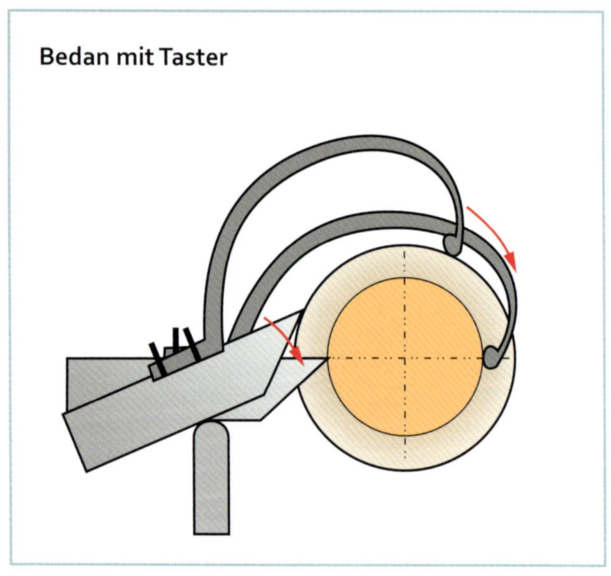

Bedan

Werkzeugauflage unterhalb der Achse einstellen.
Den Taster auf den Solldurchmesser einstellen, das Werkzeug auf die Auflage legen, zunächst den Haken des Tasters auf das Holz legen und dann hinten am Holz herunterschieben, sodass die Schneide beginnt, Holz abzutragen. Im weiteren Schnittverlauf den Taster weiter auf das Holz drücken, bis der Solldurchmesser erreicht ist und der Bedan zu schneiden aufhört.

Rundstabeisen

Im Grunde handelt es sich um einen Meißel, dessen Spitzen in ähnlicher Weise wie bei einem Flachmeißel zum Einsatz kommen. Aufgrund seines quadratischen Querschnitts und der großen Fasenwinkel ist er einfacher zu handhaben und verzeiht auch mal einen Fehler, ist aber nicht so vielseitig.
Das Einstechen mit einem Rundstabeisen erfolgt unterstützt: Führungshand mit festem Griff, Stützhand greift von unten. Fasenrücken in einem leichten Winkel mit dem Holz in Kontakt bringen, sodass die Werkzeugspitze führt, und drehen, bis die Spitze das Holz berührt und einen Span abträgt.

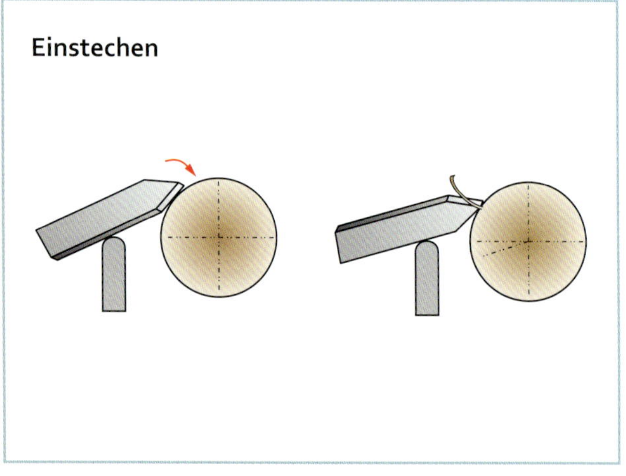

Mit einem Rundstabeisen gedrechselter Rundstab

Verrunden des Endes mit einem Rundstabeisen

Rundstäbe

Unterstützt einstechen, dann das Werkzeug ständig drehen und schwenken und die Rundung in einer fließenden Bewegung drechseln.

Kurze Kehlen

Unterstützt einstechen, dann das Werkzeug in die Ecke gleiten lassen, bis die Kehle fertig ist.

Runden eines Rundstabs mit der Spitze des Rundstabeisens

Runden eines Rundstabs mit der Spitze des Rundstabeisens

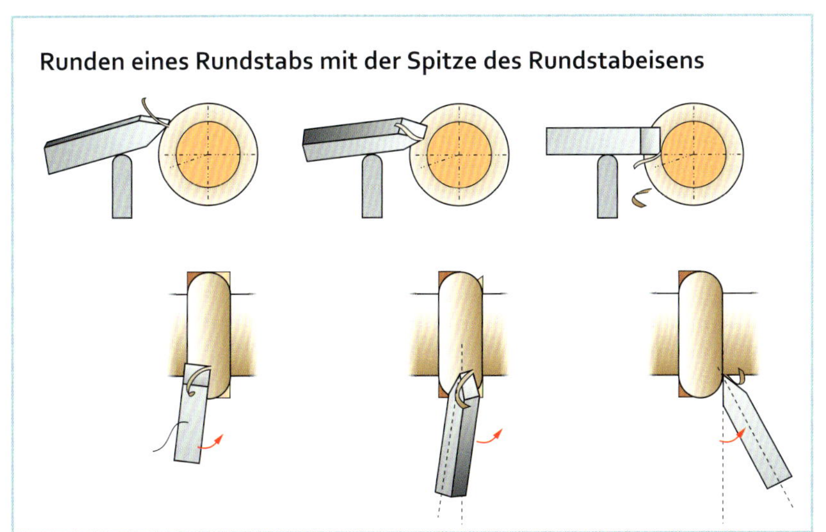

Kehlen drechseln

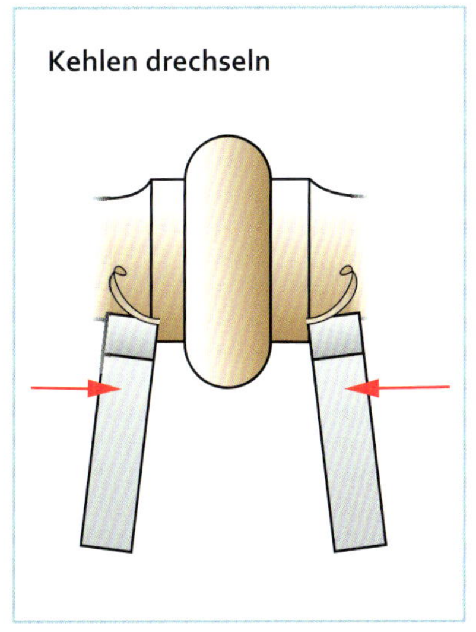

Teil vier Projekte

Ob ich von einem Projekt nur ein Exemplar drechsle oder eine kleine Serie – stets schneide ich zwei oder drei Ersatzrohlinge exakt gleicher Größe. So brauche ich mir keine Sorgen zu machen, dass ich Fehler mache und das wiederum verringert das Risiko, dass ich Fehler mache erheblich. Ist mehr als ein Arbeitsgang beim Drechseln erforderlich, arbeite ich bei den ersten Arbeitsgängen auch an den Ersatzrohlingen, selbst wenn ich sie nicht fertig drehen muss. Ich kann so viel schneller und wesentlich präziser drechseln. Bei den folgenden sechs Projekten ist die Planung bereits erfolgt. Sie brauchen nur noch zu drechseln. Nehmen Sie das passende Werkzeug vom Regal, schärfen es, legen es auf eine Konsole neben der Drehbank und stellen Schleifmittel und Oberflächenmittel zusammen. Futter und Antriebsspitze montieren, Rohling aufspannen, fertig. Viel Spaß!

Schale

Holz	Walnuss oder feinporiges Hartholz mit interessanter Maserung oder Färbung Esche, Ulme, Obstbaumholz o.ä.
Faserrichtung	Querholz
Größe des Rohlings	Durchmesser 191 mm, Höhe 76 mm
Aufspannmethode	Schraubfutter Spannfutter, 80-mm-Spannbacken Hölzerne Klemmbacken
Drechseleisen	13-mm-SDR Ein gerader Schaber und ein linksseitig gerundeter Schaber, 38 mm
Weiteres Werkzeug	Bleistift
Schleifmittel	Körnung 100, (150), 180 und 240
Oberflächenmittel	Lemon Oil
Drehzahl	1000–12000 U/min
Sicherheitsausrüstung	Atemschutz, Schutzbrille

Bohrloch für das Schraubfutter.

Schnitt 1 *Formen der Außenseite mit der SDR.*

Arbeitsablauf

1. Eventuelle Holzfehler und Maserung prüfen, um festzulegen, welches die Oberkante des Rohlings sein soll.
2. Das Bohrloch für das Schraubfutter bohren. (i)
3. Rohling fest aufspannen.
4. Auf der Schalenunterseite einen Kreis für den Zapfendurchmesser anreißen. Er sollte mindestens 6 mm größer sein als die fertige Unterseite.
5. *Schnitt 1:* Nun die Schalenform vom kleineren zum größeren Durchmesser arbeitend drechseln. (ii)
6. *Schnitt 2:* Bevor Sie zur Zapfenmarkierung kommen, in einem leichten Schnitt über die Oberfläche fahren und die Größe des Zapfens neu anreißen.
7. *Schnitt 3:* Mit der SDR den Zapfen schneiden.
8. *Schnitt 4:* Die Form mit der SDR bis hinunter zum Zapfen überarbeiten.
9. *Schnitt 5:* Die Oberkante mit der SDR plan drehen (nicht erforderlich, wenn die Stirnfläche gerade ist).
10. *Schnitt 6 und 7:* Die Zapfenmitte so hinterschneiden, dass ein 13 mm breiter Bereich neben der Kante flach bleibt.

Abmessungen

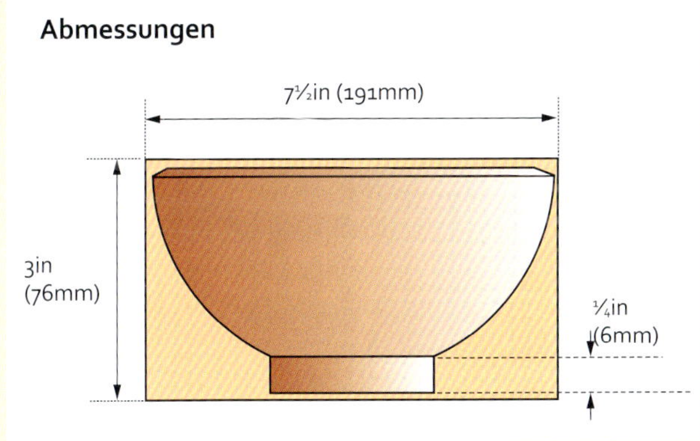

Schritte 5–6

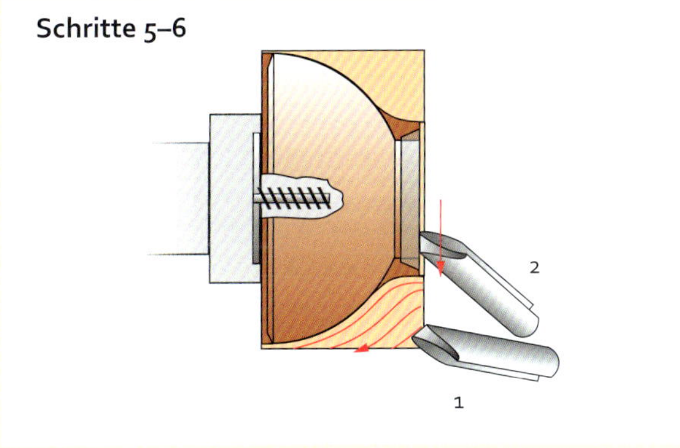

Schritte 7–9

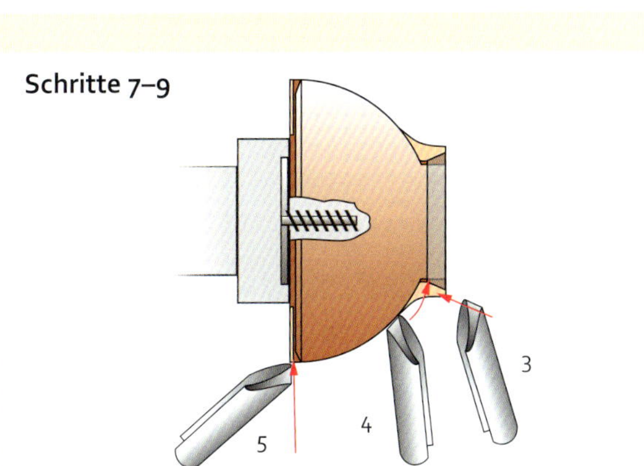

Schritt 10

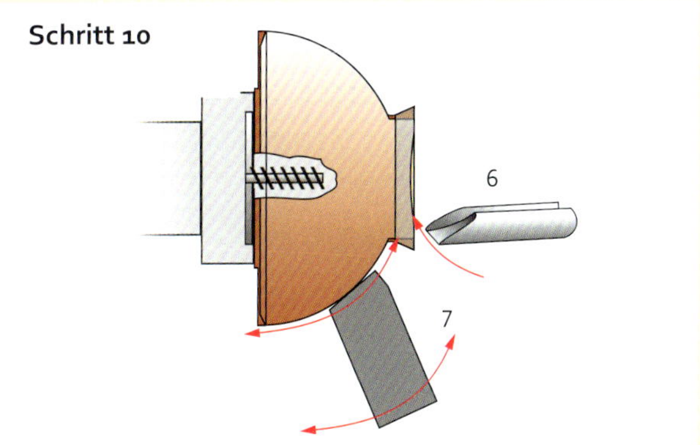

Schnitt 7 *Form mit dem Schaber überarbeiten*

Schnitt 10 *Ausdrehen*

11. *Schnitt 7:* Außenform mit geradem Schaber überarbeiten. (i)
12. Die Schale umgekehrt in einem Spannfutter einspannen. Achten Sie darauf, dass sie rund läuft.
13. *Schnitt 8:* Die Stirnfläche mit einem leichten Schnitt verputzen.
14. *Schnitt 9:* Zum Anfasen des Rands die SDR in die Abschäl-Stellung rollen (Fasenkontakt hinter der Schneide).
15. *Schnitt 10:* Das Schaleninnere mit der SDR ausdrehen. Bei den letzten Schnitten auf der Schaleninnenseite das Holz mit den Fingern unterstützen. (ii + iii)
16. *Schnitt 11:* Die Form mit einem großen linksseitig gerundeten Schaber überarbeiten. Die Schale mit den Fingern unterstützen. (iv)

Schnitt 10 *Letzte Schnitte im Schaleninneren, die Finger unterstützen das Holz.*

Schnitt 11 *Überarbeiten des Schaleninneren mit dem Schaber, die Finger unterstützen das Holz.*

Schritte 13–15

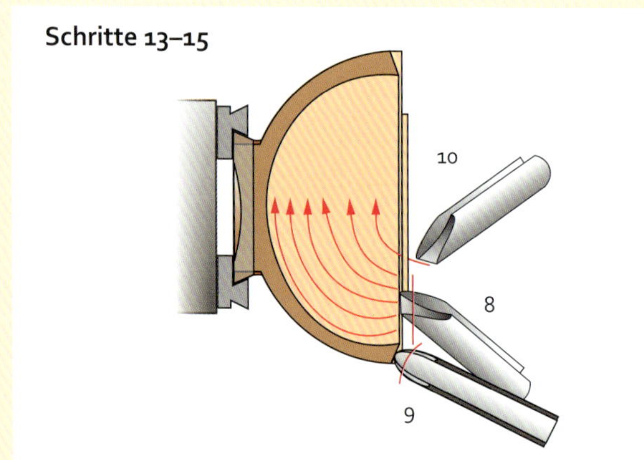

Schritt 14

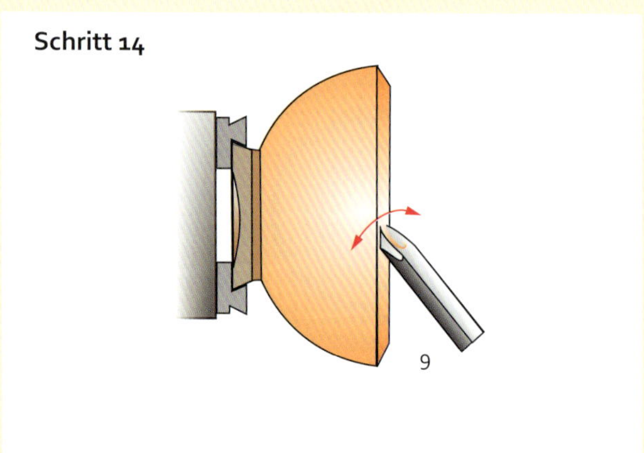

Schleifen der Außenseite

Polieren mit Reibungswärme

Umgekehrtes Aufspannen auf hölzerne Backen

Schnitt 13 *Formen des Fußes*

17. Schalten Sie die Staubabsaugung ein, legen Sie den Atemschutz an, und schleifen Sie die Außenseite mit Körnung 120, 180 und 240. (v)
18. Mit dem Pinsel ein Finish auftragen.
19. Mit Reibungswärme polieren. (vi)
20. Die Schale innen am Schalenrand auf den hölzernen Klemmbacken aufspannen. (vii)
21. *Schnitt 12 und 13:* Die Unterseite drechseln und in die Rundung übergehen lassen. (viii)
22. *Schnitt 14:* Mit der Schaberspitze verzieren.
23. Schleifen, Oberflächenmittel auftragen und aus der Drehbank nehmen.

Schritt 16

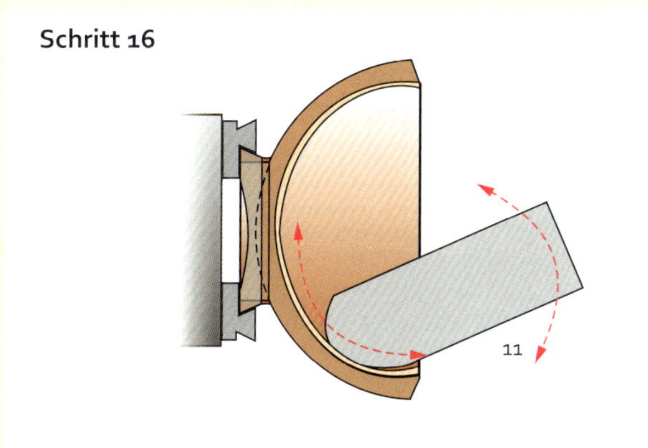

Schritte 21–22

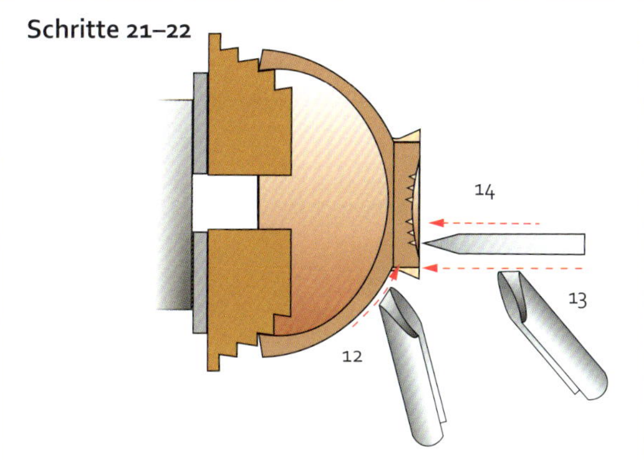

Leuchtenständer

Fertiggröße
Durchmesser 127 mm, Höhe 279 mm

Holz
Esche

Größe der Rohlinge
Durchmesser 152 mm, Länge 38 mm sowie Durchmesser 38 mm, Länge 267 mm (bzw. 305 mm, wenn Sie nur von einer Seite bohren)

Aufspannmethode
Vierzackspitze
Mitlaufende Druckringspitze mit auswechselbarem Dorn, 7,5 mm Durchmesser
Ansenker, 7,5 mm
Schraubfutter
Spreizfutter, 76 mm Durchmesser

Drechseleisen
31-mm-LSR
13-mm-FR
13-mm-SDR
38-mm-Schaber, linksseitig gerundet
38-mm-Schaber, gerade
3-mm-Plattenstahl
3-mm-Abstechstahl. Nur, wenn Sie von einer Seite bohren.
7,5-mm-Stangenbohrer

Weiteres Werkzeug
Taster, Bleistift

Schleifmittel
Körnung 120, 180 und 240

Oberflächenmittel
Lack und Wachs

Drehzahl
1200–15000 U/min beim Leuchtenfuß und 1800–2000 beim Leuchtenstiel

Sicherheitsausrüstung
Atemschutz, Schutzbrille

Schnitt 1 *Schruppen mit der LSR*

Leuchtenstiel auf Ansenker wieder eingespannt

Arbeitsablauf

Leuchtenstiel

1. Die Mitten anreißen.
2. Zwischen den Spitzen aufspannen, am Reitstockende eine Druckringspitze mit auswechselbarem Dorn verwenden.
3. Drehzahl 1800 U/min.
4. *Schnitt 1:* Mit der LSR auf Zylinderform herunterschruppen. (i)
5. Entweder von einer Seite oder von beiden Seiten bohren. (ii)

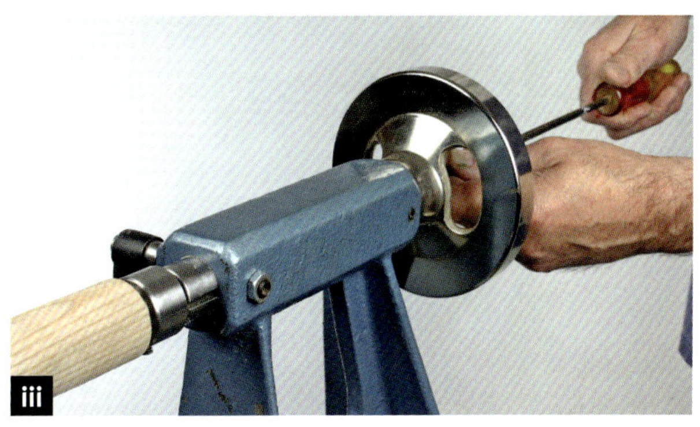
Schnitt 2 *Bohren des Stiels durch den Reitstock*

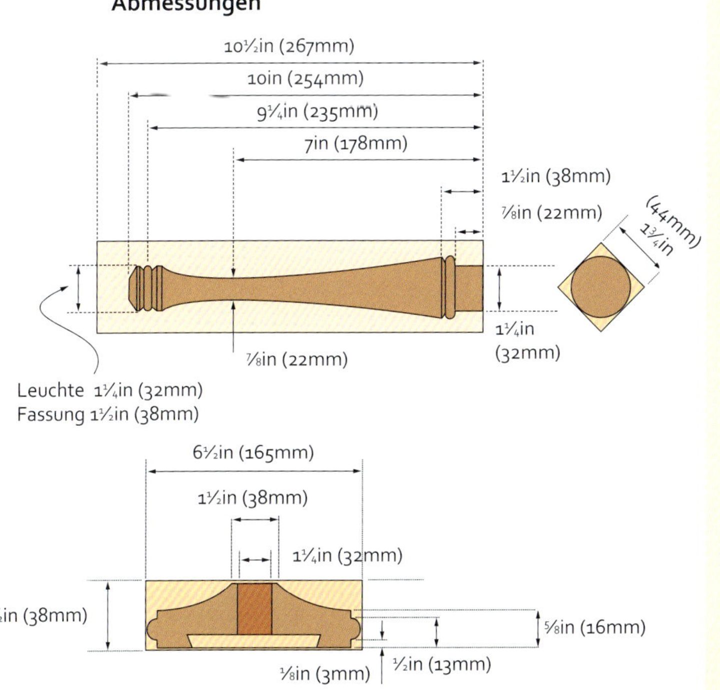

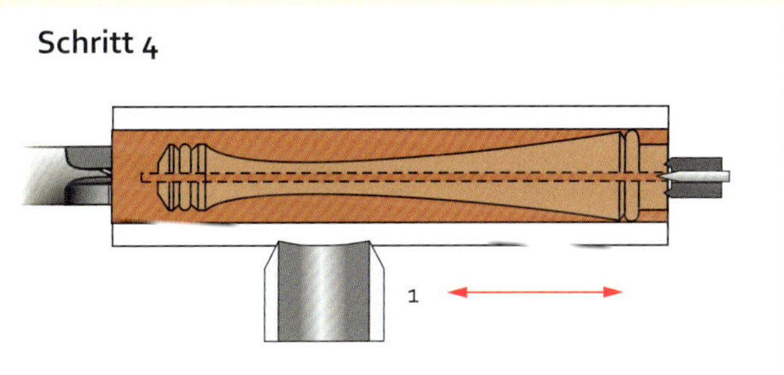

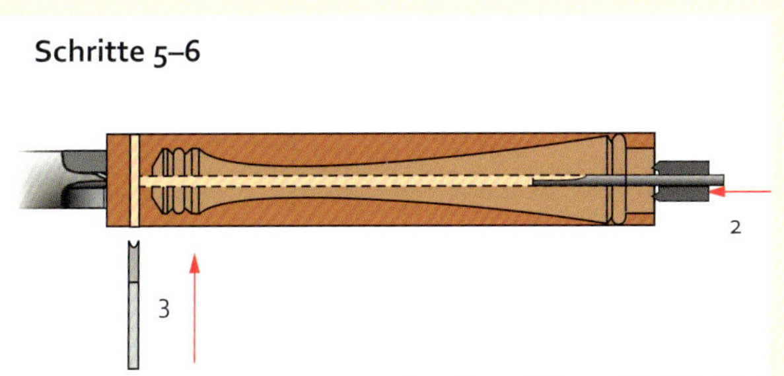

Schnitt 7 *Zapfen mit Hilfe eines Außentasters drechseln*

Schnitt 9 *Die Rundstäbe am oberen Stielende mit der LSR drechseln*

6. *Schnitt 2:* Wieder einspannen, das untere Ende am Spindelkasten. (iii)
7. Die Lage der Rundstäbe, usw. anreißen.
8. *Schnitte 4–7:* Den Durchmesser des Zapfens am spindelkastenseitigen Ende auf 30 mm einstellen, evtl. auch den Durchmesser anderer Details einstellen. (i)
9. *Schnitte 8–10:* Die Rundstäbe mit der FR drechseln und anschließend die Bereiche dazwischen. (ii)

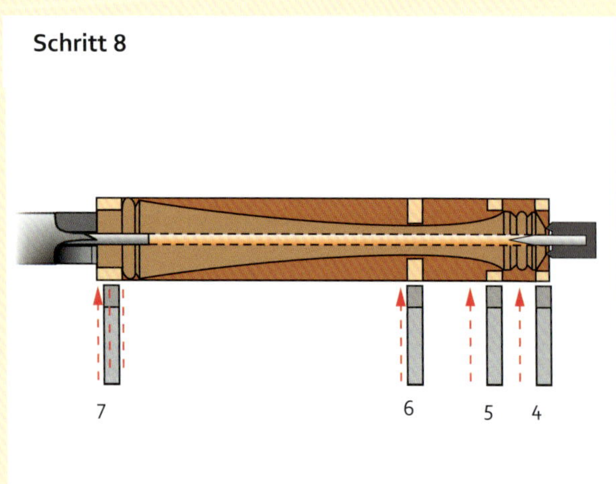

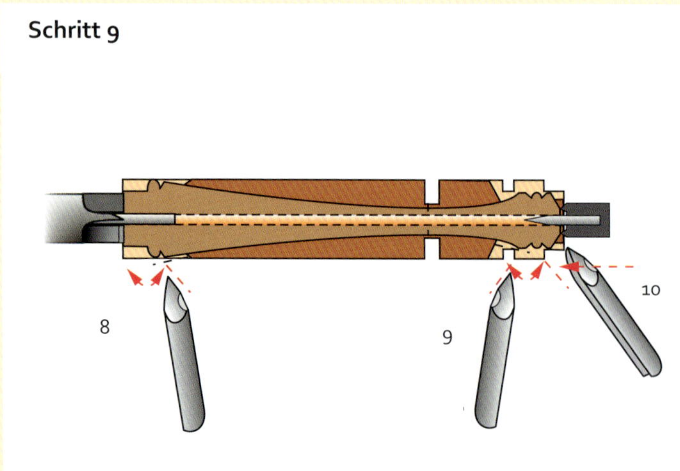

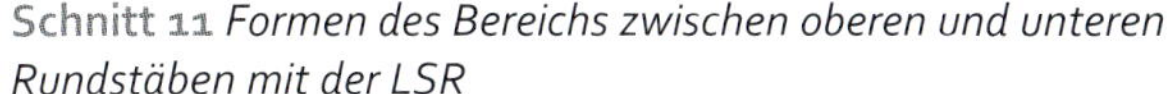

Schnitt 11 *Formen des Bereichs zwischen oberen und unteren Rundstäben mit der LSR*

Schnitt 12 *Das Detail am oberen Stielende mit der FR drechseln*

10. *Schnitt 11:* Die Rundung des Mittenbereichs mit der FR drechseln. (iii)
11. Schleifen, Oberflächenmittel auftragen und polieren.
12. *Schnitt 12:* Das obere Ende so nahe wie möglich am Reitstockende fertig drehen. (iv)
13. Sorgfältig mit Körnung 150, 180 und 240 schleifen.

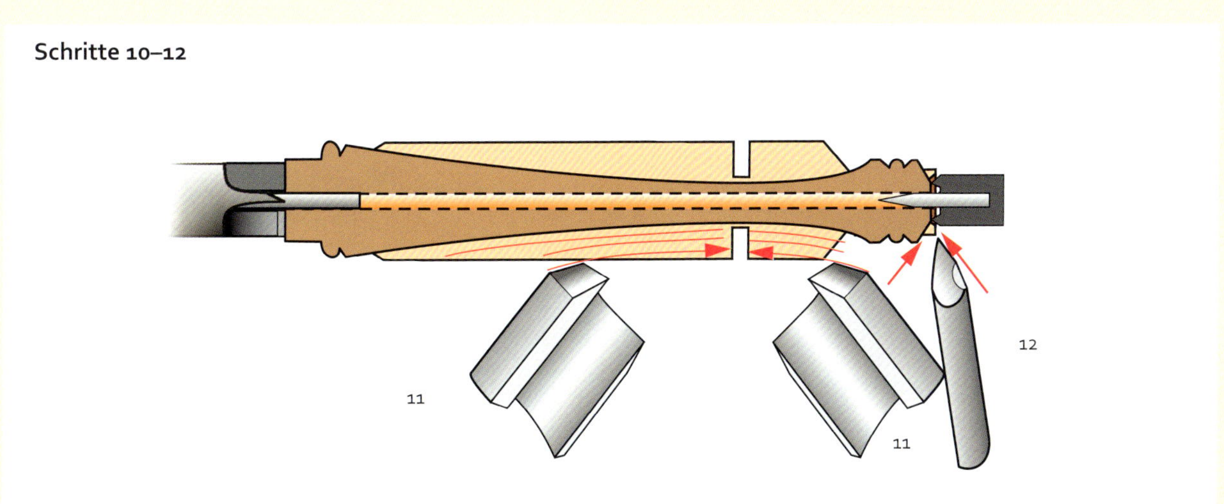

Schnitt 3 *Herstellen des Rezesses für das Spreizfutter*

Schnitt 4 *Formen der Oberseite des Leuchtenfußes mit der SDR von der Mitte zum Rand*

Schnitt 5 *Glätten der Leuchtenfußoberseite mit einem großen gerundeten Schaber*

Leuchtenfuß

1. Den Fuß auf das Schraubfutter spannen.
2. *Schnitt 1:* Den Durchmesser mit der SDR rund putzen.
3. *Schnitt 2:* Die Stirnseite mit der SDR (leicht hohl) verputzen.
4. *Schnitt 3.* Mit dem geraden Schaber einen Rezess für das Spreizfutter drechseln. (i)
5. Die Leuchtenfußunterseite schleifen und polieren.
6. Das Werkstück umdrehen und auf das Spreizfutter spannen. Die Durchmesser des Lochs und des abgeflachten Bereichs anreißen.
7. *Schnitt 4:* Die Leuchtenfußoberseite formen, vom kleineren zum größeren Durchmesser arbeiten. (ii)

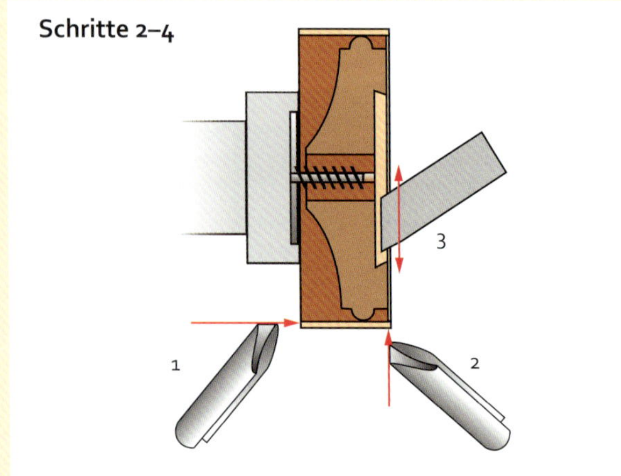

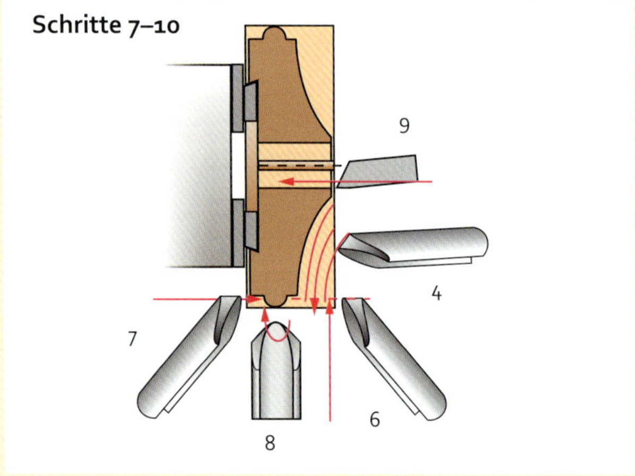

Schnitt 7 *Mit der SDR Holz um den Rundstab abtragen*

Schnitt 9 *Bohrung für den Leuchtenstiel mit dem geraden Schaber herstellen*

Schleifen des Rundstabs

8. *Schnitt 5:* Mit dem großen Schaber glätten. (iii)
9. *Schnitte 6–8:* Das Holz an der Seite des Rundstabs wegschneiden und den Rundstab mit der SDR schneiden. (iv)
10. *Schnitt 9:* Die Mitte zur Aufnahme des Zapfens am Langholz ausdrehen. (v)
11. Sorgfältig mit Körnung 150, 180 und 240 schleifen. (vi)
12. Öl und Wachspolitur auftragen. (vii und viii)
13. Den Leuchtenstiel einleimen und mit Hilfe des Reitstocks fixieren.

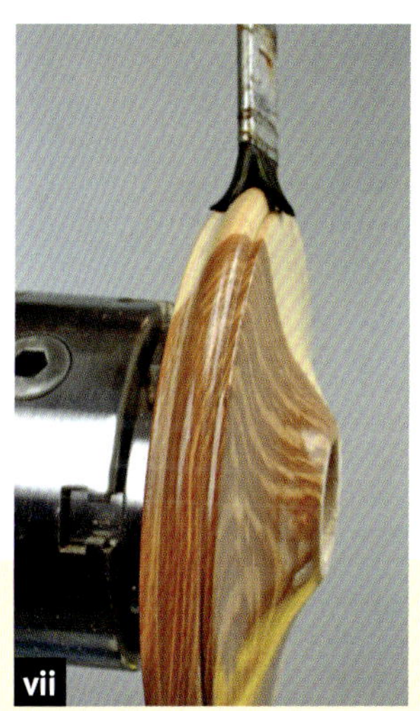

Auftragen eines Oberflächenmittels bei sehr langsam laufender Drehbank

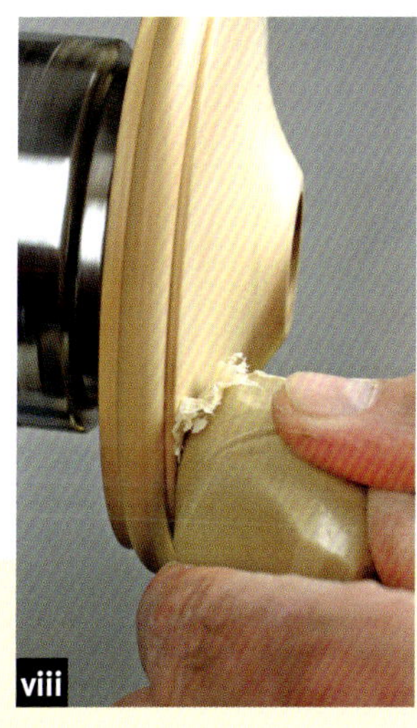

Auftragen von Carnauba-Hartwachs

Schritt 8

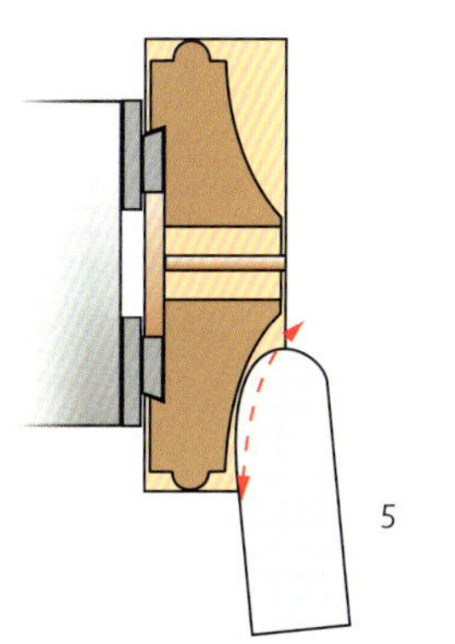

Projekt 3

Kelch

Fertiggröße	Durchmesser 64 mm, Höhe 152 mm
Holz	Apfelbaum
Holzwahl	Holz mit geradem Faserverlauf gibt dem Stiel Festigkeit und verringert die Gefahr, dass er beim Drechseln bricht. Holzbecher für den Gebrauch sollten aus Weichholz gefertigt werden, da Hartholz porig ist.
Größe des Rohlings	70 x 178 mm
Aufspannmethode	Zwischen den Spitzen – Vierzackspitze + mitlaufende Körnerspitze Spannfutter, Durchmesser 51 mm
Drehzahl	1200 U/min
Drechseleisen	32-mm-LSR 13-mm-SDR 38-mm-Schaber, linksseitig gerundet 3-mm-Abstechstahl
Weiteres Werkzeug	Taster, Bleistift
Schleifmittel	Körnung 100, 150, 180, 240 und 400
Oberflächenmittel	Flüssiges Paraffin oder Oberflächenöl
Sicherheitsausrüstung	Atemschutz, Schutzbrille

Arbeitsablauf

1. Den Rohling zwischen den Spitzen aufspannen. (i)
2. *Schnitt 1:* Mit der LSR rechtwinklig zur Achse auf Zylinderform herunterschruppen.
3. *Schnitt 2:* Mit der SDR das Ende des Holzes rechtwinklig schneiden. Tipp: Achten Sie darauf, dass das reitstockseitige Ende plan oder etwas konvex ist, damit es später fest in den Klemmbacken sitzt.
4. *Schnitte 3 und 4:* Die Größe des Zapfens mit dem Bleistift passend zum Futter im Spindelkasten anreißen. Den Zapfen mit der SDR drechseln. (ii)
5. Den Rohling aus der Drehbank nehmen und das Futter montieren. Tipp: Es muss fest sitzen.

Zwischen den Spitzen aufgespannter Rohling

Schnitt 4 *Herstellen des Zapfens*

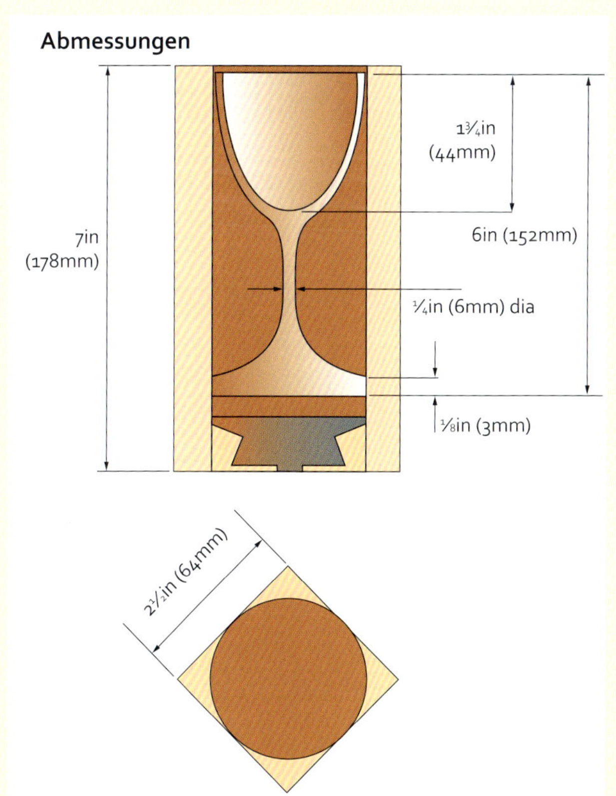

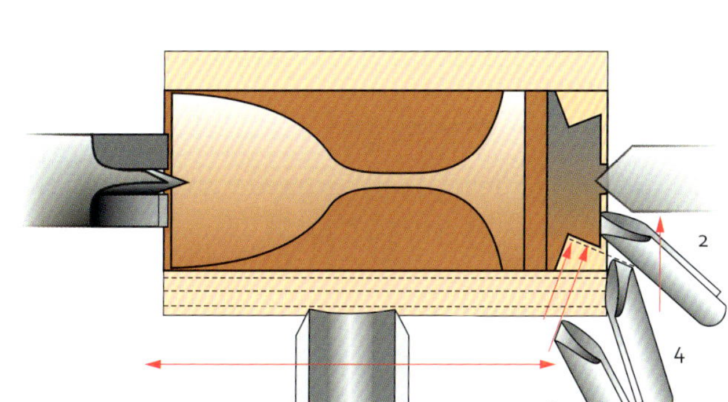

6. *Schnitte 5 und 6:* Falls nötig, den Rohling mit der LSR in Fertigdrehstellung in zwei Schnitten rund drehen: Zum einen von der Mitte zum offenen Ende und zum anderen von der Mitte zum aufgespannten Ende.
7. *Schnitt 7:* Das Ende rechtwinklig schneiden und dann den Durchmesser des auszudrehenden Bereichs sowie die Lage des Fußes anreißen.
8. *Schnitt 8:* Mit der SDR in mehreren Schnitten ausdrehen (entweder gegen die Faser wie bei Schnitt 8b oder zuerst in Faserrichtung vorschruppen wie bei Schnitt 8a und dann wie bei Schnitt 8b formen). (i und ii)

Schnitt 8a *Ausdrehen in Faserrichtung von der Mitte zum Rand*

Schnitt 8b *Ausdrehen mit der SDR vom Rand zum Boden*

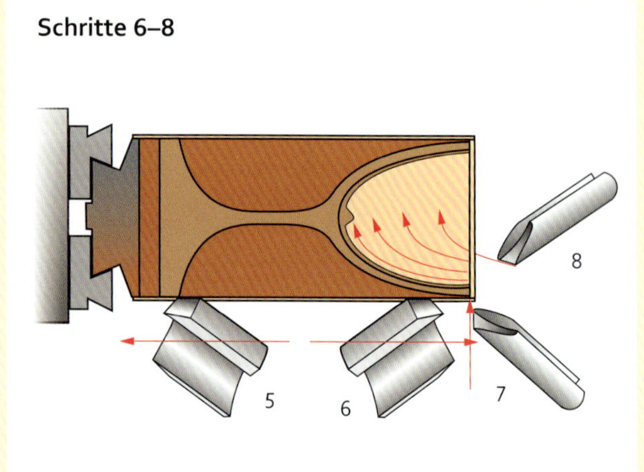

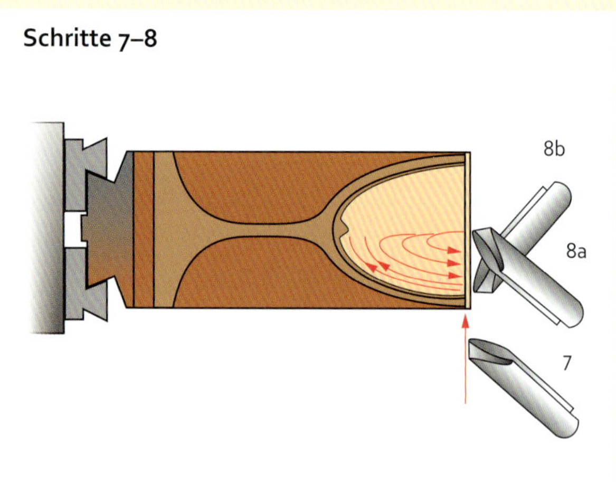

Schnitt 9 *Glätten der Form mit einem großen gerundeten Schaber*

Schnitt 10 *Formen der Kelchaußenseite*

9. *Schnitt 9:* Die Innenseite mit dem Schaber glätten. Am Rand eine leicht gerundete Anfasung drechseln. (iii)
10. Den Kelch innen und an der Oberkante schleifen, die Innenkante etwas verrunden und ein Oberflächenmittel auftragen.
11. *Schnitt 10:* Die Außenseite des Kelchs mit der SDR auf einen Durchmesser von 38 mm formen. (iv)

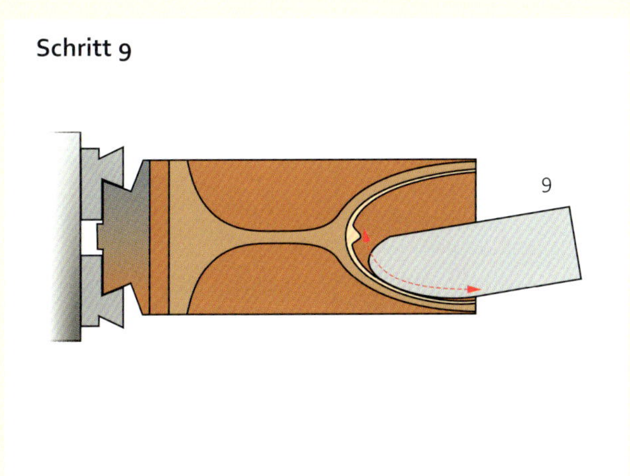

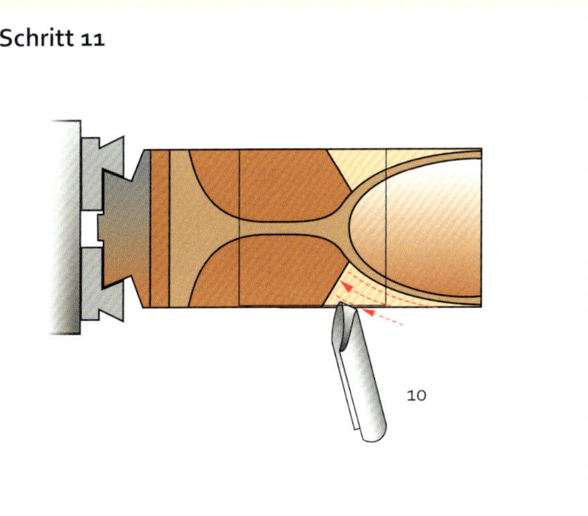

Schnitt 14 *Formen des Stiels*

Schleifen des Stiels

12. *Schnitt 11:* Weiteres Holz wegschneiden. Tipp: Tun Sie dies, als wären es bereits die Feinbearbeitungsschnitte auf der Fußoberseite – letzten Endes werden sie es sein.
13. *Schnitt 12:* Weitere Feinbearbeitungsschnitte am Kelch ausführen und in den Stiel übergehen lassen.
14. Die Kelchaußenseite beginnend mit Körnung 100 schleifen. Über die gesamte Breite und auf dem Zylinder hin und her schleifen. So entfernt man Unebenheiten und erhält eine glatte Oberfläche. Bis hin zu den feineren Körnungen schleifen, bis die Oberfläche fertig ist. Den Rand mit feinem Schleifmittel runden und ein Finish auftragen.
15. *Schnitt 13:* Mit der SDR weiteres Holz am Stiel abtragen.
16. *Schnitt 14:* Den Stiel feinbearbeiten. (i)

Schritt 12–13

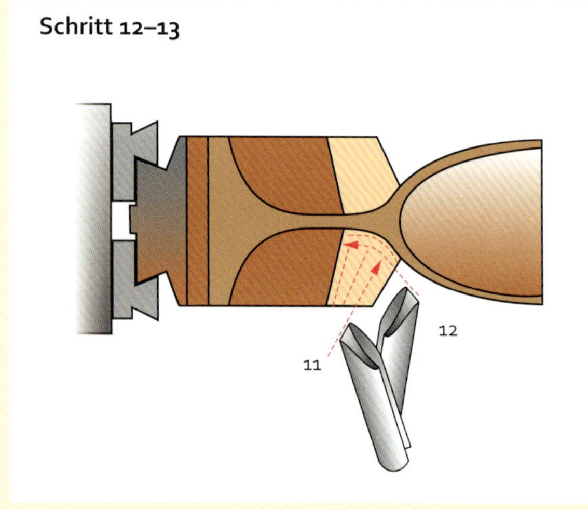

Schritt 15–16

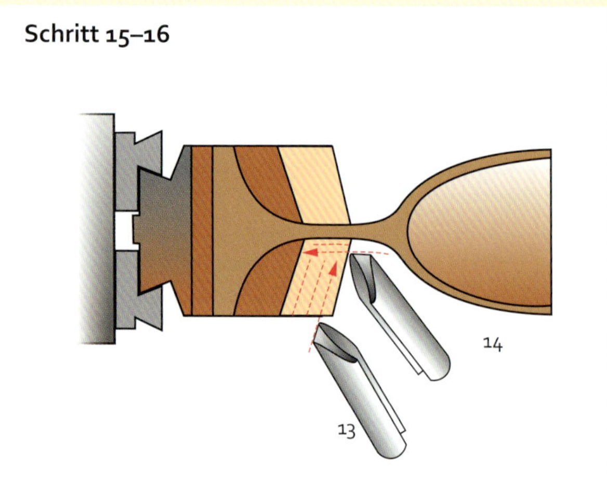

Schnitt 15 *Formen der Rundung*

Schnitt 18 *Abstechen*

17. Den Stiel schleifen. (ii)
18. *Schnitt 15:* Am Fuß Feinbearbeitungsschnitte ausführen und in den Stiel übergehen lassen. (iii)
19. *Schnitt 16:* Mit der SDR die Seite des Fußes nachputzen.
20. *Schnitt 17:* Mit dem Abstechen beginnen; 25 mm einschneiden.
21. Schleifen und auf den Rest des Kelchs das Oberflächenmittel auftragen.
22. *Schnitt 18:* Abstechen – die Fußunterseite für einen stabilen Stand hinterschneiden. (iv)

Schritt 18–22

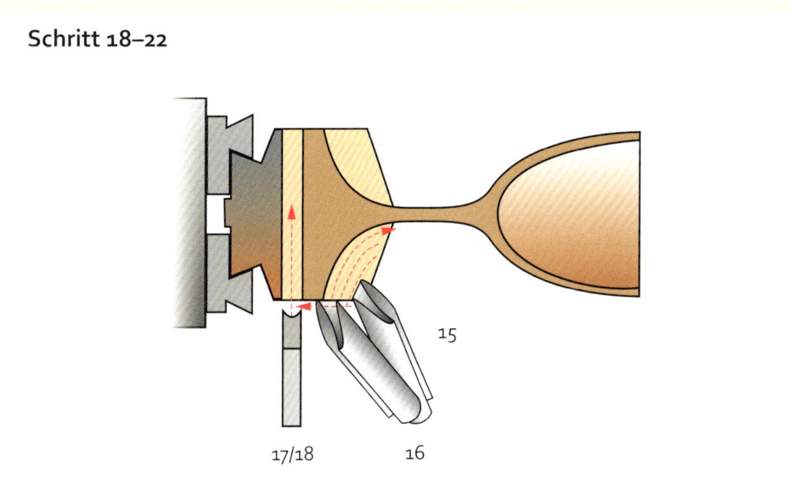

Pilz

Pilze aus irischer Eibe

Fertiggröße	Durchmesser 76–89 mm, Höhe 102 mm
Holz	Eibe/Goldregen
Größe des Rohlings	Nehmen Sie einen sauberen, ungleichmäßig geformten Ast mit 76–89 mm Durchmesser und 127 mm Länge
Aufspannmethode	Zwischen den Spitzen – Vierzackspitze + mitlaufende Körnerspitze Spannfutter, Durchmesser 51 mm
Drechseleisen	32-mm-LSR 10-mm-FR 13-mm-SDR 25-mm-Schaber, linksseitig gerundet
Weiteres Werkzeug	Bleistift
Schleifmittel	Körnung 100, (150), 180, und 240
Oberflächenmittel	Öl
Drehzahl	1200-1500 UpM
Sicherheitsausrüstung	Atemschutz, Schutzbrille *(aus Sicherheitsgründen sollten Sie nur eine ungiftige Art drechseln)*

Arbeitsablauf

1. Den Rohling zwischen den Spitzen aufspannen – Oberseite in Richtung Spindelkasten. (i)
2. *Schnitte 1 und 2:* Mit der LSR beide Enden abrunden und dabei in der Mitte einen 25 mm breiten Rindenstreifen stehen lassen. (ii)
3. *Schnitte 3 und 4:* Die Stirnfläche am Ende versäubern und einen Zapfen von 50-60 mm Durchmesser herstellen. (iii)

Aststück zwischen den Spitzen

Schnitte 1 und 2 Abschruppen der Rinde an beiden Enden mit der LSR

Schnitt 4 *Herstellen des Zapfens – SDR*

Abmessungen

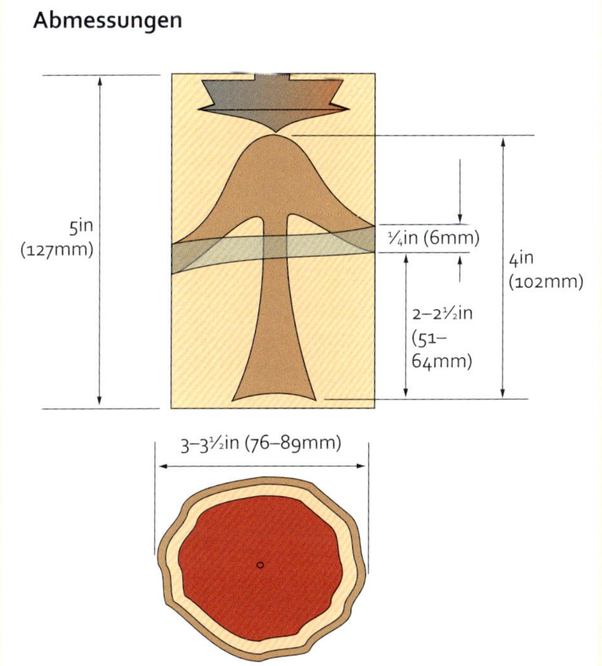

Schritte 2–3

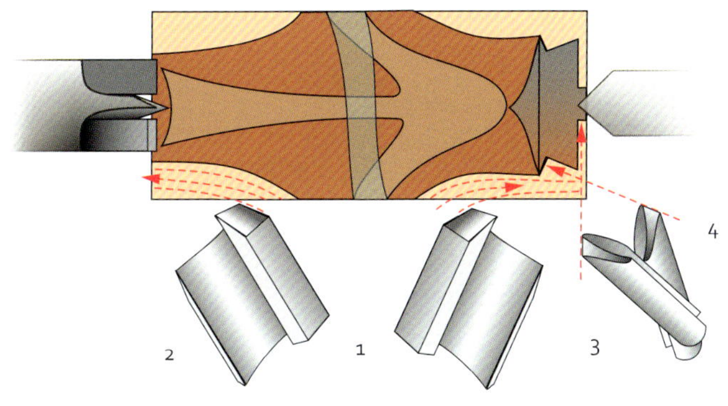

Schnitt 6 *Schruppen des Pilzfußes – SDR*

Schnitt 7 *Formen des Pilzfußes – SDR*

4. Den Zapfen in ein Spannfutter einspannen.
5. *Schnitt 5:* Den Fuß hinterschneiden – dies dient nicht nur der Optik, sondern auch der Stabilität.
6. *Schnitte 6 und 7:* Den Pilzfuß bis zur Außenkante des Hutrandes mit der SDR formen. (i und ii)
7. *Schnitte 8 und 9:* Hinterschneiden Sie den Hut mit einem fließenden Übergang zum Fuß. Der Hinterschnittwinkel gibt dem Hut seine interessante Form. (iii und iv)

Schnitt 8 *Hinterschneiden des Pilzhutes – SDR*

Schnitt 9 *Weiteres Formen des Pilzfußes – SDR*

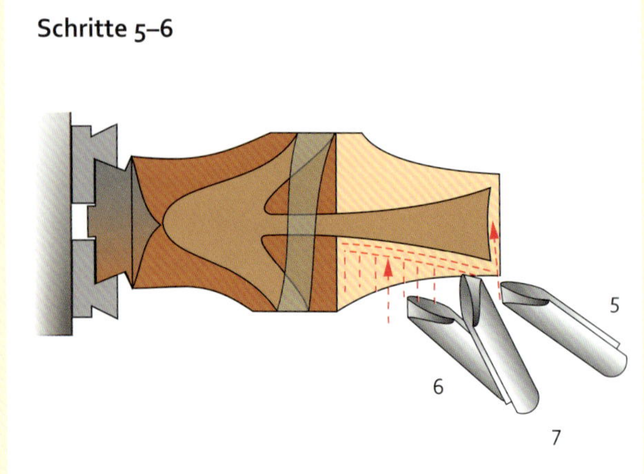

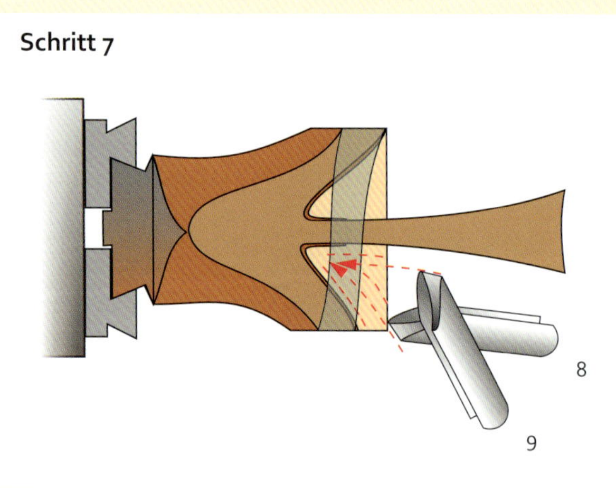

8. *Schnitt 10:* Glätten Sie gegebenenfalls die Hinterschneidung mit einem Schaber. (v)
9. *Schnitt 11:* Formen Sie den ersten Teil der Oberseite des Pilzhutes. (vi)
10. Schleifen Sie die fertigen Oberflächen und tragen Sie das Ölfinish auf.
11. *Schnitte 12 und 13:* Tragen Sie Abfallholz ab (Schnitt 12), und formen Sie die Oberseite des Pilzhutes fertig (Schnitt 13). Schleifen und Oberflächenmittel auftragen. Danach Abstechen mit der FR. (vii)
12. Die Hutspitze von Hand schleifen und ölen.

Schnitt 10 *Glätten der Hinterschneidung mit dem gerundeten Schaber*

Schnitt 11 *Formen der Oberseite des Pilzhutes – SDR*

Schnitt 13 *Abstechen – FR*

Schritte 8–9

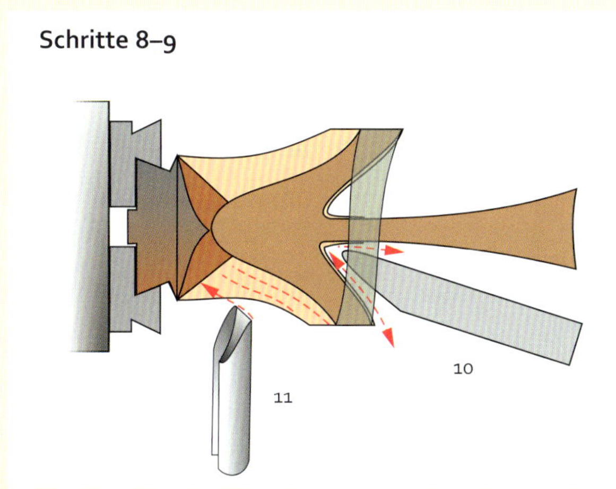

Schritt 11

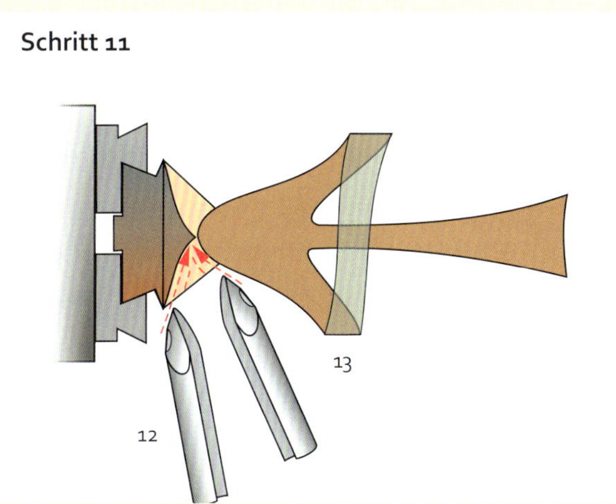

Projekt 5

Dose

Die fertige Dose

Fertiggröße	Durchmesser 50 mm, Höhe 50 mm
Größe des Rohlings	Kantel 55 x 55 mm, 90 mm lang
Oberflächenmittel	Öl und Wachs
Aufspannmethode	Zwischen den Spitzen – Vierzackspitze + mitlaufende Körnerspitze Spannfutter, Durchmesser 51 mm Spundfutter
Drechseleisen	32-mm-LSR 13-mm-SDR 13-mm-FR Schaber, drei verschiedene Formen – 38 mm 3-mm-Abstechstahl
Weiteres Werkzeug	Außentaster Bleistift Zirkel
Schleifmittel	Körnung 150, 180, 240 und 400
Drehzahl	1200-1500 UpM
Sicherheitsausrüstung	Atemschutz, Schutzbrille

Arbeitsablauf

1. *Schnitt 1:* Rohling zwischen den Spitzen aufspannen. Rundschruppen mit der LSR. (i und ii)
2. *Schnitte 2-5:* Versäubern und an beide Enden Zapfen drechseln. (iii)

Anmerkung
Drechseln Sie Dosendeckel und -unterteil so, wie sie im Rohling nebeneinander liegen. Entfernen Sie zwischen beiden so wenig Holz wie möglich. Dann fluchtet der Faserverlauf optimal.

Rohling zwischen den Spitzen gespannt

Schnitt 1 *Glätten mit der LSR*

Drechseln eines Zapfens am Spindelkastenende mit der SDR

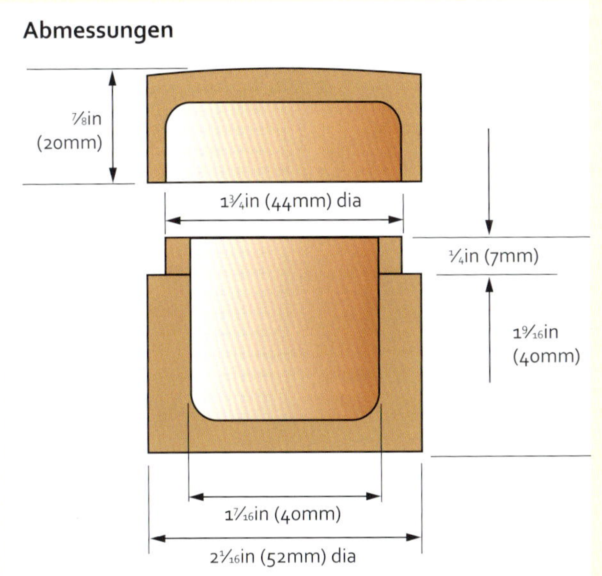

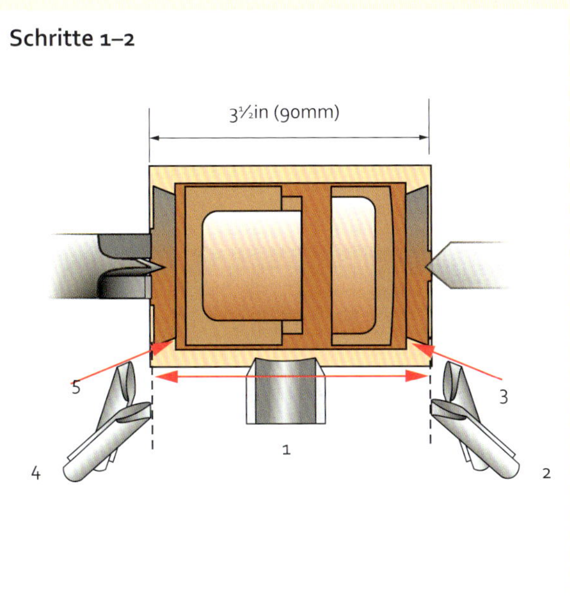

Schnitt 6 *Der Rohling ist im Futter eingespannt – Abstechen*

Schnitt 8 *Ausdrehen des Deckels mit der FR, ausgehend von der Mitte*

3. *Schnitt 6:* Das obere Ende einspannen und das Unterteil abstechen. (i)
4. *Schnitt 7:* Die Oberfläche versäubern und mit den Zirkelspitzen den Durchmesser der Verbindungsfläche auf der Stirnfläche deutlich sichtbar anreißen.
5. *Schnitt 8:* Mit der FR von der Mitte nach außen arbeitend grob ausdrehen. (ii).

Schritt 3

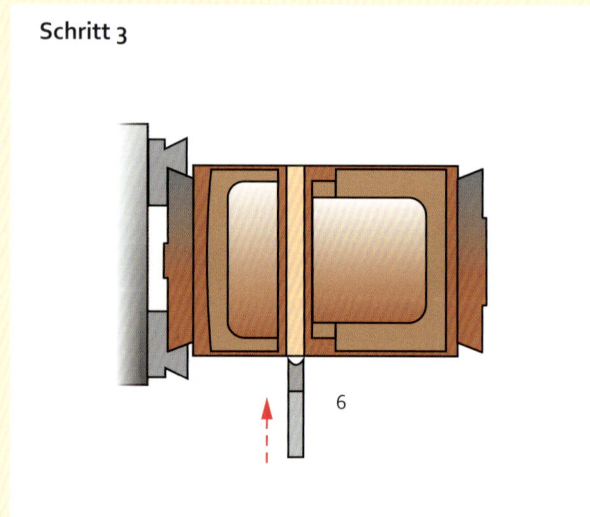

Schritte 4–5

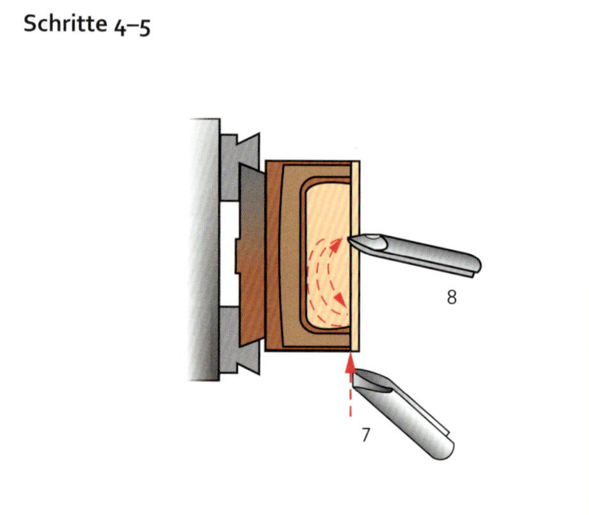

Schnitt 9 *Nacharbeiten von Innenkontur des Deckels und Verbindungsfläche mit einem Schaber*

Nacharbeiten der Oberseite der Verbindungsfläche mit einem Schaber

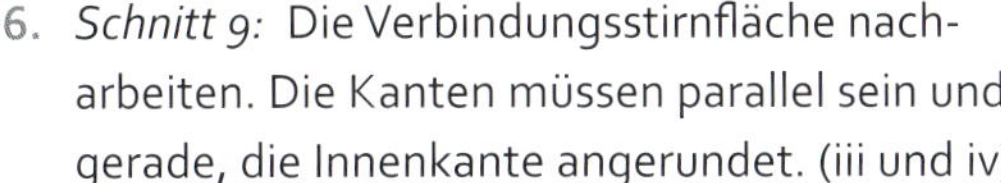

6. *Schnitt 9:* Die Verbindungsstirnfläche nacharbeiten. Die Kanten müssen parallel sein und gerade, die Innenkante angerundet. (iii und iv)
7. Inneres und Stirnfläche vollständig fertigstellen, dazu schleifen, ölen und wachsen. (v)
8. *Schnitt 10:* Abstechen.
9. Das Dosenunterteil in das Futter einspannen. Den Innendurchmesser des Deckels messen. (vi)
10. *Schnitt 11:* Die Stirnfläche mit der SDR plan drehen.

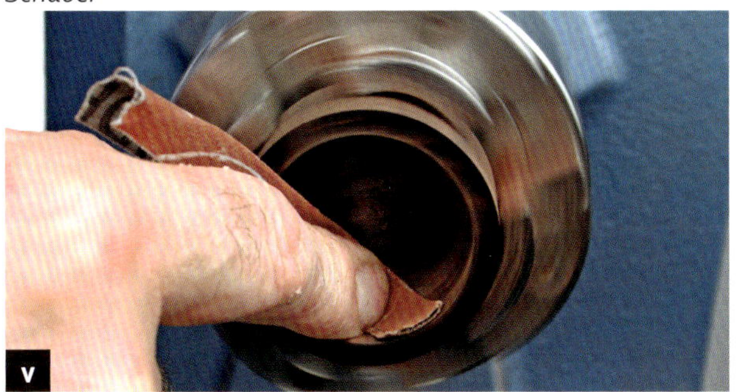

Schleifen des Deckelinneren

Messen des Durchmessers im Deckel

Schritte 6–8

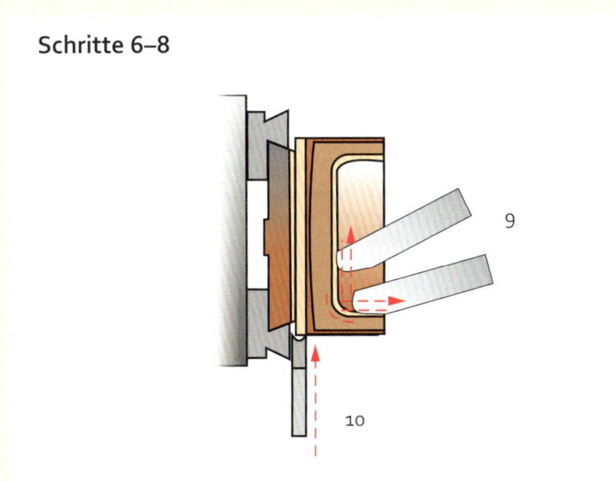

Schritte 10–11

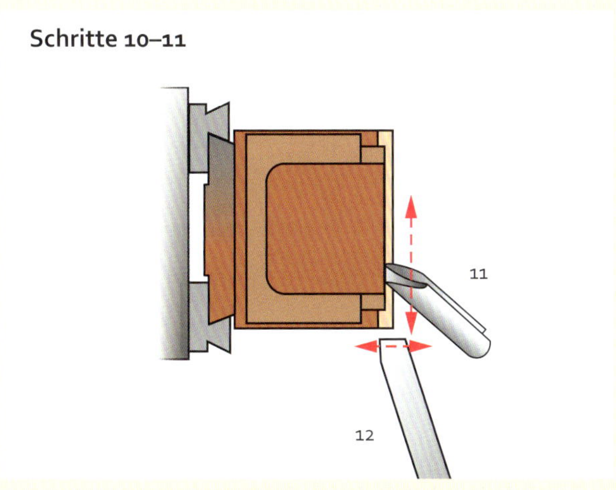

Schnitt 12 *Drechseln eines kurzen Verbindungszapfens am Unterteil mit dem Schaber*

Prüfen der Deckelpassung

Drechseln des Verbindungszapfens auf volle Länge

Oberflächenbearbeitung der zusammengesetzten Dose mit der FR

Polieren mit einem weichen Tuch

11. *Schnitte 12-13:* Zunächst nur einen ganz kurzen Abschnitt der Verbindungsstelle drechseln – Passung mit dem Deckel prüfen – und erst dann auf der ganzen Länge arbeiten. Abermals mit dem Deckel prüfen. Diese Vorgehensweise reduziert das Risiko, dass die Verbindungsstelle später zu kurz wird, wenn man in einem frühen Stadium zu viel abträgt (i-iii)
12. *Schnitt 14:* Den Deckel auf das Unterteil setzen und mit der FR leicht über die gesamte Dose schneiden, um die Seite parallel zu machen. Arbeiten Sie mit dem Werkzeug in Richtung Spindelkasten, um das Risiko, den Deckel wegzustoßen, zu minimieren. (iv)
13. *Schnitte 15 und 16:* Schneiden Sie leicht über die Deckeloberfläche und erzeugen eine leichte Wölbung, arbeiten Sie mit einem großen Schaber nach.

Schritt 11

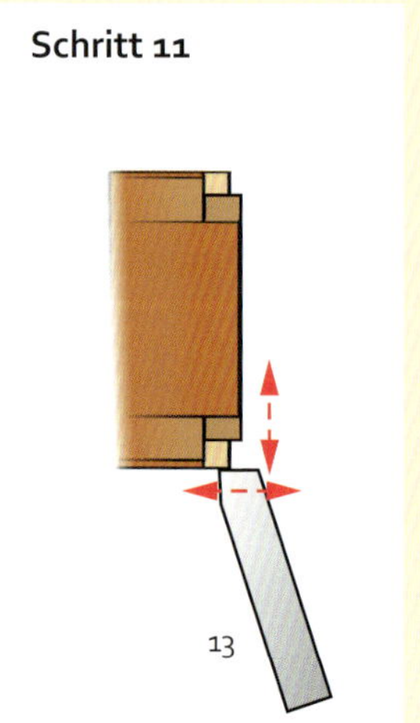

Schritte 12–13

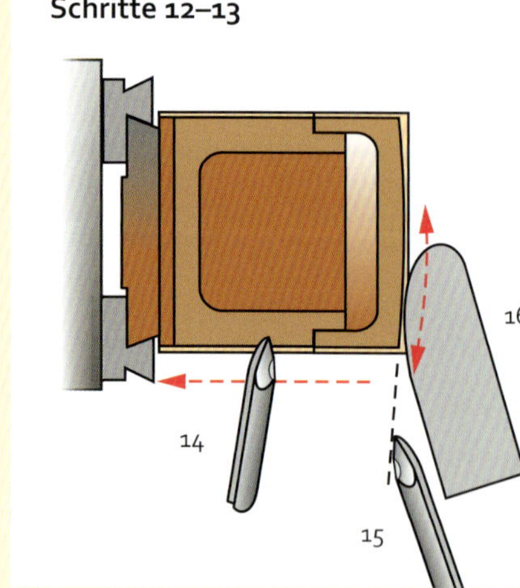

Schnitt 17 *Ausdrehen des Dosenunterteils mit der FR*

Schnitt 18 *Überarbeiten der Form mit dem Schaber*

14. Die Außenseite der Dose schleifen, ölen und wachsen, dann den komplett fertigen Deckel abnehmen. (v)
15. *Schnitte 17 und 18:* Den Innendurchmesser anreißen und dann wie beim Deckel ausdrehen. (vi und vii)
16. *Schritt 19:* Das Innere und die Oberseite schleifen, ölen und wachsen, jedoch nicht die Verbindungsstirnfläche. (viii)
17. Spannen Sie ein anderes Stück Hartholz in das Futter, und drechseln Sie einen kurzen, parallelen Zapfen, der ins Dosenunterteil passt. Wenn Sie ein dünnes Tuch um den Zapfen legen, vermeiden Sie Beschädigungen am fertigen Doseninneren. (ix)

Innen Schleifen

Dosenunterteil wird auf ein Spundfutter aus einem Abfallholzzapfen gespannt

Schritt 15

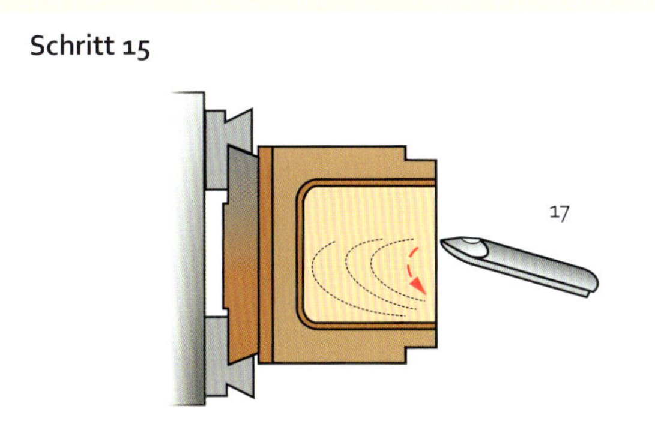

Schritte 15–19

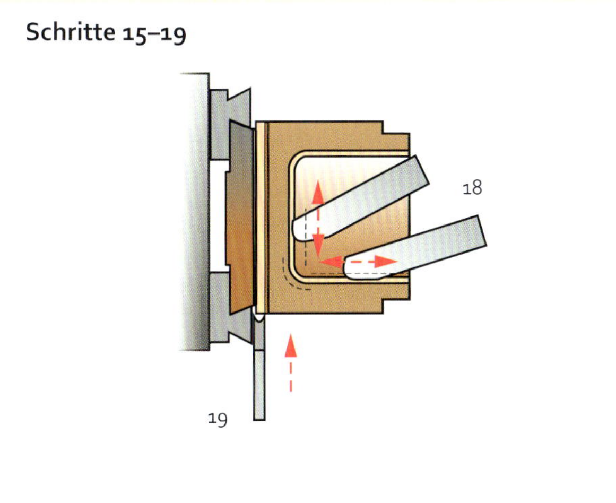

Schnitt 20 *Plandrehen des Dosenbodens – SDR*

Schnitt 21 *Verzieren des Dosenbodens mit einem angespitzten Schaber*

18. *Schnitte 20 und 21:* Sehr leicht über den Dosenboden schneiden, bis dass dieser absolut eben oder besser noch ganz leicht ausgehöhlt ist – Schnitt 20. (i) Wenn Sie den Boden etwas verzieren, sieht das immer gut aus. (ii)

19. Den Boden schleifen, ölen und wachsen (auch die eventuell scharfkantige Kante).

20. Nehmen Sie das Dosenunterteil ab, setzen Sie den Deckel darauf, richten Sie die Maserung aus und fertig ist eine schöne kleine Dose.

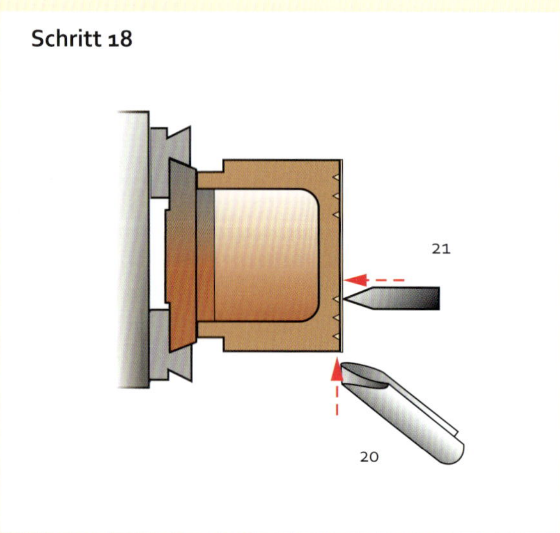

Apfel

Fertiggröße	Durchmesser 65 mm, Höhe 50 mm
Holz	Irische Eibe
Größe des Rohlings	Kantel 70 x 70 mm, 75 mm lang
Aufspannmethode	Zwischen den Spitzen – Vierzackspitze + mitlaufende Körnerspitze Spannfutter, Durchmesser 51 mm Spundfutter, selbst gemacht
Drechseleisen	32-mm-LSR 13-mm-SDR Schaber, 38-mm, links und rechtsseitig schräg 3-mm-Abstechstahl
Weiteres Werkzeug	Bleistift Bohrmaschinenfutter 76-mm-Schleifteller und Schleifscheiben Bohreinsatz, 3 mm Durchmesser
Schleifmittel	Körnung 100, (150), 180, 240 und 320
Oberflächenmittel	Öl
Drehzahl	1500 UpM
Sicherheitsausrüstung	Atemschutz, Schutzbrille

Schnitt 1 *Rundschruppen mit der LSR*

Arbeitsablauf

1. Mitte anreißen und zwischen den Spitzen aufspannen.
2. *Schnitt 1:* Rundschruppen des Rohlings mit der LSR. (i)
3. *Schnitte 2-4:* Rechtwinkliges Abdrehen der Enden mit der SDR (oder FR). Reißen Sie den Zapfendurchmesser an, und drechseln Sie den Zapfen. (ii)
4. *Schnitt 5:* Beginnen Sie mit dem Formen der Apfelunterseite noch während das Werkstück zwischen den Spitzen aufgespannt ist. (iii)

Schnitt 4 *Drechseln des Zapfens*

Schnitt 5 *Formen der Apfelunterseite*

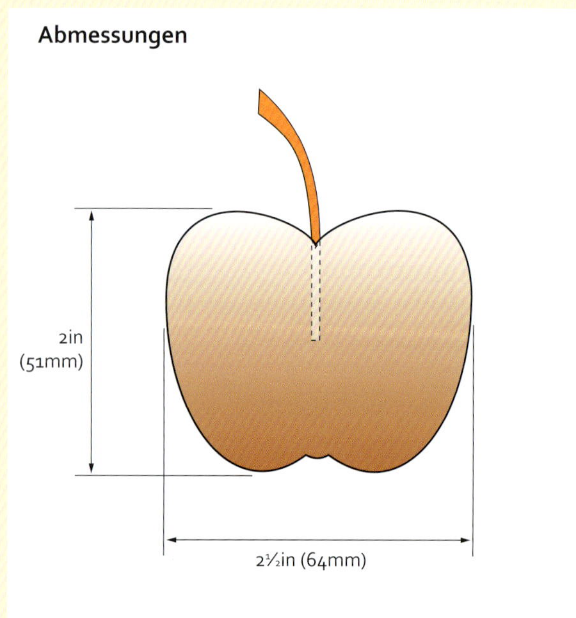

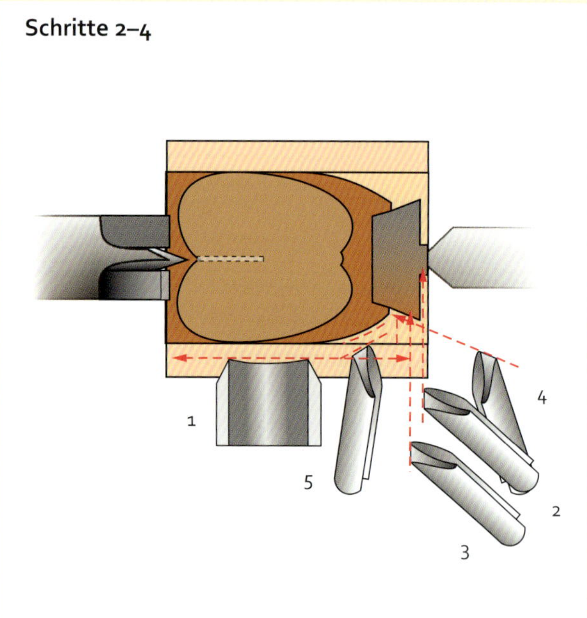

Schnitt 6 *Formen der Oberseite*

Schnitt 7 *Formschnitt in Richtung Unterseite*

5. Werkstück und Spitzen aus der Drehbank nehmen. Das Vicmarc®-VM200-Spannfutter mit 50-mm-Spannbacken montieren. Setzen Sie das Holz in die Spannbacken und ziehen Sie es fest.
6. *Schnitte 6 und 7:* Den Apfel mit der SDR formen. (iv und v)
7. *Schnitte 8 und 9:* Die Form mit dem Schaber nacharbeiten. (vi)
8. Schleifen und Oberflächenmittel auf den Apfel auftragen.
9. Sie können an dieser Stelle das Loch für den Stiel vom Reitstock aus bohren oder – wie ich es tue – es später von Hand bohren.

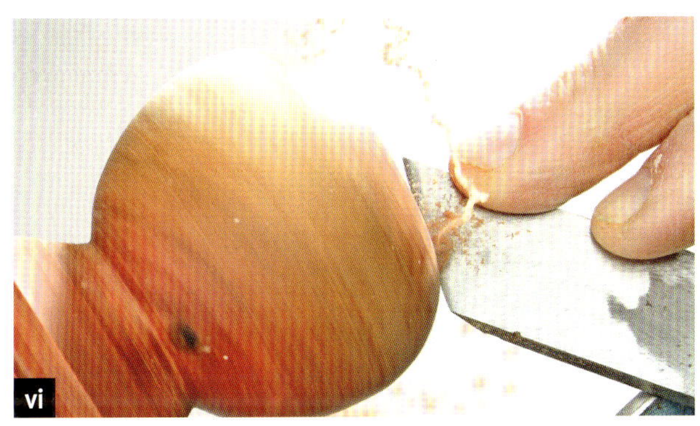

Schnitt 8 *Übergänge glätten*

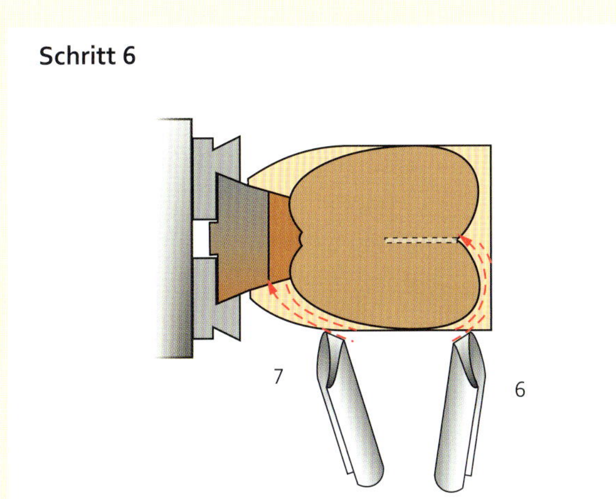

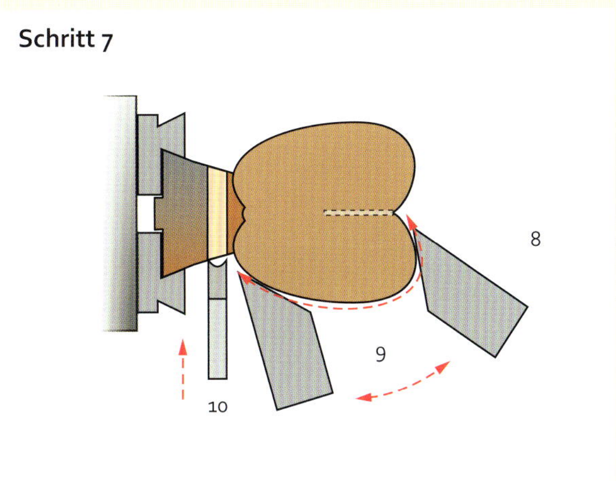

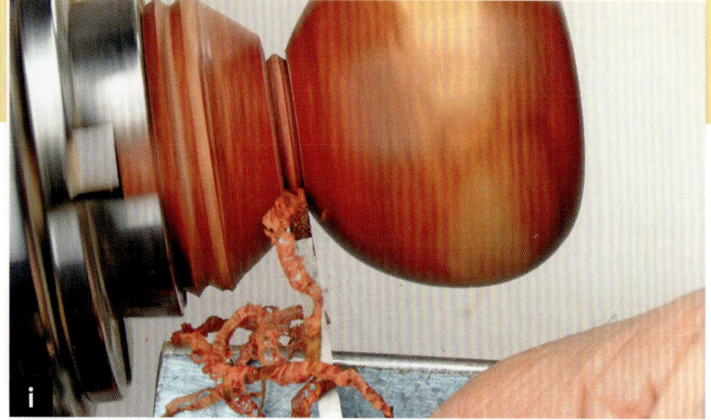

Schnitt 10 Abstechen mit dem Abstechstahl mit Flute

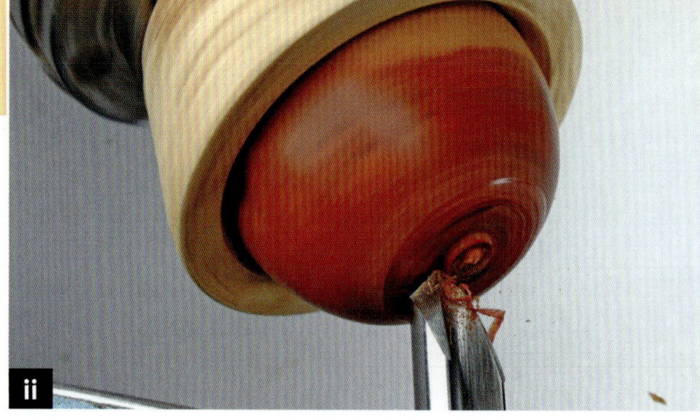

Schnitt 11 Endbearbeiten der Unterseite

10. *Schnitt 10:* Abstechen mit einem mit einer Flute versehenen Abstechstahl. Vor dem Einspannen in das Spundfutter trocknen lassen. (i)
11. Das Spundfutter montieren. Zunächst die Apfeloberseite von Hand hineindrücken. Die Passung muss nicht völlig lotrecht sein, der Apfel wird dann natürlicher aussehen.
12. *Schnitt 11:* Die Unterseite mit der SDR formen. (ii)
13. Abschließendes Schleifen der Unterseite mit Übergang zur bereits fertigen Oberfläche. Tragen Sie Öl auf, und trocknen Sie mit Reibung.
14. Kräftiges Klopfen mit einem Werkzeug auf die Spundfutterseite sollte den Apfel aus dem Futter heraustreiben.
15. Falls noch nicht geschehen, bohren Sie nun das Loch für den Stiel.
16. Eine schöne Verzierung an der Apfelunterseite erhalten Sie durch dreieckige, im Kreis angeordnete Einkerbungen, die natürlich wirken.
17. Als Letztes den Stiel herstellen. Angerundete Formen auf der Bandsäge zuschneiden. (iii) Diese auf einer kleinen Schleifscheibe nacharbeiten (iv). Beginnend mit Körnung 100 bis Körnung 240 schleifen. Tragen Sie – mit Ausnahme der Stelle, an der der Stiel in den Apfel eingeklebt wird – überall Oberflächenmittel auf.
18. Zum Einkleben des Stiels verwenden Sie dünnflüssigen Sekundenkleber.

Egal wie echt Ihr Apfel aussieht, beißen Sie niemals hinein!

Auf der Bandsäge zugeschnittene, angerundete Stielrohlinge

Formen eines Stiels auf einem Schleifteller

Schritt 16

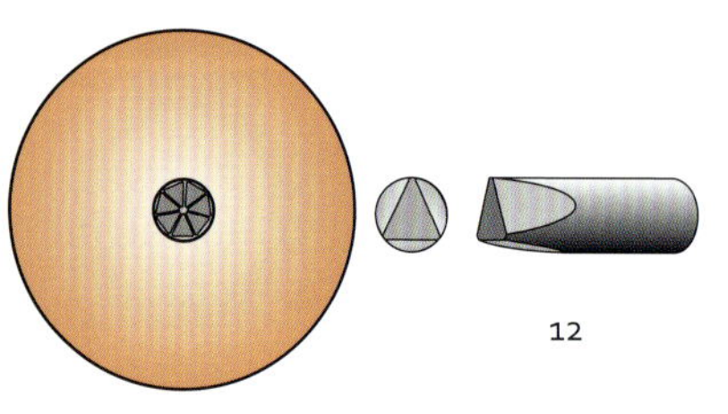

Über den Autor

Michael O'Donnell begann seine berufliche Laufbahn als Ingenieur im Bereich Forschung und Entwicklung in der britischen Nuklearindustrie. Irgendwann einmal packte ihn das Landleben, und er bezog mit seiner Frau Liz und den Kindern Cullen und Joanne einen alten Pachthof in Dunnet Head, dem nördlichsten Punkt des schottischen Festlands. Obwohl die Grafschaft Caithness eine windgepeitschte, baumlose Landschaft ist, wurde sie für Michael O'Donnell zu einer neuen Heimat für ein Leben als Drechsler. Das gipfelte schließlich in Ausstellungen und Lehraufträgen auf der ganzen Welt.

Dank

Ich danke den folgenden Firmen und Personen für ihre Unterstützung:
Vicmarc Machinery (www.vicmarc.com), Martin Weinbrecht, Drechselstube (www.drechselstube.de), Robert Sorby (www.robert-sorby.co.uk), Brimark Tools and Machinery (www.brimarc.com), Record Power (www.recordpower.co.uk), Saint-Gobain Abrasives (www.saint-gobain-superabrasives.co.uk), Liberon Ltd (www.liberon.co.uk), Crown Hand Tools Ltd (www.crownhandtools.ltd.uk), Craft Supplies UK (www.craft-supplies.co.uk), The ToolPost (www.toolpost.co.uk), Hegner UK Ltd (www.hegner.co.uk), Williamsons Chemists (Thurso, Caithness, Schottland), Charles Haughton (www.Tradcrafts.biz), Michael Barnett (Dunnet, Thurso, Caithness, Schottland), Ivor Thomas (John O'Groats, Caithness, Schottland), Chestnut Products (www.chestnutproducts.co.uk), Rustins Ltd (www.rustins.co.uk).

Fotos Michael O'Donnell, Joanne B Kaar und Liz O'Donnell. Andere Produktfotos Record Power und Hegner UK. Zeichnungen Michael O'Donnell.

Stichwortverzeichnis

T

U

V

W

Z

T

U

V

W

Z

Schon fertig?

Hier finden Sie weitere interessante Informationen – in Büchern und Videos von *HolzWerken*

Steinert

Enzyklopädie Drechseln

Werkzeuge, Maschinen, Techniken in über 800 Begriffen umfassend definiert!

Drechseln von A bis Z – alles zum ältesten Handwerk der Welt!

- Über 800 Begriffe und zahlreiche Abbildungen
- Technik, Geschichte, Handhabung
- Oberfläche, Gestaltung, Zubehör
- Durch zahlreiche Querverweise auch zur fortlaufenden Lektüre geeignet

336 Seiten, 17 x 24 cm, zahlreiche Zeichnungen und Fotos, gebunden mit Lesebändchen

Best.-Nr. 20035

ISBN 978-3-86630-063-7

E-Book ✔ Leseprobe ✔

vinc.li/20035

\+ Video-DVD

Guido Henn

Handbuch Oberfräse

Auswählen, bedienen, beherrschen

Ob Modell, Bedienung oder Wartung – Guido Henn erklärt alles Wissenswerte rund um die Oberfräse. Für das praktische Arbeiten erhält der Leser präzise Anleitungen und Beispiele. Auf der Beiliegenden DVD zeigt der Autor den Umgang mit selbstgebauten Vorrichtungen und Schablonen.

280 Seiten, inkl. DVD mit ca. 2 Std. Spielzeit, 23,1 x 27,2 cm, 1244 farbige Fotos, gebunden

Best.-Nr. 9155

ISBN 978-3-86630-949-4

Leseprobe ✔

vinc.li/9155

Sandor Nagyszalanczy

Werkstatthilfen selber bauen

Sicher spannen, führen, halten

Welche Vorrichtungen werden benötigt, um Werkzeuge zu führen und Werkstücke zu halten, oder umgekehrt? Dieses Buch bietet Ihnen zahlreiche Anwendungsbeispiele, Lösungen und Anregungen. Und versetzt Sie so in die Lage, die grundlegenden Lösungsansätze auf individuelle Probleme zu übertragen.

272 Seiten, 23,1 x 27,2 cm, 1077 farbige Fotos und Zeichnungen, geb.

Best.-Nr. 9154

ISBN 978-3-86630-948-7

E-Book ✔ Leseprobe ✔

vinc.li/9154

Bestellen Sie versandkostenfrei*

T +49 (0)6123 9238-253

www.holzwerken.net/shop

* innerhalb Deutschlands

HolzWerken bietet auf prallen 64 Seiten, was Ihnen in der Werkstatt hilft – von Grundlagen bis zu fortgeschrittenem (Kunst-)Handwerk mit Holz.
7 Ausgaben im Jahr – auch als Kombi-Abo Print + Digital!

Mit folgenden Themen in jedem Heft:

- Tischlern, Drechseln, Schnitzen – Tipps von erfahrenen Praktikern
- Anleitungen und Pläne zum Bau von Möbeln und Vorrichtungen
- Wissenswertes über den Umgang mit Werkzeug, Maschinen und Material

HolzWerken – gehört in jede Werkstatt!

Jetzt informieren: www.holzwerken.net

Wissen. Planen. Machen.

Vincentz Network GmbH & Co. KG *HolzWerken* 65341 Eltville · Deutschland